Cluster Creator Kit／Unity 2021 対応

メタバース イベント 作成入門

clusterイベント開催とワールド・アイテムの作り方

vins
［著］

本書内容に関するお問い合わせについて

　このたびは翔泳社の書籍をお買い上げいただき、誠にありがとうございます。
弊社では、読者の皆様からのお問い合わせに適切に対応させていただくため、以下のガイドラインへのご協力をお願いいたしております。
　下記項目をお読みいただき、手順に従ってお問い合わせください。

ご質問される前に

弊社Webサイトの「正誤表」をご参照ください。これまでに判明した正誤や追加情報を掲載しています。
正誤表　https://www.shoeisha.co.jp/book/errata/

ご質問方法

弊社 Web サイトの「書籍に関するお問い合わせ」をご利用ください。
書籍に関するお問い合わせ　https://www.shoeisha.co.jp/book/qa/
インターネットをご利用でない場合は、FAX または郵便にて、下記翔泳社 愛読者サービスセンターまでお問い合わせください。電話でのご質問は、お受けしておりません。

回答について

回答は、ご質問いただいた手段によってご返事申し上げます。ご質問の内容によっては、回答に数日ないしはそれ以上の期間を要する場合があります。

ご質問に際してのご注意

本書の対象を超えるもの、記述個所を特定されないもの、また読者固有の環境に起因するご質問等にはお答えできませんので、あらかじめご了承ください。

郵便物送付先およびFAX番号

送付先住所　〒160-0006　東京都新宿区舟町5
FAX番号　03-5362-3818
宛先　（株）翔泳社 愛読者サービスセンター

※本書に記載されたURL等は予告なく変更される場合があります。

※本書の出版にあたっては正確な記述につとめましたが、著者や出版社などのいずれも、本書の内容に対してなんらかの保証をするものではなく、内容やサンプルに基づくいかなる運用結果に関してもいっさいの責任を負いません。

※本書に掲載されているサンプルプログラムやスクリプト、および実行結果を記した画面イメージなどは、特定の設定に基づいた環境にて再現される一例です。

※本書に記載されている会社名、製品名はそれぞれ各社の商標および登録商標です。QRコードは（株）デンソーウェーブの登録商標です。

※本書の内容は、2023年8月～2024年2月執筆時点のものです。

はじめに

3Dのアバター（キャラクター）で人と交流したりワールドやイベントを楽しんだり、それが**メタバース**です。

勉強会から文化祭から地域おこし、お笑いやクイズなどのエンタメ、歌や演奏や劇、その他イベントに興味がある人。メタバースのclusterの中でイベントに参加したり、開いたりしてみませんか（図0.1、図0.2）。

▲**図0.1**：clusterの様々なイベントの例（左画像提供：しつじいさん）

▲**図0.2**：clusterイベントページに表示される様々なイベント

メタバースのclusterでは、

- **顔を出さずに**
- **好きなアバター（3Dキャラクター）で**
- **出演者やお客さんが物理的に遠くにいても**
- **無料で**
- **PCでもスマホでもVRでも見られる**
- **色々なワールドの中での**

イベントを行うことができるのです！

しかも**cluster**は**日本発、国産のサービス。**とにかくハードルの低さがポイントです。安心して日本語でつかえますし、つかう人も日本人が多いです。

clusterの魅力と発展

顔を出して発表するのはハズかしい、会場を借りるのがムズかしい、遠くに住んでいるから一緒に集まりづらい、服や舞台につかうお金がないなど。イベント開催には多くの悩みどころがありますね。

でも、**clusterならそこを全部クリアできます！** 最近ではネット会議ソフトやYouTubeなどで勉強会や発表会をされる人もいますが、それよりはるかに強いインパクトと**「そこに本当にいる感」**があります。clusterは任天堂やトヨタなど超有名企業にも活用され、あべのハルカスなどの有名スポットの紹介にもつかわれていますが、それとほぼ同じ機能をフツーの人が無料でつかえてしまうのです。

さらに、見た人から「投げ銭」「スパチャ」的な支援をもらうこともできます※1。**楽しいこと、面白いこと、勉強になることをやってみたい、しかも「みんなで集まった感」を出したい**……という人に、とても魅力的なのがclusterです（図0.3）。

▲**図0.3**：clusterのイベントの終わりに出演者が集まり、一般参加者は「エモート」を出している（画像提供：しつじいさん）

ワールドを自分でつくればもっと楽しいですが、最初はclusterが準備したワールドをつかうのでも十分です。さらに他のクリエイターがつくったワールドの中にも「イベント会場として自由につかえる」ものがたくさんあります（もちろん無料！）。キレイなワールドを借りてちょっとしたトークイベントを開くだけで、なんだかすごいことをやりとげたような気にもなれますよ。

中高生や大学生の文化祭から大人による勉強会に演奏会、はたまたハメを外したお笑いエンタメイベントや踊りまくるDJイベントまで、clusterのイベントは多くの可能性に満ちています（図0.4）。

※1　YouTubeなどでは「収益化」がだんだんキビしい条件になってきていますよね。それを気軽にはじめられるのもclusterのよいところです。

▲図0.4：音楽イベントのステージ

clusterはどんどん大きくなってきています。クラスター社は2023年に53億円の調達に成功し、メタバースビジネスに投資家も期待していることがわかります。最近では「企業とclusterのクリエイターをつないで仕事にする」子会社までつくられました。**クリエイターがメタバースで仕事をする未来、「メタバース経済圏」はもう走り出している**といっていいと思います。cluster自体の機能もどんどん増えて、ワールドづくりでもイベントでも、本当に色々なことができるようになりました。

それを支えているのは、clusterでワールドをつくったり、イベントを開いたりしているクリエイターの多さ。あなたもその１人となって、**リアル世界の限界から解き放たれたようなメタバースイベント**をやってみませんか。

本書の内容と協力者の方への感謝

この本を書くにあたり、多くの方にインタビューをさせていただきました。**komatsuさん、てつじんさん、Meta Jack Bandさん、熊猫土竜さん、W@さん、Miliaさん、ききょうぱんださん、えるさん、**clusterの超有名イベンター・カメラマンの皆さんに改めてここで感謝いたします。

今回私は、インタビュー内容をただ文字起こしするのではなく、あくまで「技術書」としてしっかり知識が入ってくることを重視しました。読んだとき、ただ「なるほど」となるのではなく、つかえる知識とテクニックが身に付く本にしたつもりです。

1章ではこのような有名イベンターさん主催のものをはじめ、**どういうイベントがclusterで行われているか**をまず見ていきます。イベントでは何ができるのか、どういう魅力があるか、注意点は何かなど、基本をチェックします。さらに、進化の速いclusterに最近どんな機能が追加されているのかも見ます。

2章から**は実際のイベントの開き方の基本**を見ていきます。前作『メタバースワールド作成入門』（翔泳社）で言及した内容も含まれますが、よりイベントの開き方の実際に踏み込んだ内容です。

そしていよいよ3〜6章では**「勉強会」「お笑い」「DJ」「歌」「音楽」「劇」など個別のテーマに合わせ、有名クリエイターさんのインタビューから学んだ内容**を示します。本当に多くのノウハウがつまっているので、自分がやりたいイベントとは違うタイプのものでも学べるところは大いにあるはずです。ぜひ、全部読んでみてください。

7章では**イベントでつかうワールド**の基本、**「クラフトアイテム」**や**「イベント限定グッズ」のように売ることもできる「アクセサリー」**のつくり方などを見ていきます（図0.5）。最初は他の方がつくったワールドを借りてイベントをするだけでもよいですが、やはり**clusterの楽しさは「つくること」。**自分がメタバース用につくったモノを参加者の人に見せる楽しさもぜひ味わってください。8章ではそこまでの内容を踏まえ、より発展的なワールド・アイテムの話を示しています。

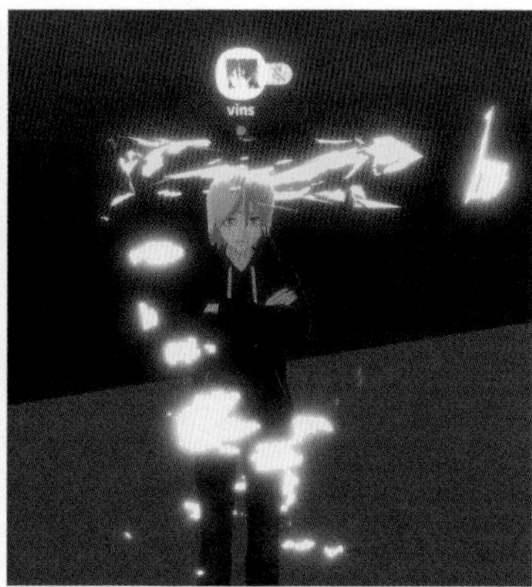

▲**図0.5：**「クラフトアイテム」や「アクセサリー」もカバー

また、今回インタビューした皆さんの多くは同時にワールドクリエイターでもあります。そのため本書のあちこちで「カッコいい演出」や「キレイなエフェクト」のイメージや作成方法を取りあげています（図0.6）。イベントにあまり興味がない方も、**ぜひワールドやアイテムづくりに本書を活かしてくださいね。**

▲**図0.6：**エフェクトはメタバースワールドの魅力の1つ

最後に、私は筆者のvinsといいます。clusterのゲームワールドコンテストで大賞をいただいたこともあります。**『メタバースワールド作成入門』**（翔泳社）という本を2022年に書いたのですが、幸いにも読者の皆さんから多くの支持をいただくことができ、新しく本書の企画にたどりつくことができました。前作の読者の皆さんに改めて感謝申し上げます。

それでは、メタバースイベントの世界にご案内するとしましょう。

CONTENTS 目次

本書のサンプルのテスト環境

本書のサンプルは以下の環境で、問題なく動作することを確認しています。

OS	
Windows	11 Home　22H2
	CPU：Intel Core i3-10100F 3.6GHz
	GPU：NVIDIA GeForce RTX 3060Ti 8GB GDDR6 ドライバVer.546.01
	RAM：32GB SSD：1TB
ブラウザ/ソフトウェア	
ブラウザ	Google Chrome 119.0.6045.106 (Official Build)
Audacity	3.4.0
cluster	2.100.23110061234
Cluster Creator Kit	2.5.0
Krita	5.2.1
OBS Studio	29.1.3
sakura-editor	v2.4.2
Unity Editor	2021.3.4f1
Unity Hub	3.6.1
VRoid Studio	1.24.1
スマートフォン/QRコード	
スマートフォンOS	Android 14
スマートフォン機種	Google Pixel 8 Pro
QRコード読み取り	Google カメラ

▲表：サンプルのテスト環境

付属データと会員特典データのダウンロードについて

付属データと会員特典データは、以下の各サイトからダウンロードできます。

付属データのダウンロードサイト

URL https://www.shoeisha.co.jp/book/download/9784798183879

■注意

付属データに関する権利は著者および株式会社翔泳社が所有しています。許可なく配布したり、Webサイトに転載したりすることはできません。付属データの提供は予告なく終了することがあります。あらかじめご了承ください。

会員特典データのダウンロードサイト

URL https://www.shoeisha.co.jp/book/present/9784798183879

■注意

会員特典データをダウンロードするには、SHOEISHA iD（翔泳社が運営する無料の会員制度）への会員登録が必要です。詳しくは、Webサイトをご覧ください。

会員特典データに関する権利は著者および株式会社翔泳社が所有しています。許可なく配布したり、Webサイトに転載したりすることはできません。会員特典データの提供は予告なく終了することがあります。あらかじめご了承ください。

■免責事項

付属データおよび会員特典データの記載内容は、2024年2月現在の法令等に基づいています。付属データおよび会員特典データに記載されたURL等は予告なく変更される場合があります。

付属データおよび会員特典データの提供にあたっては正確な記述につとめましたが、著者や出版社などのいずれも、その内容に対してなんらかの保証をするものではなく、内容やサンプルに基づくいかなる運用結果に関してもいっさいの責任を負いません。

付属データおよび会員特典データに記載されている会社名、製品名はそれぞれ各社の商標および登録商標です。

■著作権等について

付属データおよび会員特典データの著作権は、著者および株式会社翔泳社が所有しています。個人で使用する以外に利用することはできません。許可なくネットワークを通じて配布を行うこともできません（本書のコンテンツを用い、個人的にclusterへワールドをアップロードする行為は問題ありません）。個人的に使用する場合は、コンテンツの改変や流用は自由です。商用利用に関しては、株式会社翔泳社へご一報ください。

2024年2月
株式会社翔泳社　編集部

CHAPTER

01 clusterと メタバースイベント

まずはclusterにどんなイベントがあるのかを見てみましょう。百聞は一見にしかずです。そしてclusterでイベントをすることにどんな魅力があるのか、どんなことに注意しなくてはいけないのかも見ていきます。

1章 CHAPTER 01 clusterとメタバースイベント

1-1 clusterのイベント紹介

イベントとは何かを知るためには、過去に行われたイベントそのものを見るのが一番です。この節では、実際に色々なイベントを紹介することでイメージを深めていただこうと思います。もちろん過去に行われたイベントですから、当然、今から見に行くということはできません。ここに紹介しているイベンターの方のお名前などを参考に、ぜひ今のclusterで**新しいイベントを発見しに行ってください。** clusterのページでログインして、イベント一覧を見て(図1.1.1)、「気になる」ボタンを押しておき当日見に行きましょう(図1.1.2)※1。

実際にイベントを見てみることは、**自分でイベントを主催するためのとてもよい準備**となります。また、この節で出てくる「エモート」などの言葉は「1-2 clusterでつかわれる言葉の説明」で説明します。

▲図1.1.1：clusterのトップページでログインしてから「イベント」のページを開くと、これから行われるイベントが表示される。週末は20・30のイベントが行われることもめずらしくない

▲図1.1.2：clusterアプリの画面(PC版)。「気になる」ボタンを押すと、イベントが開始されるときに通知が来る。特にスマホでclusterをやっている人にとって便利な機能

※1　なおイベントの系統の分け方は筆者vinsの独断と偏見によるものですのでご了解ください……。

音楽系イベント（DJ・踊り・演奏）

DJ系イベントや盆踊り系イベントもclusterでよく開かれており（図1.1.3〜図1.1.6）、**自分の好きなアバターで踊る**ことができます。VRでなくても、「ノリノリ」のエモートやジャンプなどで乗っていくことはカンタンです！

DJ CLUB {HARDBASE} #0

W@（ワット）さん

▲**図1.1.3：**おなじみW@さん主催のDJイベント。W@さん自らつくられたワールドで、よっしーさん・でんこさんと共にドハデな演出とハードなビートのイベントが展開されました

【盆踊り】どんぱんだーFES 2023イベント

けぱんだ&PPぱんださん

▲**図1.1.4：**けぱんださんとPPぱんださん、お二人の「地元の盆踊り」をリスペクトして可能な限り再現することを目指した、「ガチ」な盆踊りイベント。盆踊りで流れている曲目、振り付けもリアルな盆踊りというのはclusterではむしろめずらしいかもしれません

clusterの演奏系イベントは色々とありますが、ここでは特徴的な活動をされているお２人を紹介します。

真夜中のピアノ弾き語りライブ

やまみー／Yamamiiさん

▲**図1.1.5：**高音に魅力ある、驚くほどの歌唱力を持つやまみーさん。歌をピアノに乗せてポップスのカバー曲などを披露されるイベント。YouTubeとcluster会場の連携も見事です

Smooth Jazz Night

りん（Rin）さん

▲**図1.1.6：**ピアノ生演奏によるJazzの音楽を、継続してclusterイベントで弾かれてきたりん（Rin）さん。最先端のSmooth Jazzやピアノソロを多彩なスタイルで提供されています。自身が撮影した写真のスライドショーと共に演奏されており、落ち着いたムードのワールドも魅力的です

音楽系イベント（歌イベント）

clusterでの人気ジャンルの1つが歌イベント※2。ソロライブ、演奏を交えたもの、多くの方が出演する歌イベントまで様々なものが行われています（図1.1.7〜図1.1.11）。

魔法少女シュネー4周年 2nd Solo Concert「回帰」

魔法少女シュネーさん

▲**図1.1.7：**左提供：ばくだんさん、右提供：つきのじょうさん
4年にわたり活動されてきたシュネーさんがPIANOLIVE!! RIOさんを伴奏に迎え行われたライブ。空は星空写真家spitzchu☆さんが撮影されたもので、hkさん作成のワールドで素敵な演出が行われていました

かえるの音楽会

halさん

▲**図1.1.8：**「歌のおねにいさん」ことhalさんが主催されるイベント。いわゆる「両声類」、つまり男性の声と女性の声を両方出すことができる方たちが多数出演されます！ 皆さん本当に素敵な歌を披露されていますので、一度その歌声を聞いてみてください（右のトップ画像は「めんどす」さん作）

※2　有名曲をつかいやすいのもclusterの魅力の1つ。くわしくは4章で説明します。

七夕の祈り2023 -スターパレードの夜に願いを-

Sha-laさん

▲**図1.1.9**：有名クリエイターhkさんのワールドでSha-laさんの代表曲「スターパレード」をテーマに行われたコンサート。ピアノには「おまる」さんを迎え、「りら」さんのブラシアートがフィナーレを彩りました

Milia BIRTHDAY LIVE 2023 直前SP

Miliaさん

▲**図1.1.10**：Miliaさんが東京・神田で開かれたバースデーライブの直前スペシャルライブとして、Milia & L*aura（ミリアンローラ）のお二人が歌と演奏を披露。このようにclusterとリアルのイベントの相乗効果を考えたものはclusterの中でも先進的。またSYNCROOM（5章で説明）の効果的な利用例でもあります

想月亭　年忘れ歌謡祭　日本の歌、心

熊猫土竜さん

▲**図1.1.11**：なつかしいムードあふれるワールド「想月亭」が舞台の、多数の方が参加した歌イベント。静かなバラードから有名なアップテンポのポップスまでバリエーションにあふれた展開となりました

考える系イベント

clusterは歌ったり踊ったりの楽しむ系イベントがとても充実していますが、中にはじっくりと考えさせてくれるイベントもあります（図1.1.12、図1.1.13）。

クイズ・デスゲームQuiStarZ【CLUSTARS企画】

利賀セイクさん

▲図1.1.12：clusterでガチクイズイベントを何度も開催されてきた利賀セイクさんによるエンタメ性も高いクイズイベント。適度な難易度のクイズに、参加者も含めて悩んだ先に出てきたのは「正答率が○○%以上△△%以下のクイズを出せ」という難問……果たして参加者は生き残れたのでしょうか？

clusterで描く未来教育

vins主催（メタらいおんさん**と共同主催）**

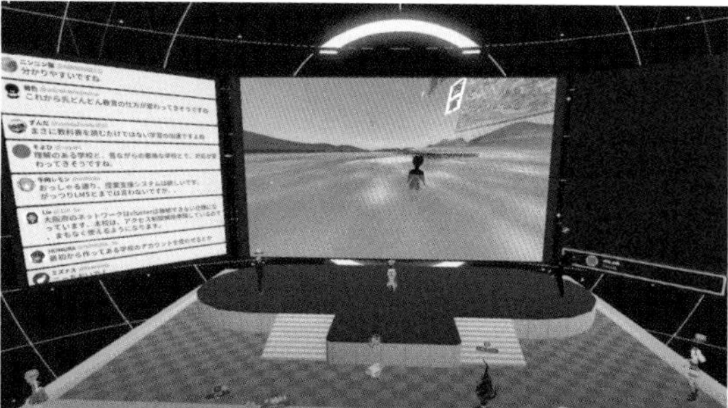

▲図1.1.13：手前味噌ではありますが、clusterで行った教育系イベントについて紹介します。clusterの教育現場での利用が無償化※3されたことを受け、実際に学校教育の場でつかっておられるアフロッティさんを招き、その可能性と課題などを提案・議論しました。このような社会系のマジメなイベントもclusterには存在しています

※3　くわしくはこちらのページをご覧ください。cluster 法人利用・営利利用のガイドライン（教育機関によるご利用について）https://help.cluster.mu/hc/ja/articles/20858688540057

劇系イベント

アバターとして演じること、舞台となるワールドをつくり込めること、劇イベントはメタバースの強み・醍醐味を感じられるイベントの1つです（図1.1.14〜図1.1.16）。

アラジン

ききょうぱんだ（ぱんだ歌劇団）さん

▲**図1.1.14：**演出・展開などに、ぱんだ歌劇団さんならではのスパイスを加えた「アラジン」。歌あり笑いあり、そしてシリアスなストーリーと華麗な演出ありの豪華さはまさにメタバース劇でした

VR即興演劇『白紙座』

めどうさん

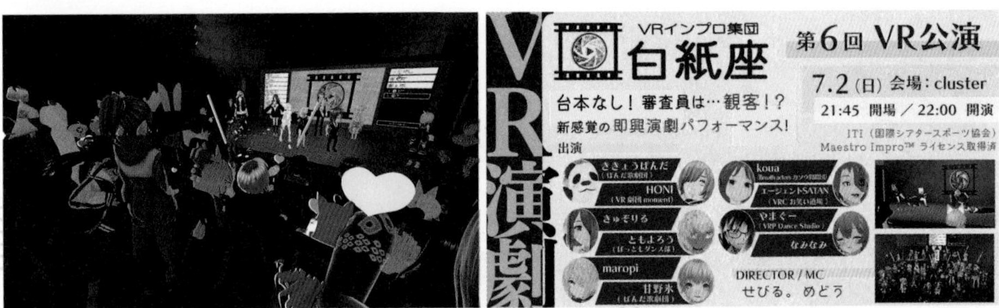

▲**図1.1.15：**新感覚の即興演劇（インプロ）ショーをVRで上演。その場で決まる様々なテーマに合わせ、出演者が即興で演じ、しかも参加者によって採点されるという前衛的ながらエンタメ性にもあふれたイベントです

劇団四頭筋・第四公演【アイのぬくもり】

える／筋ツナ愛さん

▲**図1.1.16：**【命のぬくもり】をテーマにしたMR（Muscle Reality）舞台。気温・体温をvirtualな舞台で表現することに挑戦されることが目標だったとのこと。メタバースならではの感動的展開もある劇でした

盛り上がる系イベント

clusterには、**観客も出演者も思いっきり盛り上がるイベント**がたくさんあります（図1.1.17、図1.1.18）。その盛り上がりの理由は熱い音楽であったり笑いであったり様々ですが……。

META JACK OPEN MIC LIVE

YoshiRockさん

▲**図1.1.17**：ジャンル問わず、飛び入り可、ステージで歌ったり演奏したりできるステージ開放型イベント！ 事前に登録した人の歌や演奏が終わったら飛び入り演奏タイムとなり、その場で色々な人が前に出て歌ったり演奏したりできます

激辛MCバトル

てつじんさん

▲**図1.1.18**：エンタメ系イベントの第一人者にしてラップイベントも行うてつじんさん。「一味唐辛子（など）を口に含んでからラップする」というとんでもないイベントを企画。かなりのダメージを受けつつも必死にリリックをつむぐラッパーの皆さんの勇姿が笑いと感動を引き起こしました……

1-2 clusterでつかわれる言葉の説明

今のclusterは最初に起動すると**「clusterツアー」という初心者向けのチュートリアル（実際に動かしながら行う操作説明）**があるため、初心者の方でもすぐに操作できるようになっています。

そこで本作では、**clusterを理解する上で必要な言葉と、それに関係する操作**の説明にとどめます。

アバター

アバターはあなたの分身となる3Dのキャラクターのことです。clusterでは「**アバターメイカー**」をつかってユーザーがかなり自由にアバターをつくれます（図1.2.1）。最近では、他のユーザーがつくったアバターを「**clusterポイント**」でもらえるシステムもつくられました（図1.2.2）※4。

さらにRealityというサービスと連携したり、VRoid Studioなどのソフトをつかったオリジナルのアバターをアップロードしたりすれば、**もっと自由度の高い好みのアバター**をつかうことも可能です。

▲**図1.2.1**：左はclusterのアバターメイカーでアバターを作成しているところ。髪や服などの種類はかなり多い。右はVRoid Studioでさらに自由度の高いアバターを作成しているところ

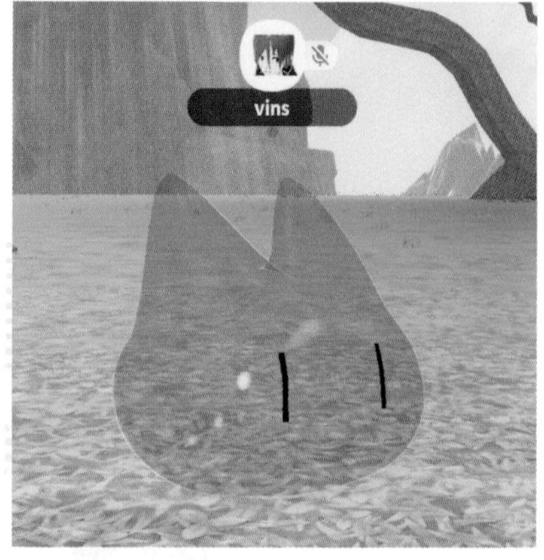

▶**図1.2.2**：クラスターポイントでvinsがもらったスライムアバター。動くとふるえる動きが人気。Linxさん作成

※4　26Pの「トラベラー・ビギナー・ミッション・クラスターポイント」でも解説しています。

ワールド

ワールドはアバターを動かすことができる**3Dの空間です。クラスター社やユーザーによってつくられています**（図1.2.3）。家の中、自然の中、建物の中などわかりやすいものから、宇宙空間、ホラー世界、奇妙なイメージばかりの世界など非常に多くのバリエーションがあります。clusterの最も基本的な楽しみ方は、この**「ワールド」に遊びに行くことや、ワールド内で行われる「イベント」に参加すること**です。

▲**図1.2.3**：美しいワールドをつくられることで有名な高千穂マサキさん作のワールド「Paradiso Azzurro（左）」「BAR GEKKO/バー 月光（右）」。いずれも第三者がイベント会場として活用することが許されている

イベント

イベントは本書のメインテーマです。上記の「ワールド」、あるいはクラスター社によってつくられた一部のイベント会場をつかって**勉強会、音楽、劇、お笑い（エンタメ）など**のイベントを開くというものです。最初はワールドに遊びに行くこととの差がわかりにくいと思うのですが、違いがあります。

- **一度に参加できる人数の上限が多い。**通常のワールドは25人以上入ると複数の「スペース」にグループが分かれてしまうが、イベントでは100人参加可能で、それ以上人が来ても500人までは「ゴースト」として参加が可能。
- **イベント一覧に掲載されるため、ユーザーの目にとどまりやすい。**cluster公式イベント「ハロークラスター（図1.2.4）」や「ロビー」のイベント紹介スクリーンなどで紹介される可能性もある。単純に、「○○日××時からイベントなら空けておこう」のように**他のユーザーが予定を立てやすくなるメリットもある。**
- 「投げ銭」を送ったり受け取ったりできる（Vポイント）。

▲**図1.2.4**：公式イベント「ハロークラスター」で近く行われるイベントのトップ画像が紹介されているところ

このようなメリットがあり、**ワールドとは違う体験を主催者にもユーザーにももたらしています。**本書はこのイベントについて書かれたものです。

ゴースト

100人以上参加するような大規模イベントでない限りは関係ありませんが、もしそれ以上参加者がいた場合、101人目からは「ゴースト」となって他のユーザーからは見えなくなります（図1.2.5）。

POINT

「ゴースト」はワールド内にあるボタンなどを押すこともできません。そのためイベント会場用のワールドを作成するときは、「入り口からボタンを押してメイン会場にワープ」のような仕組みはつかわないほうがよいです。

▲図1.2.5：人気イベントのため「ゴースト」になっている例

Vポイント

clusterのイベントでは、**「クラスターコイン（有料）」をつかって「Vアイテム」をイベント主催者に投げる**ことができます（図1.2.6）。イベントが面白かったとき、主催者の苦労に感謝したいときなど、「クラスターコイン」を買って「Vアイテム」を投げてみましょう。そうすると**主催者に「Vポイント」が貯まり、一定額以上になると現金として受け取ることができます。**

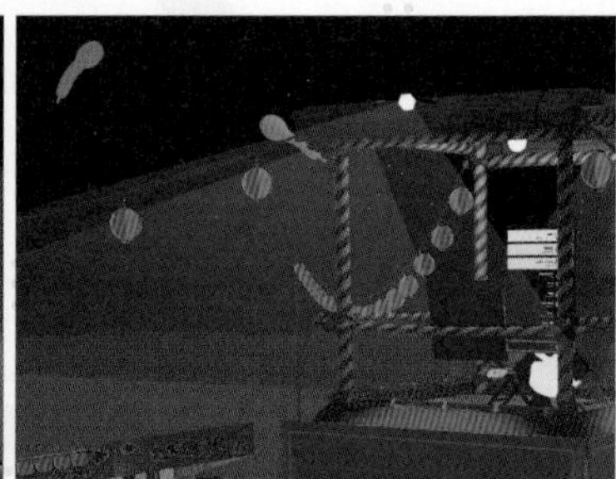

▲図1.2.6：「ハート」のVアイテム（左）、「ジェット風船」のVアイテム（中央）。花輪・くす玉のVアイテム（右）が贈られている例。数千クラスターコインする大型のVアイテムは投げたあとも消えず、名前が表示される。ちなみに、右はクラスター社の加藤直人CEOの結婚式イベントで、ユーザーが自ら大量の花輪・くす玉を贈った

ホーム

ホームはclusterユーザーにとっての「家」のようなもので、通常ユーザー本人しかいない場所です。**「ロビー」など人が多くいる場所に行く前に、ここで操作の練習を行うとよい**でしょう。

なお2023年7月に大幅変更が行われ、**ユーザーが自ら「ワールドクラフト」のようにホームをクラフトできる**ようになりました（図1.2.7）。ワールドクラフトについては7章を参照してください。ホームには自分を含めて4人まで人を呼ぶことができます。

▲**図1.2.7：**「ホーム」は2023年前半までとはガラリと変わり、まさに「自分の家」として好きな形に変えられるようになった

ロビー

ロビーはcluster公式が運営する、ユーザーが交流するためのワールドです（図1.2.8）。ロビーにはメニューから「**移動**」❶－「**ロビー**」❷をクリックすれば行けます。**初心者はまずここでclusterでの交流のイメージをつかむとよいでしょう。**「クラスターポイント」によってもらえる「引換チケット」でアバターなどを入手できるストアがあったり、近く行われるイベントやクラスター社（cluster公式）によってピックアップされたワールドの紹介が行われていたり、小さなライブ会場のようなものがあったりもします。もちろん、ただおしゃべりをしている人も多いです。

◀**図1.2.8：**
ロビーの様子。いつも多くの人がいる（上）。
「≡」ボタン→「移動」→「ロビー」で行くことが可能（下）

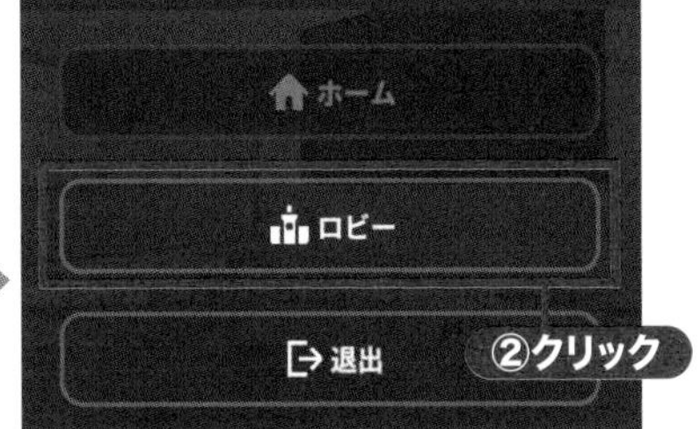

アクセサリー

アクセサリーは2022年末にできた新機能で、アバターに**メガネ・リボン・帽子・リュックなどを付けたり、剣や楽器などを持たせたり**できます（図1.2.9）。**アバターの体・服などは維持しつつ見た目を微調整**できるのがポイントで、しかもアクセサリーのサイズを変えたり、位置・角度・付ける場所を調整したりもできます。４章でくわしく説明しますが、「エアバンド」をやってみたい人にとって最も難易度の低い手段がアクセサリーでギターやベースなどをアバターに持たせることです。

▲図1.2.9：帽子アクセサリーを付けた例（左）。傘のアクセサリーを持った例（右）

アクセサリーにはもう１つ大きなポイントがあります。「**アクセサリーストア**」があり、他のユーザーのつくったアクセサリーを買えるというところです。これにより、**外部の高度なソフトをつかう自信がないユーザーでもアバターにモノを持たせたり**「アバターメイカー」でつくったシンプルなアバターの見た目を華やかにしたりすることができます。

さらに、**イベントを開くときに「物販」**のようなことをすることもできます。アイドルのイベントなら**「応援うちわ」**や**「旗」**のアクセサリーを来場者に持ってもらう、音楽イベントなら「**オリジナルサイリウム**」を持ってもらう、などイベントの可能性を大きく広げるものですから、興味のある方はぜひ７章を読んでチャレンジしてみてください。

トラベラー・ビギナー・ミッション・クラスターポイント

「トラベラー」「ビギナー」は2023年７月に加わった、初心者システムです。clusterに登録したユーザーはまず「**トラベラー**」となり、「フレンドを１人つくろう」「ワールドに遊びに行ってみよう」のような「**ミッション**」を行うことで「**ビギナー**」にランクアップできます。

なお、「ミッション」を達成すると「**クラスターポイント**」がもらえ、これは上記の「アバター」や先述の「アクセサリー」などと交換が可能です※5。「トラベラー」や「ビギナー」でなくなってからも、これはずっとつづきます。

※5　正確にはまずクラスターポイントを「引換チケット」と引き換え、それをアバターなどと交換します。

「ビギナー」になるのは1日もあれば十分ですが（図1.2.10）、注意が必要なのは**「トラベラー」だとイベント・ワールドを公開したり、外部のソフトでつくった独自アバターをアップロードしたりできない**ということです。

「clusterに登録してその日のうちにイベント開催」は基本的にムリだということを覚えておきましょう。

◀**図1.2.10：**ミッションを達成していくことで「ビギナー」になれる。またミッションを達成するとクラスターポイントをもらえ、アバター・アクセサリーなどと交換できる

POINT

これは他のユーザーから見たとき、まだclusterの初心者であることがわかるようにするためのシステムです。とはいえVTuberさんなど、**入ってすぐ外部ソフトでつくったオリジナルアバターをつかいたいという人は「トラベラー」の制限に気を付けましょう。**事前にテストで1日clusterを遊ぶなどして、「ビギナー」に上がってください。くわしくは下の表を参照してください。

ちなみに「ビギナー」になってから数十日すると「ビギナー」のアイコンがなくなり、フツーのユーザーになります。**2023年8月時点では、「ビギナー」であることによる制限はありません。制限があるのは「トラベラー」だけ**です。

制限	トラベラー	ビギナー以上
独自アバターのアップロード	×	○
アバターメイカーでアバター作成	○	○
「REALITY」と連携したアバターアップロード	○	○
独自ワールドの公開	×	○
ワールドクラフトでワールド作成（公開の手前まで）	○	○
Unityでのワールド、クラフトアイテム、アクセサリーのアップロード（「アクセストークン」を必要とする行為）	×	○
「公開」イベントの作成	×	○
「限定公開」イベントの作成	○	○

▲トラベラーの制限

なお、ミッションを確認したい場合は、PCでもスマホでも画面左上にある**「≡」ボタン**を押しましょう（図1.2.11、図1.2.12）。**この「≡」ボタンによるメニュー表示は必ず覚えてください。**本書ではこの**「≡」ボタン**をクリックして表示される画面での操作を**「メニューの○○をクリックしてください」のように書き、「≡」ボタンでメニュー画面を表示する操作は明示しません。**

▶**図1.2.11：**左上にある「≡」ボタンはすべての基本。なお2023年7月のアップデートにより、「≡」ボタンで表示されるclusterのメニューの見た目は右画像のように大きく変化した。「ミッション」は右下のボタン列の一番左

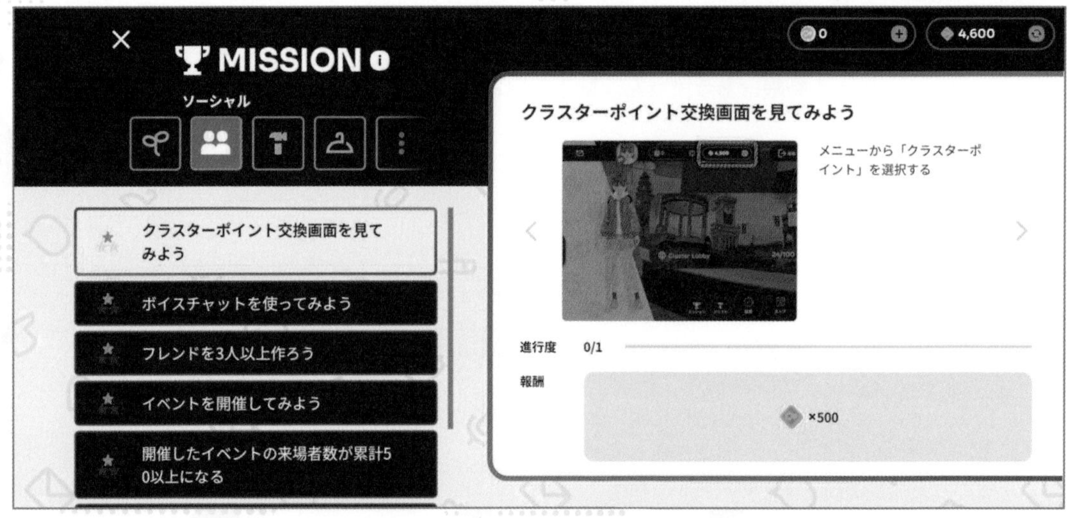

▲**図1.2.12：**ミッションの例。こうしたミッションをこなしていくことは、そのままclusterの操作や雰囲気に慣れていくことにつながる

1-3 clusterイベントの魅力と強み

この節では、「はじめに」でも書いた、clusterでイベントをすることの魅力と強みを、よりくわしく見ていきます。

リアルで集まらなくてもよい※6

おそらくメタバースイベント、clusterイベントの最大の魅力はここでしょう。イベントに参加するとき、**主催するほうも見に来るほうもどこにいてもよい**のです。PCやスマホで参加するならば、会社の休憩中や電車の中から参加することすら可能です。もちろんステージに上がる人の場合は家で落ち着いて参加することが好ましいですが、**「電車が止まって家に帰れなくなりました、仕方ないので路上からスマホで登壇します」**などという離れ業が可能なのもメタバースイベントならではです。

Zoomなどのオンライン通話ツールをつかったイベントでもこれは可能ですが、メタバースイベントなら会場にその人のアバターを出して、いくらか動かすこともできるのです。**存在感と安定感がまるで違います。**

POINT

「ウェビナー」などと呼ばれるオンライン会議による勉強会は手軽ですが、やはり動画を再生している感しかなく、没入感に欠けるという課題もあります。手軽さと没入感のちょうどよいバランスがあるのがメタバースイベントの魅力といえるでしょう。

そして勉強会ではない、**劇や音楽イベントになってくるとオンライン通話ツールで表現するのはかなり困難になってきます。そういうイベントでも集まらなくてよい、**これはメタバースイベントならではですね。

顔を出さなくてよい

劇や音楽イベントはもちろんのこと、勉強会イベントにも**実名と自分の顔を出して登壇したくない人はいるでしょう。**テーマによっては、参加者として会場にすわっていることすら抵抗があるかもしれません。こういうとき、オンラインのイベントでは**VTuberのように「アバター」で登壇したり、ハンドルネームで参加してコメントしたり**できるのは大きなメリットになります（図1.3.1）。

※6　本書では「現実世界で」「現実の」という意味で「リアルで」「リアルの」といった表現をつかいます。やや口語的ですが、ご了承ください。

このように**「実の名前や顔を隠す」効果に加えて、アバター自体の表現力に期待できる**のがメタバースイベントのよいところです。アバター自体のカッコよさ、かわいさなどもさることながら、「劇で複数のアバターをつかい分ける」のような、現実にはなかなかムズかしい表現も容易にできます。

▲**図1.3.1：**アバターによる匿名性と表現力は、一度実際に経験すると「とてもすごい」とわかるはず。性別も気にする必要はない

集客力がある

今やYouTuberは多くの人のあこがれの職業であると同時に、誰もがカンタンにはじめられるようになりました。こうした中で**新人YouTuberとして今から人を集めるのは、顔出しのものだろうと、アバターをつかったVTuberのスタイルであろうと大変ムズかしい**ことです。

その点clusterならば、イベント一覧ページに出ることによって、これまで**全く知らなかったような人がイベントに来てくれる**ことも多いです（図1.3.2）。またイベント開催中はclusterのトップページにイベントが表示され、**人が多いイベントほど上位に出てくるので、来場者が増えれば増えるほどさらに人が増える**という流れもあります。YouTubeで「同時接続」20人や30人を達成することだってムズかしいんだ、ということを実感している人は、ぜひ一度clusterのイベントを試してほしいと思います。

▲**図1.3.2：**イベントもワールドも、そこに人がたくさん来ていればclusterのトップページの上位に表示される

多くの人を相手にしている実感を得られる

YouTubeでは、たとえ20人や30人の人が見てくれているとしても、コメントをせずに見守っているだけの人ならばどういう風に見てくれているのか全くわかりません。

clusterのイベントでは、実際にそこに何十人というアバターが見えます。本当に時間を割いて今私のイベントを見てくれている、ということをそれだけで感じられます（図1.3.3）。しかも**「エモート」機能によって気軽に反応**してくれることも多いです。

▲**図1.3.3：**何十人もステージを見ているというのは想像以上にインパクトがある。VRで参加すればさらに臨場感があり、受けるインパクトは大きい

収益化もカンタン（Vポイント）

YouTubeで500人、1000人といったチャンネル登録者を集め収益を得るのはかなりムズかしいことです。**インターネット上でパフォーマンスを行い、それに応じた支援を受けることはカンタンではありません。**

もちろんそれはclusterでも同じですが、大きな違いは最初からイベントで「Vポイント」がもらえるという点です（図1.3.4）。YouTubeなどのきびしい競争に疲れた人は、clusterでもう少しゆったりとした活動に取り組み、そこでファンを増やしていくのも1つの選択肢でしょう。

なお、ユーザーからもらったVポイントを出金するのは2023年8月現在10,000Vポイントからとなっています。ただし、**クラフトアイテムやアクセサリーを売ったときもVポイントとして貯まっていくので、イベントでアクセサリーを買ってくださいと呼びかけるなど並行したやり方**をしていくとよいでしょう。

▲**図1.3.4：**ランキングボードがあるワールドでイベントをすると、Vポイントをくれた（Vアイテムを投げてくれた）ユーザーが表示される。イベントの最後にお礼を言うのが定番

POINT

もちろん、「お金お金お金！」と叫んでいるかのような活動ではかえってファンは離れていってしまいます。まずは**活動自体の魅力を上げ、ファンに対して感謝の気持ちを持って、clusterの文化もしっかりと理解**していくことが大事です。

PC・スマホ・VRいずれにも対応している

clusterは早い時期からスマホへの対応も済ませています。メタバースというと「**VR機器がなければプレイできない**」と思っている人もいますが、そんなことはありません。

これにより「演者はVRだが、見る人はスマホ」のような形ができるのは当然として、「**ステージの上に立つ人がVR・PC・スマホいずれも混じっている**」といった形も可能です。例えば劇で主役の人だけがVR機器で演技を行い、他はPCやスマホで演技をしてもよいでしょう。これは特に、**環境をそろえにくい中高生や大学生がイベントを行うときプラス**になるはずです（図1.3.5）。

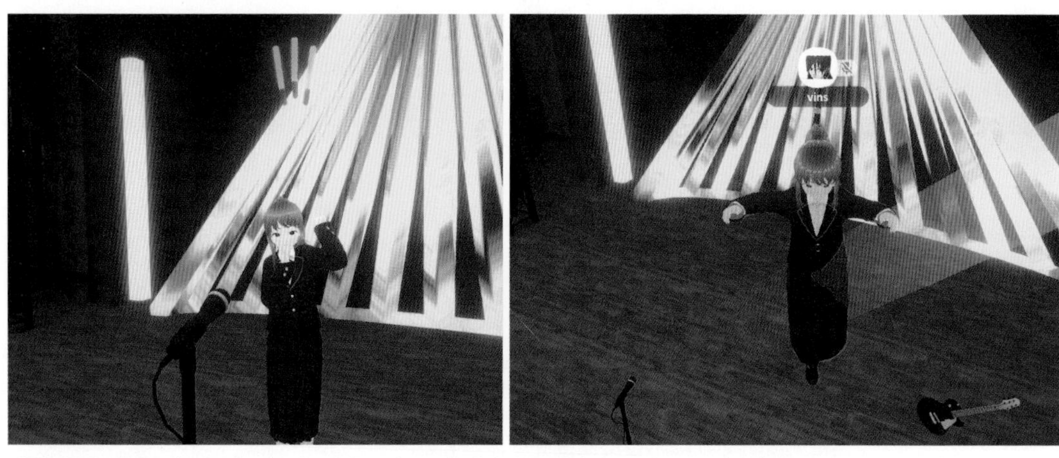

▲**図1.3.5：**豊富な「エモート」をつかったり、ジャンプしたりすればPCやスマホでも一定の表現はできる

現実世界を超えた表現力

キラキラとした光の輪の中で歌う、演者が空に浮かぶ……こうしたことはリアルの音楽・劇イベントでやろうとしたら大変な準備が必要ですが、clusterならどちらもカンタンに表現可能です。もちろん**ワールド作成のための準備が必要とはいえ、その表現力の高さと実現しやすさは魅力的**です。

リアルな演出を追求したい人はともかく、よりファンタジー的、アニメ的な演出にあこがれているような方はメタバース劇やメタバース音楽のイベントに挑戦してみましょう。やろうとしてもできなかったような演出を実現できるはずです。

1-4 イベントを開くときの基本的な注意点

メタバースのイベントは**基本的にリアルのイベントよりもリスクが少ない、気軽にできる**ものですが、それでも注意点はいくつかあります。この節ではそれを示したいと思います。

音声の質に気を配ろう

最近テレビのニュース番組でも増えた「大学の先生などがリモートで出演する」というシーンで、音声のクオリティが低くあまり内容が頭に入ってこない場面などを見たことがないでしょうか。コロナ禍でリモートワークが進む中、**「マイクと音声の質の確保は今やビジネスマナーだ」**という発言をSNSのどこかで耳にしました。

これは少し大げさだとしても、メタバースイベントで音声の質が大事なのは事実です。**ほとんどのイベントは、主催者がマイクで音声を出すことで成り立っています**※7。その音声がノイズだらけであったり、音質が低かったりするとイベントを見に来た人の体験の質が下がってしまいます。

そして一番多いパターンとして、**「フィードバック」**現象が起きていると**非常にイベントの体験の質が下がります。**これは覚えておきましょう（図1.4.1）。

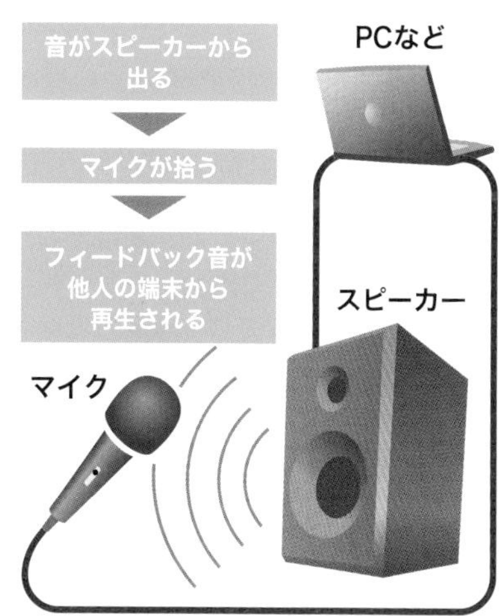

▲**図1.4.1**：フィードバックのイメージ。スピーカーから出た音をマイクが拾い、ループしてしまう

POINT

フィードバックはclusterでは俗に「ループバック」と呼ばれます。また一般的には**「ハウリング」**といったほうがイメージしやすいかもしれません。**スピーカーから出た音をマイクが拾い、その音がまたスピーカーから出て**……というのがくり返されて「キイイイ」と高い騒音が出てきてしまう現象ですね。ぜひ**イヤホンかヘッドホンを付けてください。**

なおイヤホンを付けていても、PCの音声設定をフクザツにしすぎてフィードバックすることはありえます。筆者vinsは**ClusterGAME JAMで大賞を受賞して登壇するとき、マイクノイズを軽減しようとして設定ミスによりループバックを起こし、ハズかしい思いをしました……。**

またノイズ軽減については、3Dグラフィックに強いPCをつかっていて「NVIDIA」製のグラフィックボードを搭載しているなら、**「NVIDIA Broadcast」**というソフトが無料かつ安定していてオススメです（図1.4.2）。

▲**図1.4.2**：高性能ノイズ軽減ソフトである「NVIDIA Broadcast」。マイクのノイズを驚くほど軽減してくれる。ただしNVIDIA製グラフィックボードが入ったPCが必要

※7　「無言でゲームを遊ぼう」「無言でワールドの好きなところに行って写真をたくさん撮ろう」といった全くマイクをつかわないイベントもありえます。しかし全体から見ると、相当少ないです。

フィードバック（ループバック）を抑えるのに一番よいのは、**全員が必ずイヤホン・ヘッドホンをつかう**ことです（マイクと一体化したヘッドセットでもかまいません）。一部端末の場合、自動でループバックを打ち消せる機能もclusterに加わりましたが、時々音量が不安定になるなどの副作用もあり、**イヤホン・ヘッドホンをつかうこと、スピーカーをつかわないことに勝る対策はありません。**

なお、マイクの質が大事といっても何万円もするようなマイクを最初から買う必要はありません※8。**歌イベントに出たい人でなければ、3〜4,000円以下のマイクで十分**ですし、歌イベントに将来出たい人でも最初はあまり高いものを買わないほうがよいです。筆者vinsもあとになって「オーディオインターフェース」の必要性に気付き、前に買った高額なUSBマイクと併用できなかったので、別にもう1本マイクを買うことになりました（図1.4.3）。

まずはスマホを買うときに付いてくるイヤホンマイクを活用したり、「100円ショップ」で売っているイヤホンマイクを活用したりするところからはじめてみましょう。

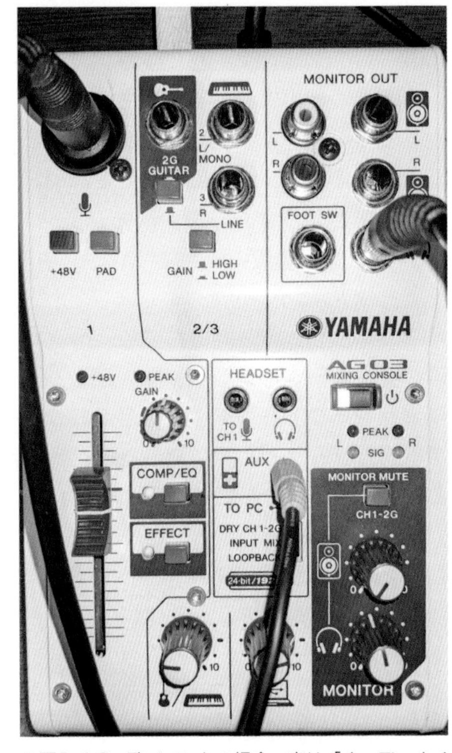

▲**図1.4.3：**歌イベントの場合、実は「オーディオインターフェース」なども必要なケースが多く、ハードルが高い（写真は定番のYAMAHA AG03）。いきなり高いマイクだけ思い切って買うなどすると、機器と合わずに失敗することも

POINT

残念ながら2023年8月現在、**clusterに音声チェック（自分でしゃべって、数秒後にその音が再生される）の機能はありません。**Zoomなどに入っている音声チェック機能をつかってみたり、スマホのサブアカウントにイヤホンをつないでイベント会場に入り、PCのアカウントのマイクからしゃべってみたりして音声チェックを行いましょう。他の出演者の方がいれば他の方にチェックしてもらってもいいですが、できるだけ自分自身でチェックできたほうがよいです。

また、複数のマイクがあるPCの場合は正しいマイクが選択されているかということもclusterアプリの設定からしっかり確認しましょう。「PC内蔵マイクと外付けマイク」の2つがあり、**外付けのよいマイクでしゃべっているつもりがカメラについているマイクやPC内蔵マイクでしゃべっていた**、などということもよくあります。clusterアプリのメニューの**歯車アイコンのボタン（設定ボタン）**の「**サウンド**」タブにあるマイク項目の「**デバイス**」のプルダウンメニューから選択可能です（図1.4.4）。

※8　オーディオ機器に関する説明は137P、143P、147P、150P、172Pなどで少しずつ行っています。

なお本書では**「≡」ボタン**と同様、この**設定ボタンも今後は「設定から○○を選んでください」のようにクリックする説明を省略**します。

▶**図1.4.4：**メニューの歯車（設定ボタン）から行けるclusterのマイク選択画面。前々ページで説明した「NVIDIA Broadcast」も、マイクとして認識されるため、つかいたい場合にはここから選ばないと意味がない

迷惑ユーザーへの対応を覚えておく

残念ながら、**巨大なアバターで参加者の視界をふさいだり、勝手にステージに上がったり、コメント欄を荒らしたり、「声出しOK」のイベントで問題発言をくり返したり**などの「迷惑ユーザー」はclusterにも存在します。そういうユーザーの存在はイベント体験の満足度をかなり下げてしまいますから、主催者としてしっかり対応できる心の準備と操作方法の確認を済ませておきましょう。そうしたユーザーへの対応を専門として行う**「警備員」スタッフを知人に頼む**のもよい方法です（図1.4.5）。

また、迷惑ユーザーへの対応については**「3-2 てつじんさんに聞くエンタメイベントの発想法と運営」に非常に参考になるノウハウ**がありましたので、そちらも読んでください。「イベントからの追放」の操作方法もその節に書いてあります。

▲**図1.4.5：**clusterユーザーの焔（HOMURA）さんはイベントで「警備員」スタッフを何度も務めてきていることで有名

さらに、「スタッフコライダー（7章でくわしく解説します）」をしっかり配置しておく（図1.4.6）、巨大アバターをつかうと別の場所に飛ばされるような仕組みをつくるなど、**ワールドの作成時点の工夫で迷惑ユーザーをある程度抑え込む**こともできます。こうしたテクニックは8章で説明します。

▶**図1.4.6**：ステージに勝手に上がろうとするユーザーもいる（意図的な場合もあれば、うっかり操作ミスをした場合も）。しかしワールドで「スタッフコライダー」を適切に配置することで入れないようにできる。自信がないうちはcluster公式が作成したイベント会場をつかうのもよい

リハーサル（予行演習）を行う

リアルのイベントと同じように、clusterでのイベントでも練習をしておくことは大事です。主催者以外でも**「スタッフ」に登録されているユーザーはいつでもイベント会場に入れます**から（図1.4.7）、事前にしっかり練習しておきましょう。当日のスケジュールの確認、役割の確認などに加えて、

▲**図1.4.7**：イベントページに「スタッフはいつでも参加できます」と書いてある通り、スタッフはいつでもイベント会場に入れる。当日になる前でもOK

- マイクの音は問題なく聞こえるか
- 当日必要な音楽ファイル・動画ファイルなどの準備はできているか、きちんと再生して音が聞こえるか
- PDF資料なども準備はできているか、ページをめくっていく動作はできるか
- アンケート機能をつかいたい場合、その操作を理解できているか（2章で説明します）
- DJイベントや劇イベントなどでワールドに仕込んだ演出をつかいたい場合、その演出がきちんと動いているか
- WEBトリガー機能をつかう場合、きちんとトリガーが機能しているか（7章でくわしく説明します）

こうした、**メタバースイベント特有の部分**もしっかりチェックしておきましょう。

POINT

1人でやるイベントの場合は、**PCのメインアカウントとスマホのサブアカウントでイベント会場に入るなどすれば、他のユーザーにどう見えるか・聞こえるかを最低限確認**することができます。

著作権の扱いに注意する

clusterの魅力の1つに、音楽の著作権管理団体のJASRACやNexToneの管理する楽曲を利用できるという点があります。**日本の有名歌手やバンドが出した楽曲をイベントやワールドで流せる**わけですね。ただし、CDなどに収録されている音源をそのまま流すことはできず、**自分でカバー演奏したもの、ネット上にあるカバー曲でフリー音源として公開されているもの**をつかわなければならないなど、著作権やclusterの利用規約に基づくルールが色々とあります。これを理解せずイベントを開くと、様々な権利上の問題を招く危険性があります。

イベントやワールドで楽曲を利用したあとは、使用楽曲登録を行いましょう。cluster公式ページに行き、右上の自分のアイコンをクリック（図1.4.8❶）。**「使用楽曲登録」**をクリックし❷、さらに**「登録」**をクリックしてください❸。あとは自分がそれをつかったイベントやワールドのURLを入力し、どういう場面でつかったかを選択し、JASRACやNexToneの楽曲コードを入力します❹。楽曲コードはそれぞれの団体のサイトで検索してください。

もちろん著作権に気をつかわなくてはいけないのは音楽に限った話ではありません。**画像や動画なども、問題なく利用できる各種素材や自分でつくったデータなどを利用する必要**があります。当然JASRACやNexToneに登録されている楽曲のようなものを除き、「著作権をクリアした素材」は無料・有料を問わず、clusterのイベントでつかっても問題が発生しません。しかし、例えばイベントのためにつくったアクセサリーをアクセサリーストアで売るときなどは、十分な注意が必要です。

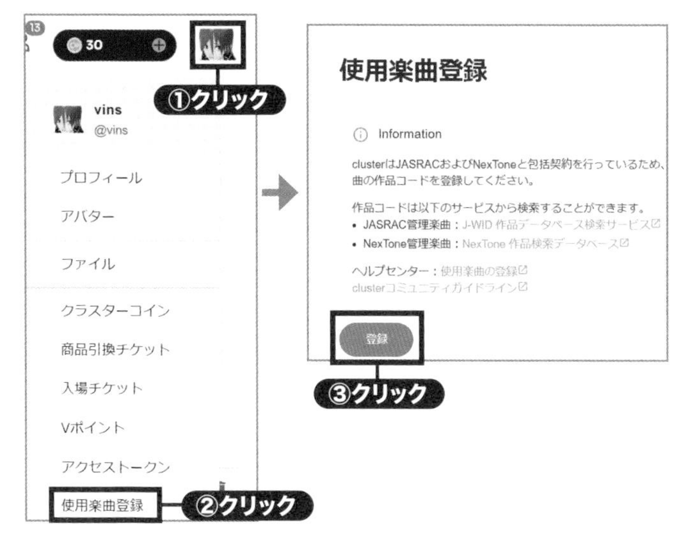

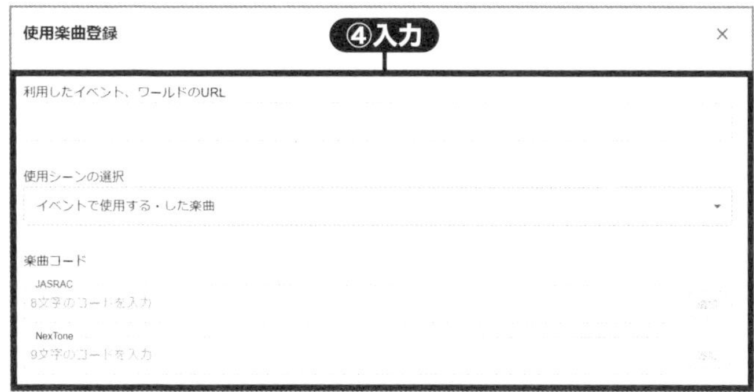

▲**図1.4.8**：イベントやワールドでつかったJASRACなどの管理曲を申請するページ。このように著作権法に基づくルールをしっかり守る必要がある

POINT

ストアで**販売するアイテムやアクセサリーの場合、モデル（形）はすべて自分でつくるのが安全**です（図1.4.9）。さらに、そのアイテムに貼り付けるテクスチャ（画像）なども自分で用意するのが安全ではあります。例えば**自分で撮った写真を加工する、などは一番安全な手段**です。また、モデルによってはテクスチャがなくても十分なクオリティになるでしょう。

（むろんストアで売らず、ただ自分で付けるためのアクセサリーや自分のワールド内に配置したいアイテムについては「**Unityアセットストア**」などで入手できる素材を活用していくべきです）

▶**図1.4.9**：アクセサリーによってはテクスチャ（画像）をつかわなかったり、シンプルな塗り方だったりしても問題がない

トラブルに対応できるよう、心の余裕を持つ

リアルで行うイベントもそうですが、**メタバースイベントには特にトラブルが付きもの**です。ネット回線・PC・スマホなどのトラブル、音声トラブル、迷惑ユーザーの存在、いきなり電話がかかってきたり、来客があったりするなど……。こうしたトラブルに対応するには、とにかく心の余裕を持つことです。**トラブルはあって当たり前と考え、イベント進行をカンペキにやろうと思いすぎない**ことが大事になります。そのほうがずっとうまく対応でき、来てくれたユーザーからの評価も高くなるはずです。

1-5 clusterの進化

前作『メタバースワールド作成入門』（翔泳社）は2022年6月頃に初稿を書き終えました。その後、どんどん進化していくclusterの機能を多少はカバーしたものの、やはり**すさまじいスピードで進化していくclusterの新機能**をすべて追いかけきれていなかったところもあります。

この節では前作を読まれた方や、比較的新しいclusterの機能を確認したい方向けにclusterの機能の進化をまとめています（「1-2 clusterでつかわれる言葉の説明」で説明済のものは省きます）。

ワールドクラフトの進化

ワールドクラフトは元々cluster公式の用意したアイテムを置くことしかできませんでしたが、その後**ユーザーがつくったアイテムを配置できる**ようになり、さらに**音楽を流したり空の色を変えたり、光っているようなエフェクト**を付けたり（図1.5.1）できるようになりました（音楽は数曲の中から選ぶ形であるなど、制限はあります)。さらに8章で説明する「**スクリプト**」にも対応しているため、動きや音のあるワールドをつくれるようになるなど、ワールドクラフトは非常に進化しています。

ある程度本格的なワールドをつくりたいならUnityをつかうしかなかった2022年前半までと比べて、**今のワールドクラフトは全く別物**になったといってよいでしょう。7章でよりくわしく説明します。

ただし、「ステージにお客さんは入ってきてほしくない」といった**細かい部分まで気をつかったイベント会場をつくりたいときは、やはり今でもUnityによるワールド作成が向いています。**

▲**図1.5.1**:ワールドクラフトでつくった例。以前は不可能だったモノが光る表現、カンタンな乗りものの表現などが可能になった

アイテムやアクセサリーを売買できる「ストア」

メタバース上で「経済」をまわすことを宣言しているclusterは、その言葉通りユーザーがつくった**「クラフトアイテム」や「アクセサリー」を売買できる「ストア」**機能を加えました(図1.5.2)。Unityでワールドクラフト用の「クラフトアイテム」やアバターに付ける「アクセサリー」をつくれば、それを他のユーザーに買ってもらうことができるのです。

◀**図1.5.2**:クラフトアイテムの「ストア」。1つずつ売る形だけでなく、複数のものをまとめた「パッケージ」による売り方もある

なお、売るときには著作権法違反がないか、また「すでにあるものと同じようなシンプルなクラフトアイテム」ではないか、説明が実際のアイテムやアクセサリーと大きく違っていないか、といった**審査が行われます**。もし**イベントでアクセサリーの「物販」を行いたい、というような場合は早めに申請**をしましょう。また売上は「Vポイント」として貯まっていき、10000Vポイントを超えると出金申請ができるようになります。手数料は2023年8月現在、売上のちょうど半分です。

POINT

自分でワールドクラフトに独自のクラフトアイテムをつかいたい、自分でつくったアクセサリーを自分のアバターに付けたい、というような場合は販売申請を行う必要はありません。クラスター社の審査業務に余計な負担を増やさないよう、**「他の人にぜひつかってもらいたい・付けてもらいたい」クラフトアイテムやアクセサリーだけ販売申請**するようにしましょう。

スクリプト機能

clusterには元々、計算（敵に当たったらHPを3減らすなど）や、条件判断（10ゴールド持っていたら薬草を買えるなど）を行うための「**ロジック**」機能というものがありました。これにより**RPGのようなゲームワールドなどもつくれた**（図1.5.3）わけですが、フクザツなワールドをつくるのはかなり困難でした。

しかし、アップデートで**JavaScriptというスクリプト言語（プログラム）**をつかえるようになり、よりハイレベルでフクザツなワールド作成（カードゲームや弾幕シューティングなど）の可能性が出てきました。

もちろん、スクリプトを理解するのは上級者でないとムズかしいところもありますが、ポイントはこの**スクリプト機能は「ワールドクラフト」でもつかえる**ということです。ワールドクラフトには元々乗りものや花火などを動かす機能がなかったのですが、**スクリプト機能によってついに「動くモノ」を実現**できるようになりました。

スクリプトの全体を理解するのは大変でも、元々**用意されたものを「コピペ（コピー&ペースト）」したり、一部の数字（変数）だけ改変したりするのはカンタン**です（図1.5.4）。興味のある方は、ぜひ8章を読んでスクリプトの基本をワールド作成に取り入れてみてください。

▲**図1.5.3：**筆者vinsが「ClusterGAMEJAM 2020 in WINTER」で大賞を取った「カンヅメRPG」も、ロジック機能によってつくられていた。今はスクリプト機能でさらにフクザツなものもつくれる

```
const hayasa = 1.0;
const nagasa = 2.0;
const muki = new Vector3(1,0,0);

$.onUpdate(deltaTime => {
  if (!$.state.shokika) {
    $.state.shokika = true;
    $.state.ichi = $.getPosition();
    $.state.time = 0.0;
  }
```

▲**図1.5.4：**スクリプトを見てもさっぱりわからないと思うかもしれないが、すでに完成しているスクリプトの数字だけ改変するのは割とカンタン。この例ならhayasaを2.0にするなど

「サブ音声」機能

「サブ音声」から音を出すように設定すると、ワールド内に設置されたスピーカーから音が聞こえているかのように感じられるという機能が加わりました（図1.5.5）。**「サブ音声はステレオ音声に対応」**「ワールド作成時の設定により、**スピーカーから出る音にエコーなどのエフェクトをかけたりすることが可能**」など従来のマイクとの差別化もはじまっており、今後音楽イベントを支える重要な機能になることが期待されています。ただ、**マイクとサブ音声を同時につかうことができない**点には注意が必要です（2023年8月現在）。

▲**図1.5.5**：サブ音声を出したい場合は「ファイルを追加」の画面から行う。2023年8月現在は、PCでしかつかえない。またスピーカーのあるワールドでしか利用できない

UIの大幅アップデート

2023年7月、clusterアプリの**「≡」ボタン**で表示されるメニューが大幅に変わり、かなりゲーム的なカッコいいデザインになりました（図1.5.6）。見た目以外にも変更点があります。

▲**図1.5.6**：新しくなったclusterのUI

❶「ワールド情報」を見るためのボタンが常に表示されるようになった
❷「ファイルの出力」や「画面共有」をするためのボタンの位置が変更（「≡」ボタンの下にあった）
❸「マイワールド（自分のつくったワールド）」は「クラフト」ボタンから
❹「ホーム」や「ロビー」への移動は、右上の「移動」ボタンから

このような点が大きな変化です。

他にも、アバター選択のときにそのアバターが付けているアクセサリーを確認・編集できる点などの進化もありました。他のボタンも、機能自体はさほど変わっていなくても位置が変わっていることが多いので、久々にclusterをやるという方は気を付けましょう。

clusterツアー

初回起動時に、**「clusterツアー」が表示されて基本的動作を確認できる**ようになったのも大きい点です（図1.5.7）。新しくclusterに知り合いを誘うときも、このツアーを最後までやってもらえば「歩く・見回す・持つ・すわる」などclusterの基本動作を確認できます。何より**ツアー自体がきらびやかなムードに満ちていて、「clusterってすごそう」という感想を持ってもらえる**はずです（図1.5.8）。

▲**図1.5.7：**clusterツアーは非常に基本的なところから動作の説明をしてくれる、いわゆるチュートリアル

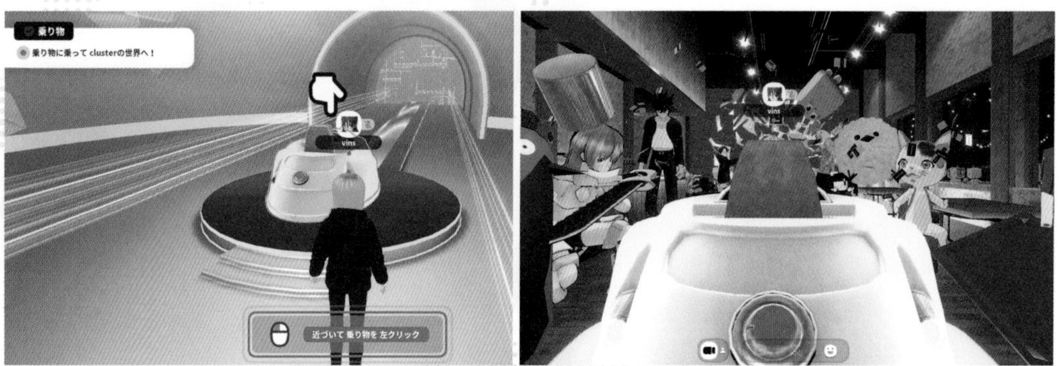

▲**図1.5.8：**「clusterで遊ぶとこんなすごいワールドに出会えたり、色々なアバターに会えたりするのか！」と感じさせてくれるツアーの後半

写真フィード

clusterのワールド内に入らなくても、フレンドが投稿した写真をSNSのように見られるようになりました。さらに**ワールドのトップページに行くと、そのワールドから写真フィードに投稿された写真が「みんなの写真」として確認できる**ようになったため、自分が撮った写真も他の人に見てもらいやすくなっています（図1.5.9）。2023年8月現在はスマホ版限定の機能です（「写真フィード」への投稿はスマホ以外からも可能です）。

▲**図1.5.9：**写真フィード機能

スペース機能

ワールドは「サーバー」ではなく「スペース」という単位で楽しむようになりました。例えば「ここは野球について話すスペース」「ここは初心者歓迎のスペース」のように各スペースの設置者が「スペース」のコンセプトを示せるようになり、もし迷惑なユーザーが来た場合は「スペース」からブロックすることも可能になりました。**「スペース」はそのワールドの作者でなくてもつくることができる**、従来のイベントとワールドの中間的な感覚の存在ともいえますね。

今後導入がアナウンスされている機能

こちらは2023年8月現在、導入が計画されている機能です。おそらく多くが本書の出版の頃には実現されているでしょう。

アバターストア	2023年8月現在、ロビーのストアで限定的に実施されているクラスターポイントによる交換ではなく、クラフトアイテムやアクセサリーのようにユーザーが売買できるようになる。

▲**アナウンスされている新機能**

▲図1.5.10：clusterで行われた様々なイベントの例

CHAPTER

02 イベントの基本

ここからいよいよ実際にイベントをつくったり、イベント内で操作したりする方法に入っていきます。イベント会場やサムネイルの選び方・つくり方、さらにはイベントを録画・配信する方法まで解説していきます。

2章 CHAPTER 02

イベントの基本

2-1 イベントをつくってみよう

人によってはワールド作成よりこちらのほうがメインの関心事になるかもしれませんね。

最初は練習として友達を数人誘い、自分のつくった**ワールドの紹介**や**普段の活動の紹介**（音楽、絵、文章、旅行、研究など）をするイベントあたりからはじめると気軽でしょう。

イベントをつくる

イベントは、clusterの公式サイトからログインしてつくります（PCのブラウザでアクセスしてください）。

右上にある「+」ボタンをクリックし（図2.1.1❶）、**「イベントをひらく」**をクリックします❷。

この時点で**いきなりイベントが開始するわけではありません。**「下書きを作成」→「開催時刻などを設定」という感じで進んでいくので安心してください。

まずイベントに名前を付けましょう（図2.1.2❶）。そして「**公開**」か「**限定公開**」を選び❷、「**下書きを作成**」をクリックします❸。

「**限定公開**」は、イベントのURLを知っている人だけが参加できます。練習にはこちらをつかうのがいいかもしれませんね。

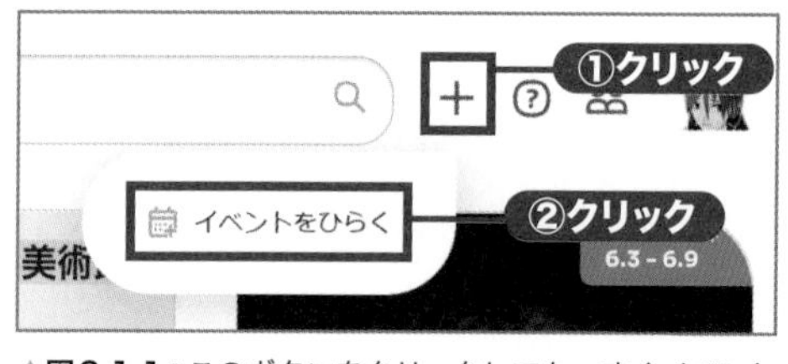

▲**図2.1.1**：このボタンをクリックしても、すぐイベントが開始するわけではないので安心

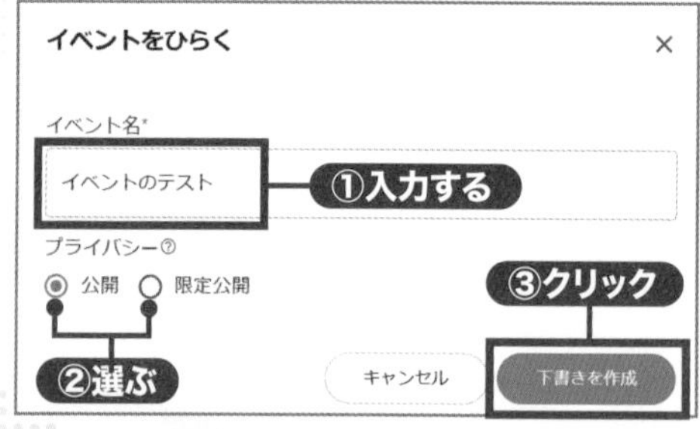

▲**図2.1.2**：「下書きを作成」ではじめる

▲**図2.1.3：**設定項目が色々あるが、順番に見ていく

表示された画面には色々なことが書いてありますね……（図2.1.3）。ですがとりあえず、**❶開場日時**、**❷イベント開催会場**、**❸概要**、**❹イベント説明**、**❺メイン画像**を押さえておけば大丈夫です。また、劇やコンサートなど、メインの出演者が2人以上いるときは**❻スタッフ追加**もチェックしましょう。

開場日時

まず、**開場日時**を決めましょう（図2.1.4）。日付時刻が書いてあるところをクリックすると、日付・時刻の順に日時を選べます。例えば「21:00に開始」の音楽イベントをしたいなら21:00開場にしないでください。**20:50とか20:45とかから開場し、「イベント開始前にお客さんが集まってくる余裕」をつくりましょう。**

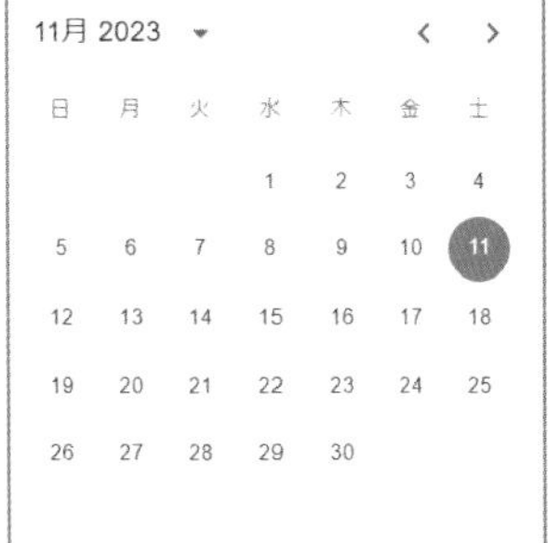

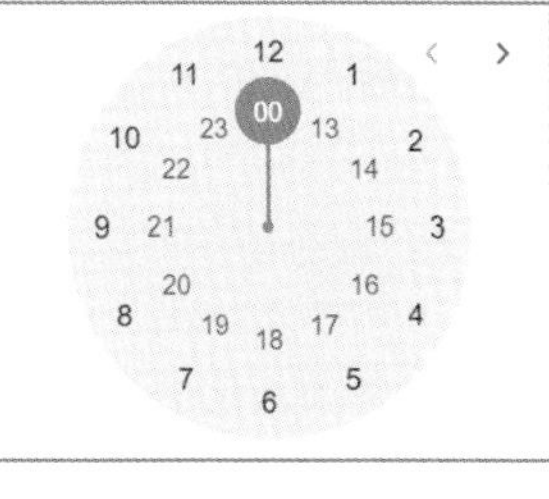

▲**図2.1.4：**時計とカレンダーを操作し、イベントの日時を決める

イベントのスタッフはいつでも会場に入れるので、「スタッフの打ち合わせ時間は10分で足りるかな？」などは考えなくても大丈夫です。スタッフ追加は50Pで説明します。

イベント開催会場

会場はあなたがつくったワールドの他、clusterが最初から用意しているものも、さらに他のユーザーが許可を出したワールドもつかえます。はじめてのイベントは最初から用意してある「**カンファレンスルーム**」か「**レクチャーホール**」あたりでやるのが無難でしょう（図2.1.5❶❷❸）。

▲**図2.1.5**：最初からいくつか会場が用意されている

概要とイベント説明

概要とイベント説明はこれがどんなイベントか、という説明書きです（図2.1.6）。「**概要**」は短めの文章で、イベント一覧ページなどでの紹介ではこちらが表示されます❶。「**イベント説明**」はかなり長い文章でも書けますし❷、画像を入れることなどもできます❸。

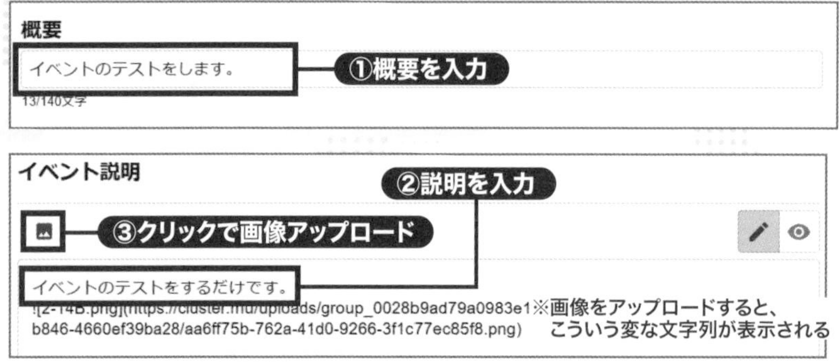

▲**図2.1.6**：概要とイベント説明の例

なお、イベント説明の右上にあるボタンをクリックすると入力画面とプレビュー画面を切りかえられます（図2.1.7）。

▲図2.1.7：「イベント説明」プレビュー中の例

何をするのか	音楽、劇、トーク、研究発表など……
誰が出るのか	自分だけか、他に誰かいるのか……
時間	何分くらいで終わるのか、できればカンタンにタイムスケジュールも
アピール	どこを見てほしいのか、どこがいいと思っているか

▲イベント説明の内容

さて、中身ですが……イベント説明には、上の表のようなことを書いておけばとりあえずいいでしょう。もちろんイベントによっては面倒なことを考えず、ノリノリで書いてしまってもかまいません。

メイン画像

メイン画像は、いわゆるサムネイル画像ですね（図2.1.8）。**clusterトップページのイベント一覧などではこのサムネイル画像が表示されるので、イベントに興味を持ってもらう**ために重要です。会場につかうワールドの画像、イベントに出る人のアバターの画像、あとは開始時刻や日付などの情報にアピールのメッセージなどなど、自由に組み合わせてつくりましょう（なお「カラー選択」と「テーマ選択」は、イベントページの見え方を少し変えてくれます）。

▲図2.1.8：あなたの用意したサムネイル画像をアップロードする

スタッフ追加（2人以上で開催する場合）

劇やコンサートなどでは、イベントを開いたあなた以外も「**スタッフ**」にしておきましょう（図2.1.9)。スタッフはいつでもマイクをつかえるようになり、壇上など「スタッフ専用エリア」に入ることもできます。

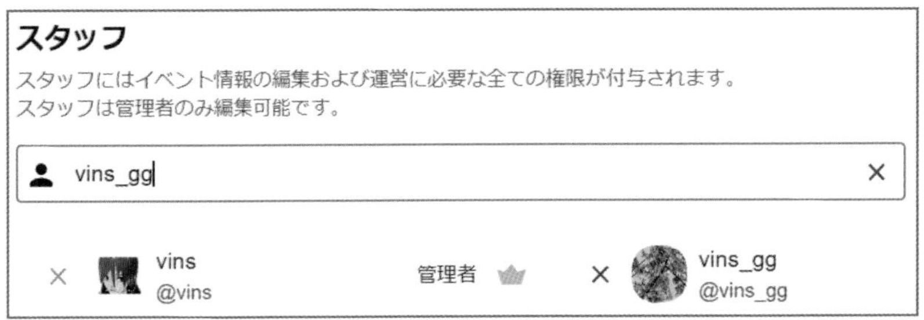

▲**図2.1.9：**スタッフが2人の例。vinsが「管理者」

「**スタッフ**」を追加するには、ユーザーIDと書いてあるところに追加したい人のIDを入れて（図2.1.10❶)、指定したユーザーが表示されたらクリック❷。これでスタッフとして追加できます。

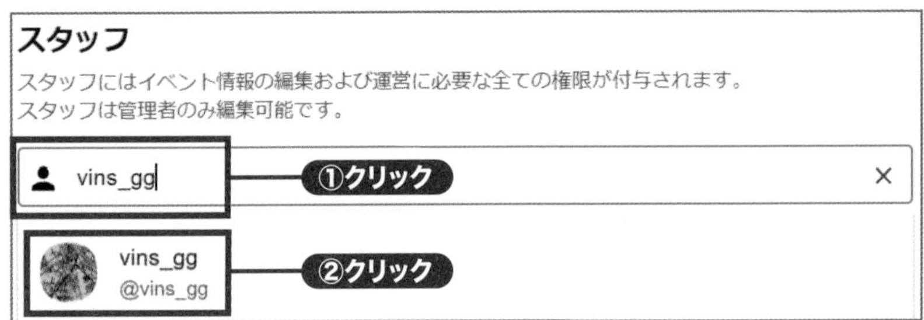

▲**図2.1.10：**IDを入れてユーザーを表示

保存を忘れずに

最後に、画面右上にある「**作成して公開**」をクリックしましょう。まだ決めきれていないところがあるな、という場合は「**下書き保存**」にしてください（図2.1.11)。

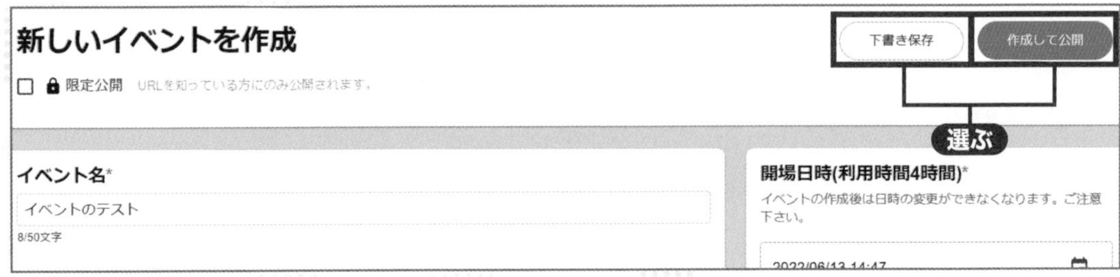

▲**図2.1.11：**「作成して公開」か「下書き保存」か選ぶ

すると、イベントのページが開きます（図2.1.12）。イベントの告知には、このページのURLをつかいましょう。X（旧Twitter）やFacebookのボタンもあるので❶、いずれかのボタンをクリックすればカンタンにSNSで告知することもできます。「**イベント編集ページを開く**」ボタンをクリックすると先ほどのイベント編集ページに戻り、情報を変更できます❷。

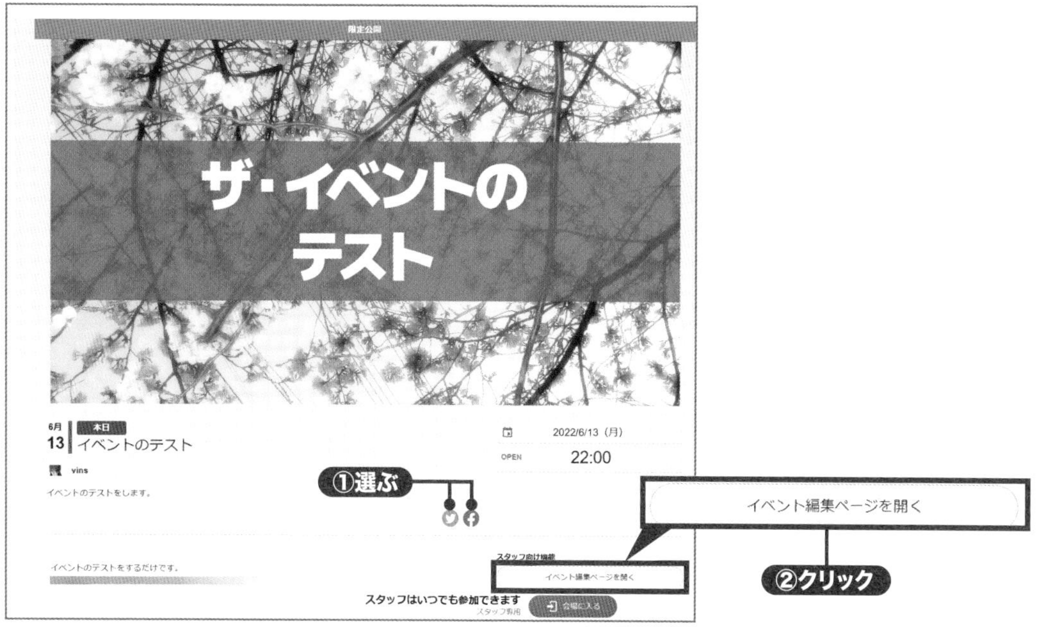

▲**図2.1.12：**イベントが公開された

なおこのページを閉じても、clusterの公式サイトにアクセスしてログインし、左のほうにある「**マイコンテンツ**」から「**イベント**」をクリックすれば表示することができます（図2.1.13❶❷）。

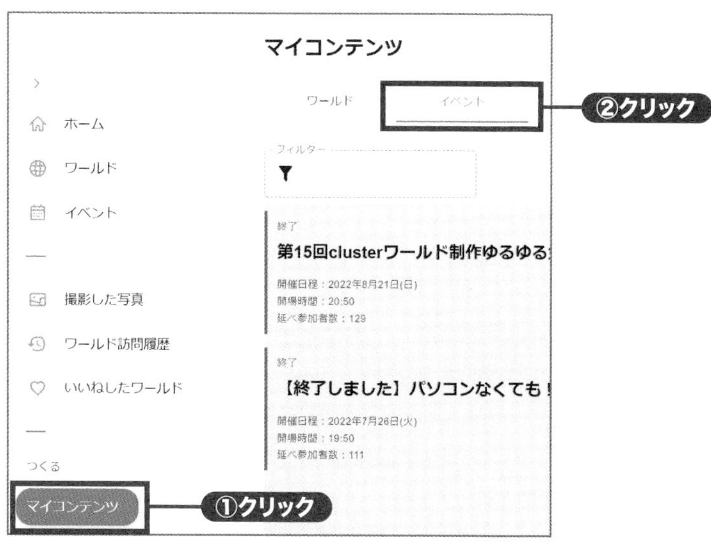

▲**図2.1.13：**イベントの一覧はclusterの公式サイトから

2-2 イベントでの操作方法

イベントでの操作は基本的にclusterをフツーにプレイしているのとほとんど変わりません。ただ、会場の音量調整やマイクの設定、ゲストに関する操作、アンケート機能、迷惑ユーザーの追放などイベント特有の操作もあるためこの節で説明します。

自分のマイクの聞こえる範囲を設定する

clusterではワールドの中でマイクをつかっていても遠くの人には声が届きませんが、イベントの**スタッフ・ゲストは会場全体に声を届ける設定にすることができます。**画面下の「**全体**」もしくは「**近く**」と書いてあるところをクリックし、「**会場全体に聞こえる**」とすれば全体に、「**近くの人にだけ聞こえる**」とすれば近くにだけ聞こえるようになります (図2.2.1)。

▶**図2.2.1**：スタッフ・ゲストが各自で行うマイクの範囲設定

> **POINT**
>
> このマイクの範囲設定だけは**スタッフやゲストが自ら個別に行わなくてはいけない**ことに注意してください。初期状態では「**全体**」なのであまり心配はいらないのですが、何かの拍子に「**近く**」に設定を変えたまま発表や歌をはじめてしまい、客席にいる**遠くの参加者から聞こえにくくなる**というケースを見かけます。**ステージにあがったときは意識してチェック**するようにしましょう。

会場の音量設定・一般参加者のマイク設定

通常のワールドでは「音が大きすぎる・小さすぎる」と感じた場合、各自が自分のアプリの設定を変更することになりますが、**イベントの場合はスタッフが音量を調整することも可能**です。例えば開会前はBGMを通常のボリュームで流し、開会したらボリュームを下げるなどのつかい方ができます（もちろん、各ユーザーがそこからさらに自分で音量を上げ下げすることも可能です）。

さらに、**一般参加者がマイクをつかえるようにする設定も可能**です。声が届くのは近くだけですが、ワイワイと楽しむタイプのイベントによく合います。clusterアプリで自分がスタッフになっているイベントに入り、メニューを出して、画面右にあるイベントのトップ画像の大きなボタンをクリックしてください (図2.2.2❶)。さらに「**スタッフメニューを開く**」をクリックすると❷、(図2.2.3) のような画面が出ます。

「**一般参加者のマイク設定**」は最初「**マイク権限なし**」となっていますが、クリックして❶「**近くの人に聞こえる**」を選ぶことで一般参加者もマイクをつかえます❷。

さらに、「**音量設定**」タブをクリックすることで色々な音量を変えることができます（図2.2.4）。基本的には「**スタッフ・ゲスト**」と「**一般参加者**」のマイク音量調整、そして会場に流す「**動画・BGM**」の音量を変えることが多いです。

▲**図2.2.2**：会場に関する設定の方法

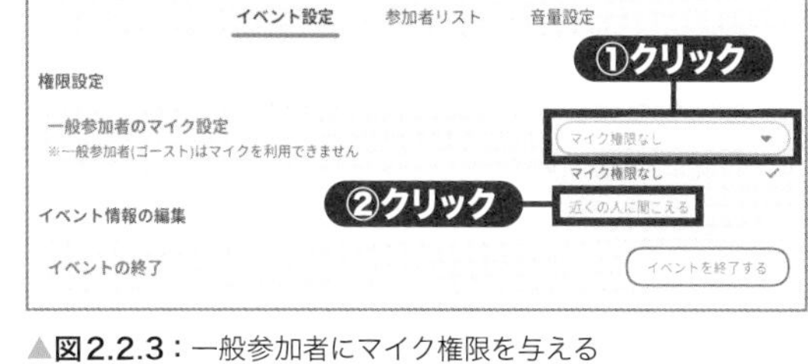

▲**図2.2.3**：一般参加者にマイク権限を与える

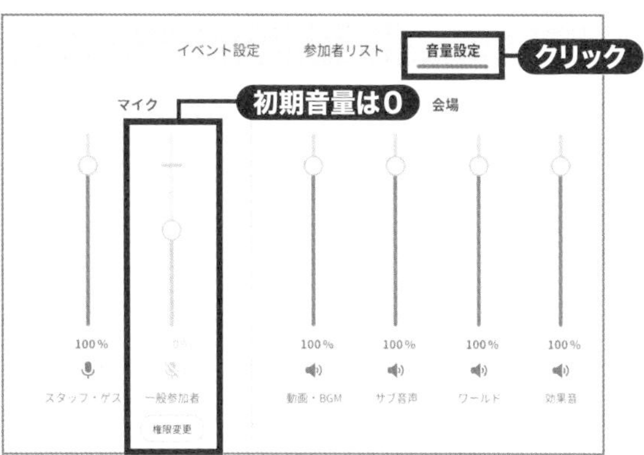

▲**図2.2.4**：音量設定画面。「マイク権限」を一般参加者に与えたあとも最初は音量が0であることに注意

POINT

「一般参加者のマイク設定」を「近くの人に聞こえる」にしたあとも、マイク音量は0のままです。「音量設定」から音量を上げるのを忘れないようにしましょう。また、最初から音楽が流れているワールドの場合は「**ワールド**」の音量もうまく調整してください。

ゲストを追加する

元々登壇することがわかっている人ならばイベントをつくったとき「スタッフ」に追加しておけばよいことですが、**当日「この人にもしゃべってもらいたい」「ステージに上がってもらいたい」と思ったときはその人を「ゲスト」にするのが便利**です。スタッフのようにマイクをつかったり、一般参加者には入れない「スタッフコライダー」がある場所に入ったりできるようになります。

「**スタッフメニュー**」にある「**参加者リスト**」タブをクリックしてください(図2.2.5❶)。そのイベント会場にいる参加者のリストが出てきます。あとはゲストにしたい人をクリックし❷、出てきたウィンドウにある「**ゲスト権限**」スイッチをクリックしてオンにしましょう❸。その人がマイクをつかえるようになり、スタッフしか入れない場所にも入れるようになります。

そしてもう一度スイッチをクリックしてオフにすると、その人はゲストではなくなります。

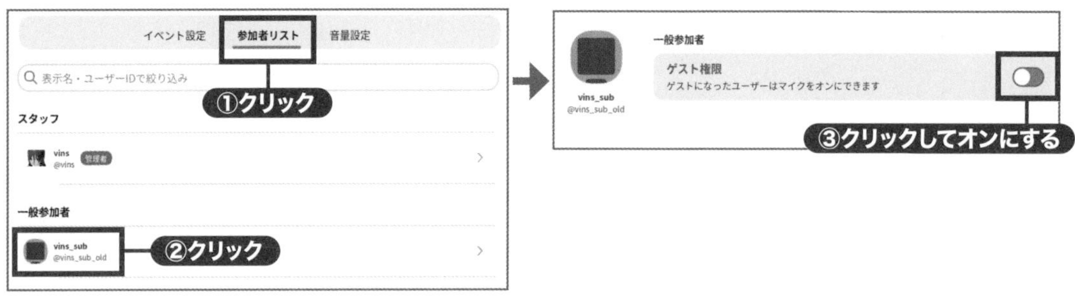

▲**図2.2.5：**アプリ内からゲストを追加する方法。ゲスト権限を解除するのもここから

POINT

cluster公式イベントの「ハロークラスター」では、「みんなの告知コーナー」で告知したい人が順番にゲスト権限を与えられ、発表が終わるとゲストではなくなるという形で運営されています(図2.2.6)。**スタッフとゲストの人数上限はそれぞれ20人ずつ**なので、このように多くの人が順番に発表していくタイプのイベントでは**ゲスト権限を順番に移していく必要がある**のです。

▲**図2.2.6：**cluster公式イベント「ハロークラスター」の「みんなの告知コーナー」

なお、WEBの**イベントページ**から「**ゲスト権限を与える**」ボタンを押しても同じようにゲスト権限を操作することができます(図2.2.7❶❷❸)。イベント開始前にゲスト権限を与えたいときに便利です。

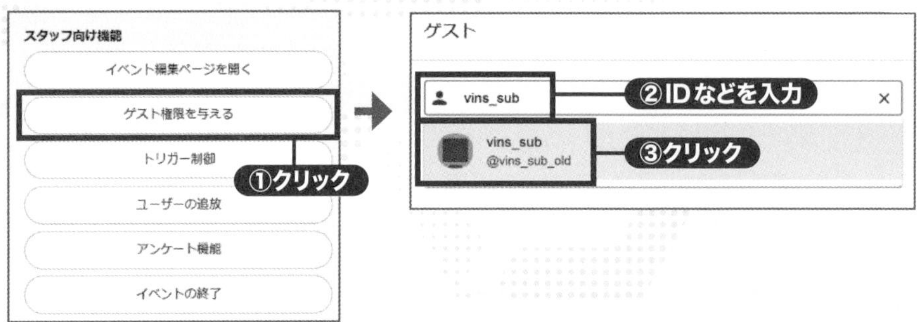

▲**図2.2.7：**イベントページからゲストの権限を変更することも可能

スタッフ（の一部）を非表示にする

「参加者リスト」からスタッフをクリックすると出る画面から、**スタッフを個別に非表示にすることも可能**です（図2.2.8）。例えばイベントカメラマンをしているスタッフは、一般参加者から見えないほうが都合のいいこともあります。このようなときは「姿を非表示」をクリックして他の人から見えないようにしましょう。もう一度クリックして「姿を非表示」を解除すると、また見えるようになります。

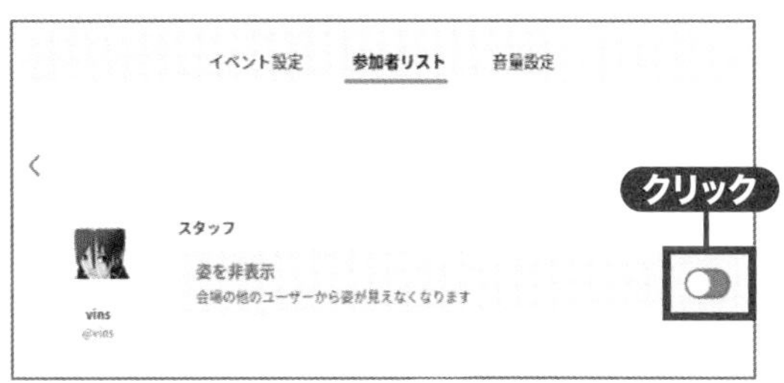

▲**図2.2.8**：「姿を非表示」をオンにするとスタッフを個別に見えなくできる

アンケート機能

アンケート機能とは**アンケートを出し、参加者に画面に出たボタンを押してもらってそれを集計する機能**です。特に勉強会イベントやクイズイベントなどで色々なつかい方が考えられるのですが、意外と設定に面倒なところもあるので1つひとつチェックしながら説明を読んでみてください。

アンケートはWEBのイベントページからつくります。「**アンケート機能**」ボタンをクリックし（図2.2.9❶）、さらに「**アンケートを追加**」ボタンをクリックしてください❷。

出てきた画面で、アンケートの内容を書いていきます。「**アンケート設問**」を20字以内で入力し、あとは選択肢の数に応じて「**回答項目**」を8文字以内で埋めていってください（図2.2.10❶）。できたら「**保存**」をクリックしましょう❷。

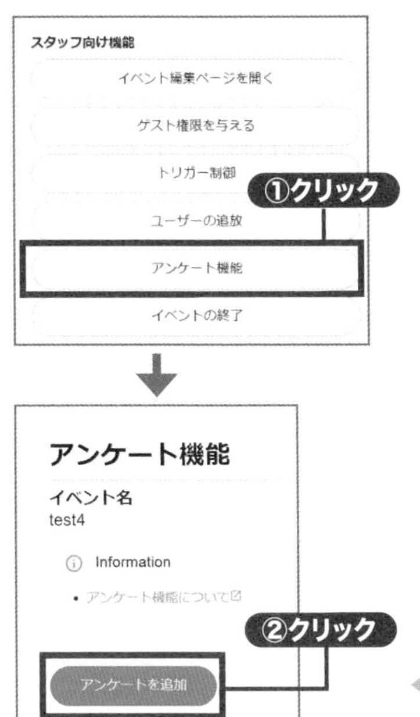

◀**図2.2.9**：アンケートの追加

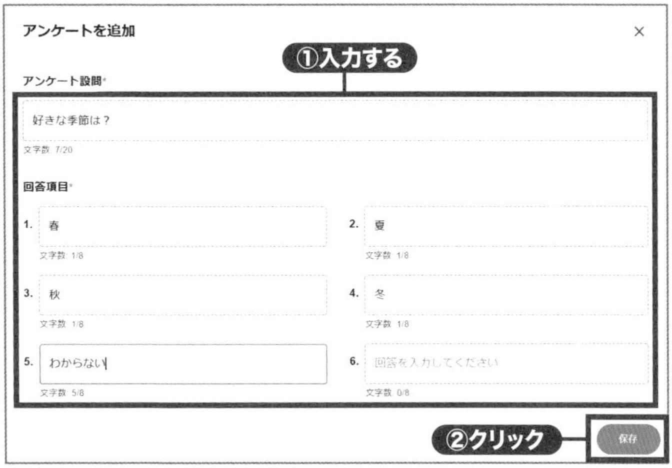

▲**図2.2.10**：アンケートの内容を入力していく。最高で6つまで選択肢をつくれる

POINT

アンケートは**設問が20文字、回答が8文字（数は6つまで）**とかなり制限があります。その場でアンケートの内容を考えると文字数がオーバーすることも多いので、**事前に考えておくか、できるだけシンプルで短い設問・回答にしましょう。**

作成したアンケートが加わりました。実際にイベント中にアンケートを出すには、イベント開催中にWEBのイベントページから「**アンケートを表示**」ボタンをクリックします（図2.2.11❶）。確認画面が出るので、また「**アンケートを表示**」をクリックしましょう❷（アンケート機能では毎回確認画面が出るので、以下その説明は省略します）。すると、clusterアプリにアンケートが表示されます。これが**その開催中のイベントの参加者すべてに表示されている**わけです。

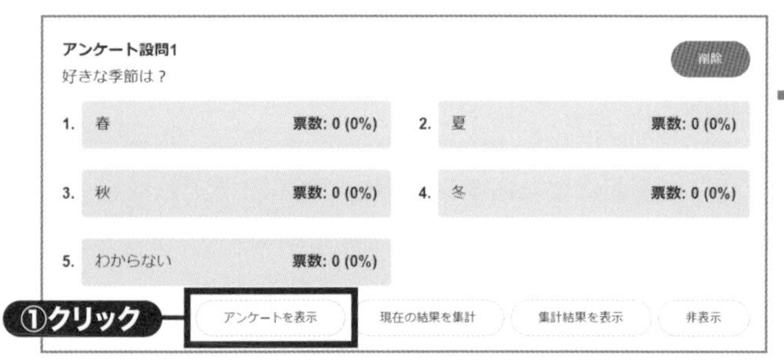

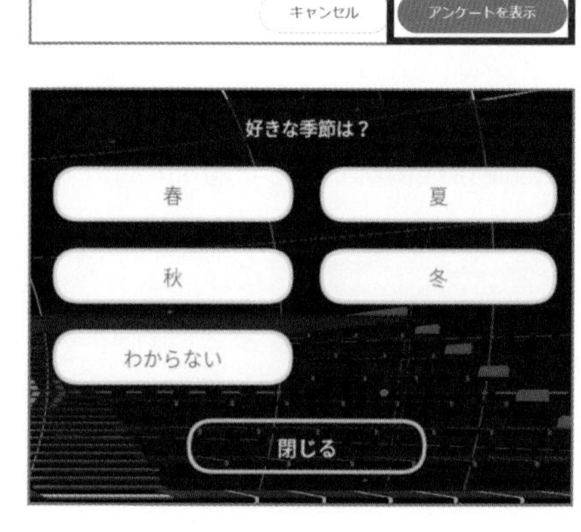

▲**図2.2.11**：アンケートを実際にclusterイベント中に表示する

回答数がそろってきたら、「**現在の結果を集計**」をクリックしてください（図2.2.12❶）。ブラウザ上で、アンケート結果が集計されます。さらに「**集計結果を表示**」をクリックすると、イベント参加者全員にアンケートの集計結果が表示されます❷。そのアンケート結果について語り合うなどしたあと、「もう消してもいい」というタイミングになったら「**非表示**」をクリックし、アンケートをclusterの画面から消してください❸。

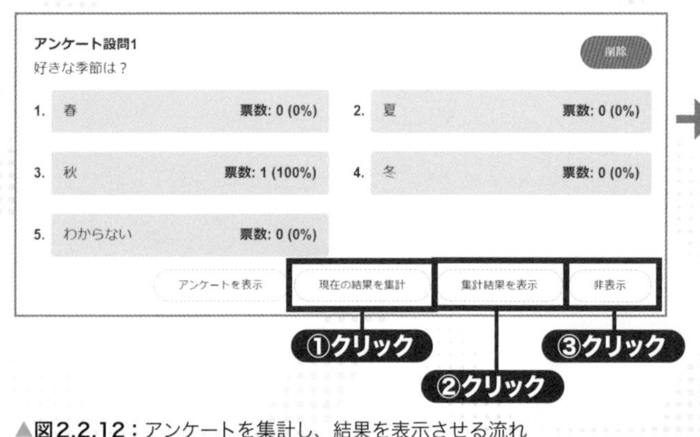

▲**図2.2.12**：アンケートを集計し、結果を表示させる流れ

ここまで見てわかるように、**アンケート機能をつかうときはすべてイベントページの「アンケート機能」から操作**をする必要があります。つかい方に慣れていないと本番で混乱するかもしれないので、アンケートは事前につくっておくか、表示・集計・非表示の練習をしたりしておきましょう。

迷惑ユーザーの追放操作

迷惑ユーザーの追放の操作方法は、迷惑ユーザーに対する考え方もセットで学んだほうがよいため、「**3-2 てつじんさんに聞くエンタメイベントの発想法と運営**」をお読みください。

会場の移動

イベント中に会場のワールドを変更したいときは、WEBのイベントページを開き、「イベントの編集」からイベント会場を選び直すだけで可能です。ただし会場を新しく選んだあと、「**保存して公開**」を押すのを忘れないでください。新しいイベント会場を保存して、はじめて会場が移動されます。

POINT

なおこのときユーザーの一部がうまく移動できないこともあります。会場の移動を行う場合は、「もしうまく移動できなかった場合、イベントに再入室してください」と事前にアナウンスしておくとよいでしょう。

イベントの終了

イベントを終わらせたいときは、clusterアプリのスタッフメニューから「**イベントを終了する**」ボタンを押しましょう（図2.2.13）。そのときまだ**イベント会場に残っているユーザーは自動的にロビーに移動します。**

ただ、特に一般参加者がマイクをつかえるイベントなどでは終わったあと、おしゃべりをしているユーザーなどもいるので、**主催者がイベント会場からいなくなってもしばらく「イベントの終了」をしないのはアリです。**とはいえ、放っておくとイベント開始から4時間（限定公開の場合は40分）イベントが残りつづけるので、誰もいないイベントに誰かが勘違いして入ってくるなどの状況を避けるためにはどこかで「イベントの終了」をしたほうがいいでしょう。

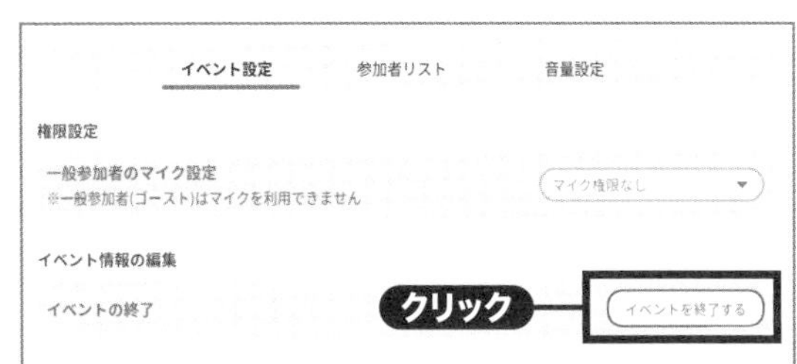

▲**図2.2.13**：イベントの終了。なお、WEBのイベントページから終了させることも可能

スクリーンにファイルを表示する（PC版・VRのみ）

他の方のイベントで「ゲスト」になったときにもつかえるファイルの表示方法です（スマホではつかえないことに注意）。

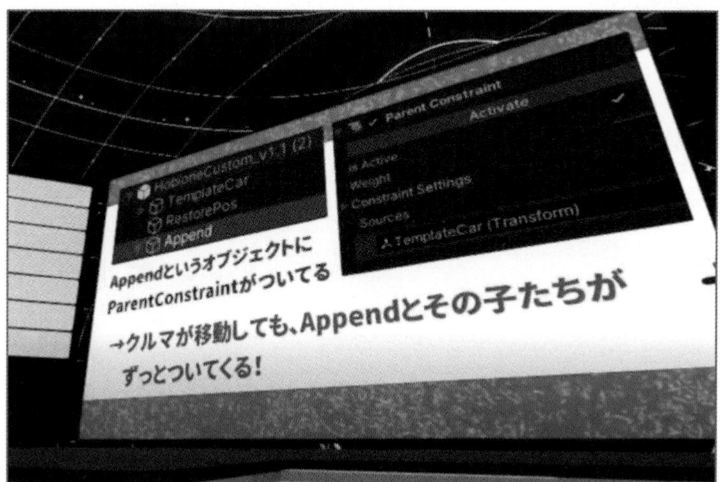

▲**図2.2.14**：スライドを出して説明していく例

clusterでは「**スクリーン**」が置いてあるワールドやイベントがあります。ここに**画像や動画やPDFファイルを表示**させることができます（図2.2.14）。特にイベントでは、登壇者がここに何かを表示して進めていくことが多いです。ただし、**事前にデータをアップロード**しておかなければスクリーンへの表示もできません。

clusterアプリのメニューから、**フォルダのようなボタン**をクリックします（図2.2.15❶）。するとウィンドウが開くので、「**ファイルを追加**」を押しましょう❷。あとはPCの種類、スマホの種類によって出てくる画面が違いますが、画像・動画・PDF・音楽データなど**アップロードしたいものを選べば大丈夫**です。

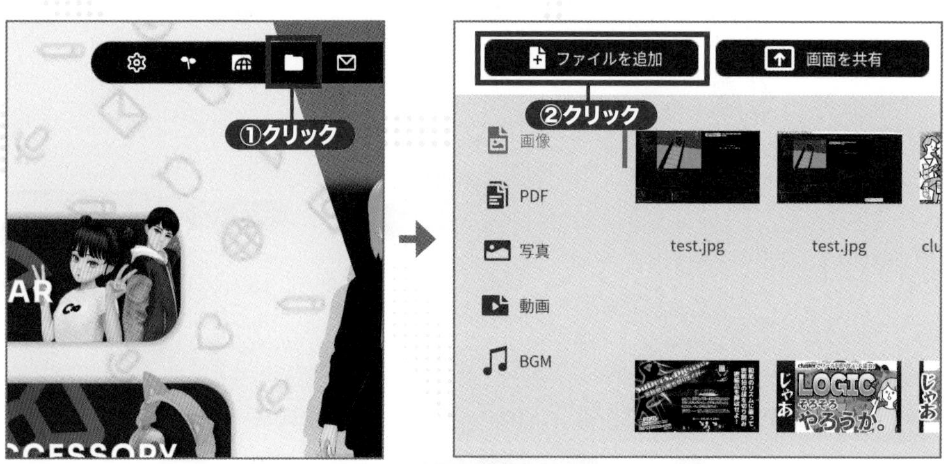

▲**図2.2.15**：画像などのアップロード

では、アップロードしたファイルをスクリーンに表示してみましょう。

まず左側から「画像」「PDF」など、ファイルの種類を選びます（図2.2.16❶）。そして表示したいファイルを選び❷、「**会場に出力**」を押せば❸、スクリーンに表示されます（図2.2.17）。

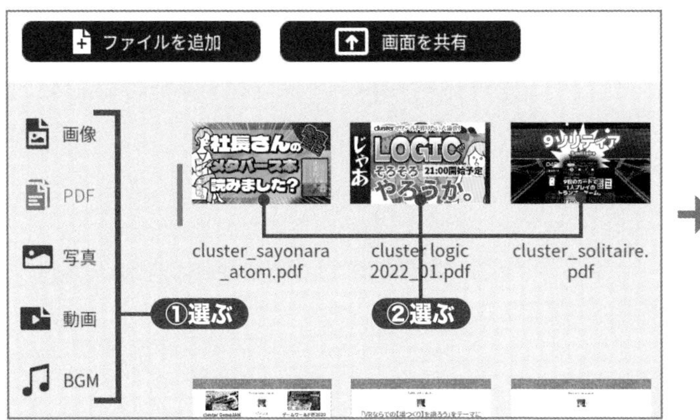

▲**図2.2.16：**ファイルの種類ごとに場所が分かれている

▲**図2.2.17：**スクリーンに出力中。他の参加者にもこれは見えている（「会場に出力中」を押すと表示は止まる）

CHECK

実は**イベントでなくても、スクリーンが置いてあるワールドではファイルを表示**できます。スクリーンが置いてあるだけの**テストワールド**を用意したので、「スクリーンだけ vins」とワールドの「検索」に入れ、「スクリーンだけ。」というワールドに入って試してみてください（ただしclusterの利用規約は守ってくださいね）。

画面共有する (PC・VRのみ)

ファイルだけでなく、**パソコンの画面をスクリーンに表示**して共有することもできます。特に**勉強会**や**ゲーム実況**イベントなどで便利です（なお2023年8月現在、大人数配信における画面共有の制限なども検討されているとのことです。くわしい情報はclusterの公式サイトを見てください）。

なお利用中は、**ブラウザ**（Google Chrome、Firefox、Edgeなどのインターネットを見るソフト）が起動します。

VRでもつかえますが、基本的にはPC版でつかうのが便利なので今回はPCの場合のみ説明します。ただし**Macでは標準であるSafariブラウザには対応しておらず**、Google Chromeでも環境設定を求められることがあるので注意してください。

先ほどの「ファイルを追加」ボタンの右隣にある「**画面を共有**」ボタンを押し（図2.2.18❶）、つづけて「**画面共有を開始**」ボタンを押します❷。

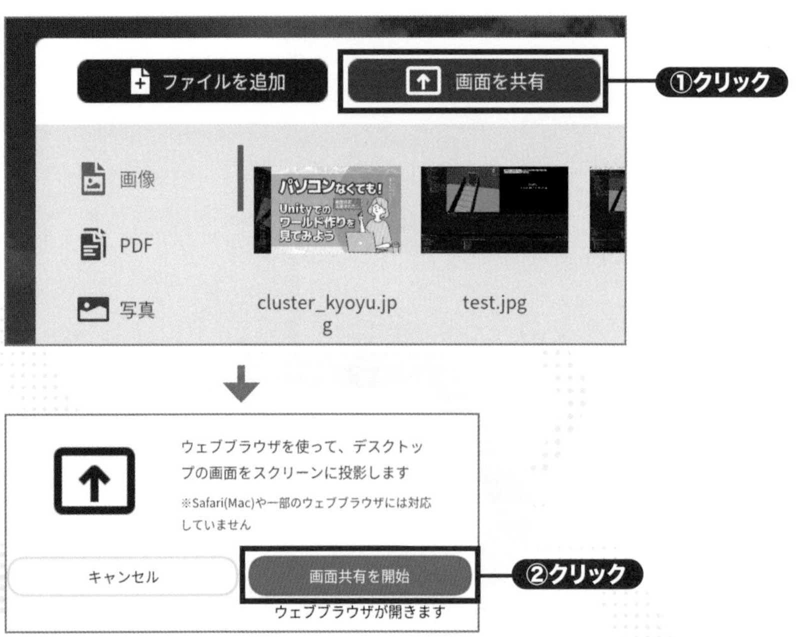

▲**図2.2.18**：画面共有は、ファイルの表示と同じ画面からはじめる

すると**ブラウザ**が開くので、「**画面共有を開始**」ボタンを押しましょう（図2.2.19❶）。画面全体かウィンドウ、さらにブラウザによってはタブウィンドウなども共有することができます❷。共有したいものを選んだら❸、「**共有**」ボタンを押します❹。あとはclusterの画面に戻り、OKを押せばもう画面共有がされています❺。

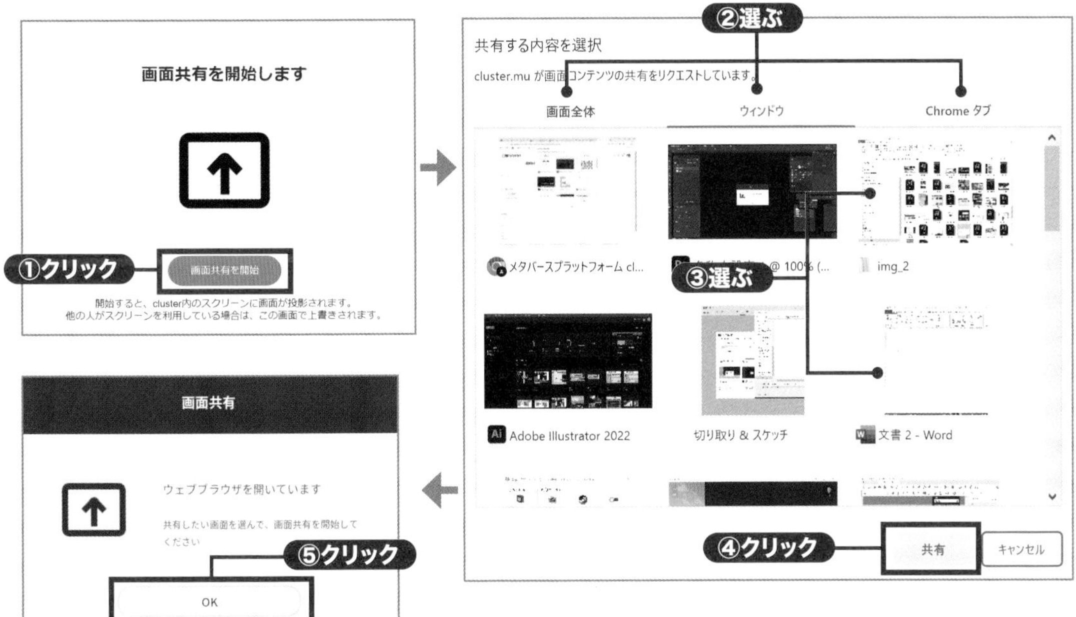

▲**図2.2.19：**画面共有するときはブラウザが開く

終わりにしたいときはclusterから「**画面共有を終了**」を押すか、ブラウザに表示されている「**画面共有を停止**」ボタンを押しましょう（図2.2.20）。

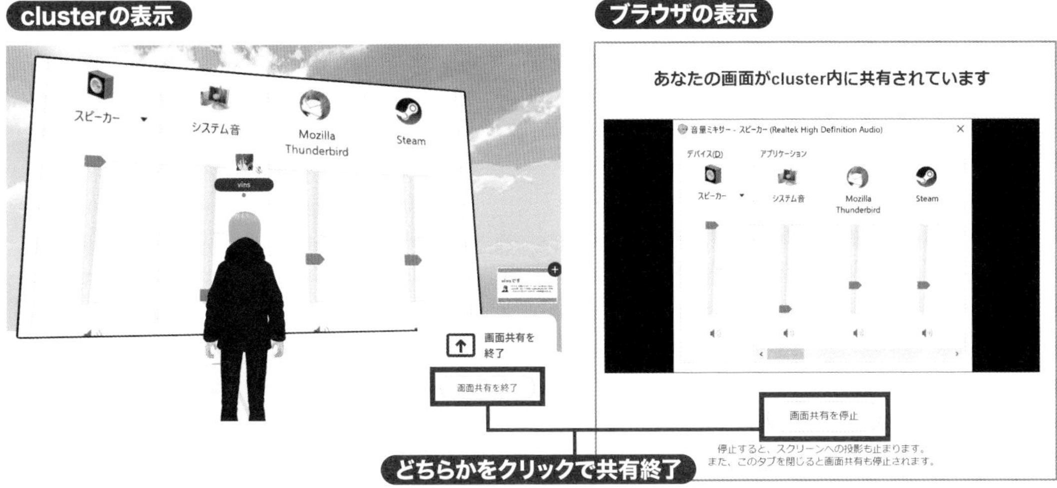

▲**図2.2.20：**ちゃんとパソコンの画面がスクリーンに表示されている

MEMO

停止を忘れてclusterを終了させてしまっても、1分ほどすると勝手に画面共有は終わりになるとクラスター社の人から説明を聞いたことがあります。

2-3 サムネイルづくりの手法とアイデア

イベントを行う際、筆者vinsが割と大事だと思っているのが**トップ画像、サムネイル画像（サムネ）**です。clusterの場合、「イベント」の一覧に近く行われるイベントがたくさん並びますから（図2.3.1）、ここで目立つこと、中身がわかりやすいイベントにすることは非常に大事です。

▲**図2.3.1：**魅力的なイベントサムネイルの数々。clusterには様々なイベントがあるため、サムネイル（トップ画像）をしっかりつくっていきたい

またこうしたサムネイルはclusterに限らず、**YouTubeのサムネイルづくりやちょっとしたポスターづくり**など色々な場面で応用できます。もちろんサムネイルづくりに悩んでいないという方は問題ありませんが、どうつくっていいのか**悩むことが多い方**がいらっしゃいましたら**この節を参考にしてみてください。**

つかうソフト

今回つかうソフトは**フリーソフトのKrita**です。無料のソフトの中ではかなり機能がしっかりしていると筆者vinsは思っています。もちろん**PhotoshopやAffinity Photoなどの高機能な有料ソフトを持っている方は、そちらをつかってください。**

POINT

WEBサービスのCanvaなども人気のあるサービスの1つです（図2.3.2、図2.3.3)。数多くのテンプレートから選び、テキストをイベントタイトルに、画像を自分がclusterで撮ったワールド内の写真に差し替えるだけで十分よいサムネイルになることもあるでしょう。ただ、**Kritaなどの画像ソフトに慣れておくことで、7章や8章で出てくるワールド作成の知識を応用するのがスムーズになります。** Canvaは大きな画像をテンプレートベースにつくるには向いていますが、3Dモデル用の「テクスチャ（画像)」などをつくるのには少し向いていないところもあると筆者vinsは考えています。

▲**図2.3.2：**CanvaのQRコード

▲**図2.3.3：**こんなサムネイルを数分でつくれるのはCanvaの魅力の1つ

Kritaのインストール

https://krita.org/jp/download-jp/krita-desktop-jp/

上記URLにアクセスし、(図2.3.4) のボタンをクリックしてダウンロードしたあと、ダブルクリックするなどして実行してください。

あとは画面の指示通りに「OK」「NEXT」などをクリックしていけばインストールできます。なお言語は「**English**」を選択し、英語で進めてください。インストール後は日本語メニューが表示されますので、心配りません。

▲**図2.3.4：**Krita公式サイトのダウンロードページ

背景設定

背景の画像に多めの情報量を持たせると雰囲気が出てきます。まずはイベント会場となるワールドで画像を撮ってくるといいでしょう。もちろんジャンルによってはリアルで撮ってきた写真などを活用してもいいですし、フリー素材（背景に細かい模様やイラストが入っているようなもの）を活用してもかまいません (図2.3.5)。

▲**図2.3.5：**割と情報量がある画像の例

> **POINT**
>
> **clusterで撮影する場合はウィンドウをできるだけ大きくして撮りましょう。**
> ウィンドウのサイズが、そのまま出てくる画像の解像度になります。この画像自体は割と目立たなくさせるので多少解像度が低くてもかまいませんが、あとで他の場面で画像をそのまま見せたいときなどは解像度が高いほうがキレイです。

では、Kritaを起動し、背景につかうと決めた画像をKritaのウィンドウにドラッグ&ドロップしてください。その画像が開かれたはずです。

この画像の解像度を変更していきます。**clusterのサムネイルは1920×1080ピクセル（px）が推奨**なので、それに合わせていきましょう。メニューから「**画像**」－「**画像を新しいサイズにスケール**」をクリックし（図2.3.6❶）、まず「比率を保つ」にチェックが入っていることを確認します。その後、**幅に1920と入力**します。もし高さが1080以上になっていれば問題ありません。逆に**高さが1080未満になってしまったら、高さに1080を入力**しましょう❷。そして「**OK**」をクリックしてください。

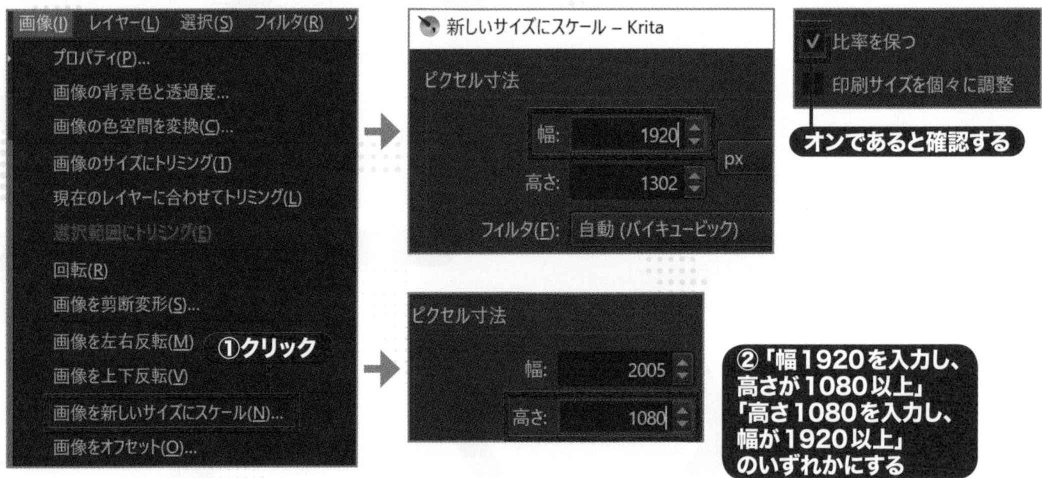

▲**図2.3.6：**解像度1920x1080にするための下準備

あとはメニューの「**画像**」－「**キャンバスの大きさを変える**」をクリックし、幅を1920に、高さを1080にします（図2.3.7）。「比率を保つ」はオフのままにしてください。「**OK**」をクリックすれば、画像は1920×1080ピクセルのサイズになります。ここで「**ファイル**」－「**名前を付けて保存**」をクリックし、一度データを保存しましょう。保存する場所やファイル名は自由に決めてかまいませんが、「ファイルの種類」をクリックし（図2.3.8❶）、「**Kritaドキュメント（*.kra）**」を選んでください❷。あとで「レイヤー機能」などをつかうとき、この形式にしておかないと途中経過を保存できません。

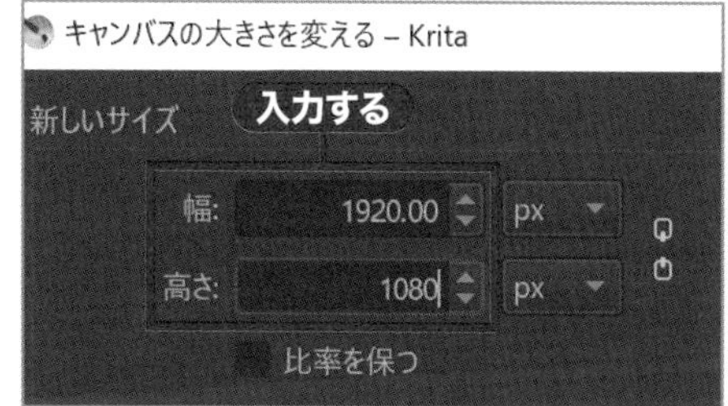

▲**図2.3.7**：1920x1080に変更

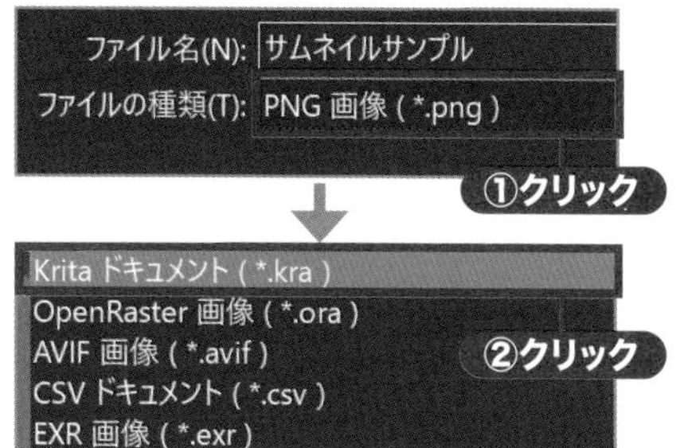

▶**図2.3.8**：pngやjpgなどではなく、Krita独自の形式で保存

レイヤーを加える

さて、このあと追加する画像や文字の中身にもよりますが、この背景はむしろ「**目立たない」ようにする**必要があります。「よく見ると背景がフクザツ」なのがいいのであって、あまりゴチャゴチャさせると本当に伝えたいことがわかりにくくなってしまいます。

このとき画像自体を暗くしたり白っぽくしたりしてもいいのですが、Kritaには「**レイヤー」機能があるので活用**していきましょう。画面右のほうにある「**レイヤー」の左下に「＋」ボタン**があるのでクリックしてください（図2.3.9）。すると「ペイントレイヤー1」というレイヤーが加わります。

この状態でメニューの「**編集**」－「**背景色で塗りつぶす**」をクリックすると、全体が真っ黒になったはずです。続けて「レイヤー」のところにある「不透明度」という場所の**真ん中やや右をクリックすると半透明に**なり（図2.3.10）、元の画像も見えるようになりました。

▲**図2.3.9**：レイヤーの追加

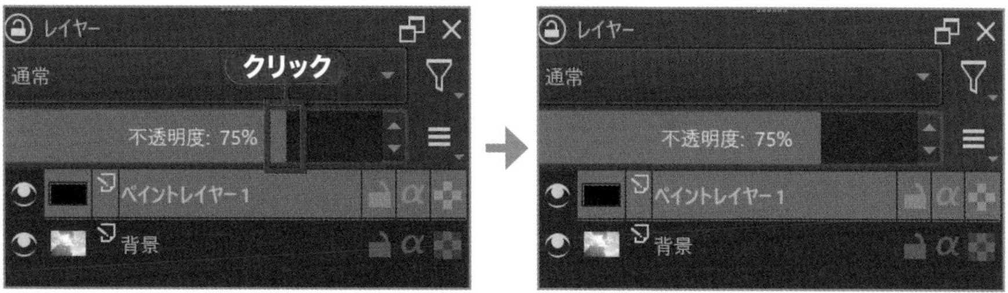

▲**図2.3.10**：レイヤーの半透明化。不透明度は75%でなくともよいので、好みで数字の調整を

ここで「**編集**」－「**描画色で塗りつぶす**」をクリックしてみると、今度は**半透明のフィルムを元画像にかぶせたように**なるはずです（図2.3.11）。このように「レイヤー」機能をつかうことで、**下になった画像自体は編集せずに、「上に重ねた画像」だけ調整**することができます。サムネイル作成に限らず、しっかり活用しましょう。

では **[Ctrl] + [Z] キー**を押しましょう。これで「元に戻す」ことができ、先ほどの黒い半透明の状態に戻ります。**イベントに強く結びついた色があるならその色**をつかい、**特にないなら黒か白**で塗りつぶすのがオススメです。

また、レイヤーには「**合成モード**」という機能もあります。レイヤーの「**通常**」と書いてあるボタンをクリックすると（図2.3.12❶）、色々なモードを選べます❷。「**オーバーレイ**」「**スクリーン**」などはとてもつかいやすくキレイな効果を得られるので、ぜひ活用してください（図2.3.13）。

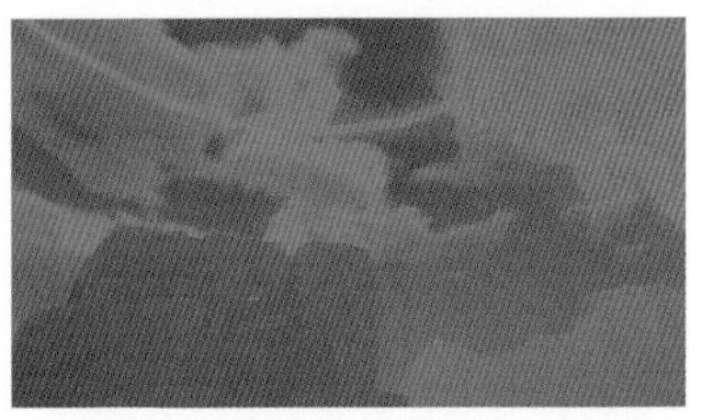

▲**図2.3.11：**半透明のレイヤーになった例

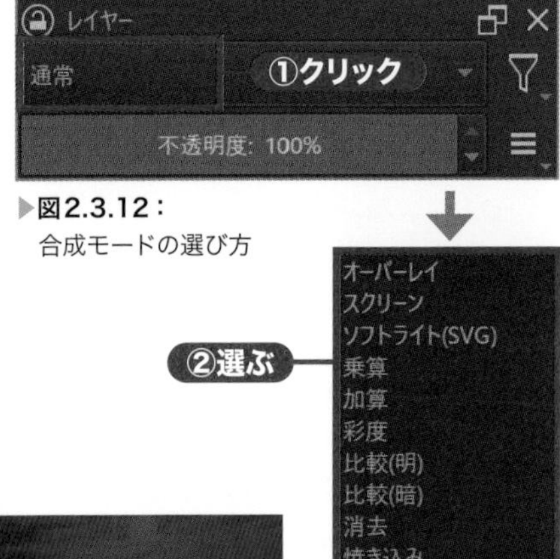

▶**図2.3.12：**
合成モードの選び方

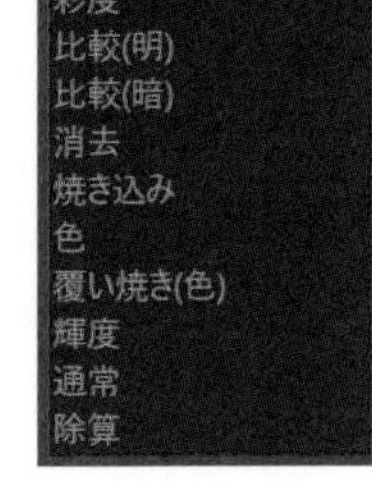

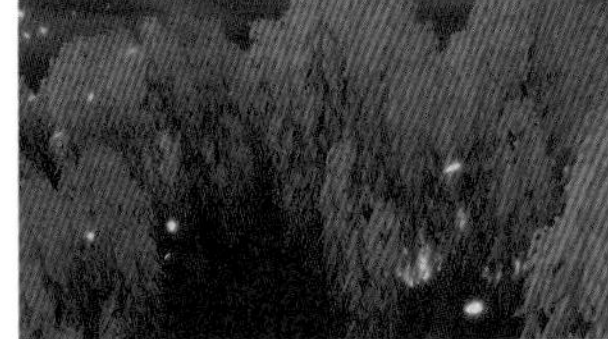

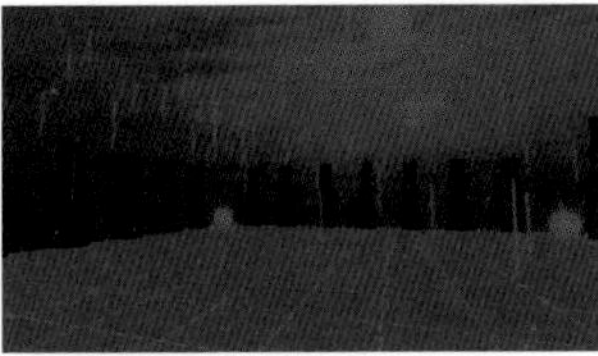

▲**図2.3.13：**左：ピンク色を「焼き込み」、中：緑色を「オーバーレイ」、右：紺色を「乗算」した例

POINT

画面左上の2つの色の部分をクリックすると描画色・背景色を変更できます（図2.3.14❶）。左側が描画色、右側が背景色です。**別の色で塗りつぶしたい場合はここから操作しましょう。**円の部分をクリックすることで赤や青や緑などの色合い（色相）を❷、三角形の部分をクリックすることで明るさとあざやかさ（明度と彩度）を変更できます❸。下にある数字の部分（チャンネル）に直接、赤・緑・青の三原色の数値を入れてもかまいません。

▲**図2.3.14：**描画色と背景色の設定

アバター画像を合わせる

clusterのイベントの場合、やはり主催者・出演者・スタッフなどのアバター画像を入れていきたいことが多いと思います。アバター作成ソフト**VRoid Studio**（https://vroid.com/studio よりダウンロード可能）でcluster用のアバターをつくった方の場合は、**背景透明で「撮影」することができる**ので、積極的に活用しましょう。ウィンドウ右上のカメラボタンをクリックし（図2.3.15❶）、「背景」をクリックして❷「不透明度」を0にします❸。背景が市松模様のようになっていればOKです。

▲**図2.3.15**：「VRoid Studio」にて背景を透明にして撮影をする準備

POINT

❷のやや下にある**「撮影サイズ」で高さを1000〜1500(px)**くらいに設定しておくことをオススメします。

あとは必要に応じて**「表情」**や**「ポーズ＆アニメーション」**を設定し、カメラボタンを押して撮影しましょう（図2.3.16）。

ただ、VRoid Studioでつくられていないアバターにはこの手法がつかえません。その場合は、**背景が単色のワールドで可能な限り大きめにアバターを撮影し、「背景を抜く」ソフトやWEBサービスで背景を消去**するのも1つの手です。

その場合、**「ワールドクラフト（7章で説明）」で白い板や床だけを置いて写真撮影するのも、背景がシンプルなアバター画像を用意するためのよい手段**となります（図2.3.17）。

◀**図2.3.16**：実際の撮影を行う

▶**図2.3.17**：ワールドクラフトで白いモノばかり置いて写真を撮る例

さて、背景が透明なアバター画像が準備できたとしましょう。Kritaに読み込むには、ただドラッグ＆ドロップすればよいです。ドロップすると表示されるメニューから**「新しいファイル参照レイヤーとして挿入」**を選びます（図2.3.18）。その後、新しく加わったレイヤーを右クリックし（図2.3.19❶）、**「追加」－「変形マスクを追加」**をクリックします❷❸。

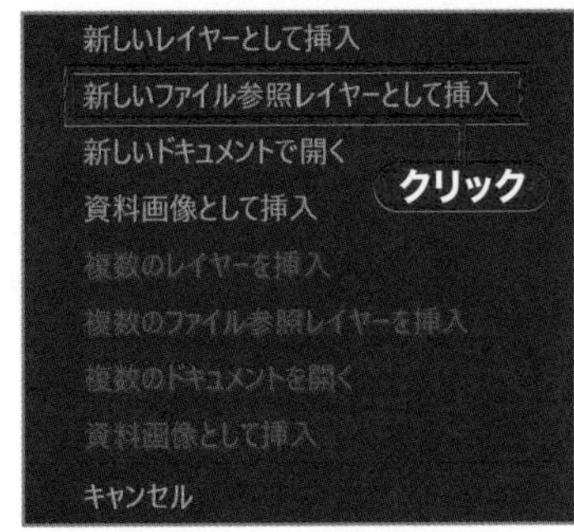

▲**図2.3.18：**ファイルの挿入

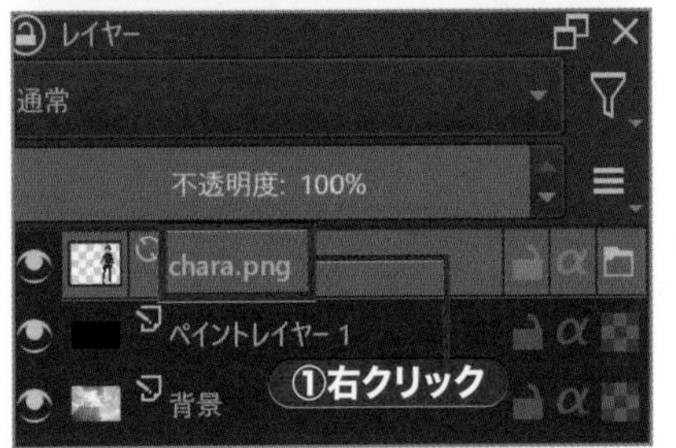

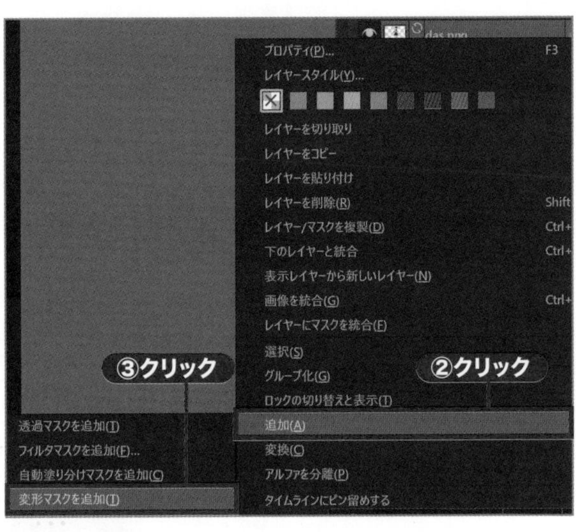

▲**図2.3.19：**背景の上にあるアバター画像をあとでサイズ変更するときに必要な作業

あとは**[Ctrl]+[T]キーを押してからアバター画像をクリック**すると（図2.3.20❶❷）、ドラッグで自由に位置を移動できます。〇印のところをドラッグすれば大きくしたり小さくしたりできます。最後に[Enter]キーを押せば完了です。なおアバター画像が1つの場合、真ん中に配置するより左右いずれかに寄せたほうがサムネイル画像にしやすいです。

◀**図2.3.20：**アバター画像の位置やサイズを修正する。1人しかいないなら左右いずれかに寄せるとよい

文字の入力

つづけて文字を入力していきます。このとき、**「M+1P」**などの高品質で太さが色々あるフォントを用意しておくとよいです（図2.3.21、図2.3.22）。「M+1P」はSIL Open Font Licenseという、商用にもつかえる自由度の高いライセンスで配布されています。なお、新しいフォントをインストールしたあとはKritaを再起動しましょう。

▲**図2.3.21：**M+1Pのダウンロードページへの QRコード。「Download Family」ボタンでダウンロードできる

メタバース　メタバース
メタバース　メタバース

▲**図2.3.22：**M+1Pフォントの例。色々な太さがある
https://fonts.google.com/specimen/M+PLUS+1p

では、画面左にあるメニューから**「T」と書かれたボタンをクリック**してください（図2.3.23❶）。そして「このあたりがテキストの左上だ」というあたりからドラッグをはじめ、適当な場所でマウスのボタンを離してください❷。

▲**図2.3.23：**テキストツールの使用。❷の範囲はあとで調整できるのであまり気にしなくてよい

するとテキスト編集画面になります。ここではまず、テキストの内容を変更します（図2.3.24❶）。**文字サイズを大きくすると編集画面が見づらくなる**ため、文字サイズが小さいうちにテキストを入れたほうがいいです。また、ここでは**数値やテキストの内容を変えてもすぐには画面に反映されず、「保存」というボタンをクリックするたびに反映される❷**のが少し変わっている点なので覚えておいてください。

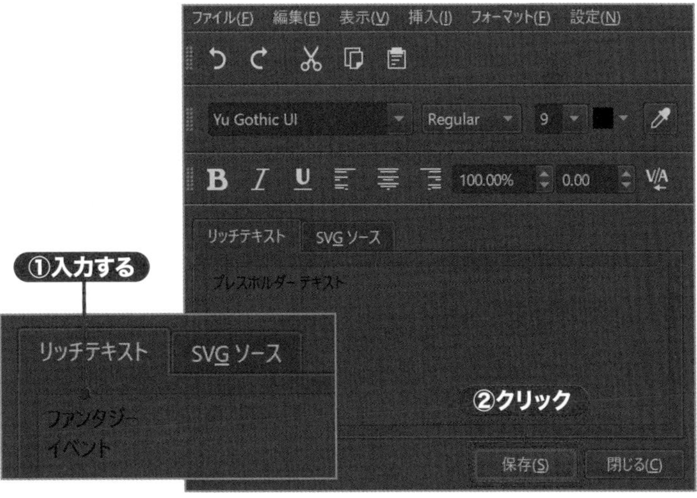

▲**図2.3.24：**このようなウィンドウが出るので、まずはテキストを変更してから「保存」ボタンをクリックする

つづけて文字サイズや色などを変更していきます（図2.3.25）。**フォントをM+1pなどに変更し❶、太さを変更し❷、サイズを200に変更し❸、色を白に変更し❹、「V/A」と書かれたボタンをオンにして❺-20という数値を入力します❻。**そして「**保存**」を押すと❼、大きな白い太い字が画面に表示されたはずです（❷についてはウィンドウ内で太さの選択を変えても表示が変わらないことがあります）。問題なさそうであれば、「閉じる」でテキスト編集画面を閉じてください❽。

POINT

Kritaのテキスト入力の設定はややクセがあるため、ここは試行錯誤して慣れてください。

▲**図2.3.25：**テキストのサイズや色などの設定。❹の色は▼マークのところをクリックする点に注意

レイヤースタイル

さらに、文字に**「レイヤースタイル」で光のような効果を付けましょう。**

「レイヤー」から「**ベクターレイヤー(数字)**」と書かれたものを右クリックし（図2.3.26❶）、「**レイヤースタイル**」を選びます❷。そして「ハロー（外側）」の左のチェックボックスをオンにします❸。あとは「不透明度」「サイズ」「色」を調整してください❹。「描線」を選んでフチをつけるのも、背景と文字色が近いとき境界をハッキリさせるのにつかいやすいですね（図2.3.27）。

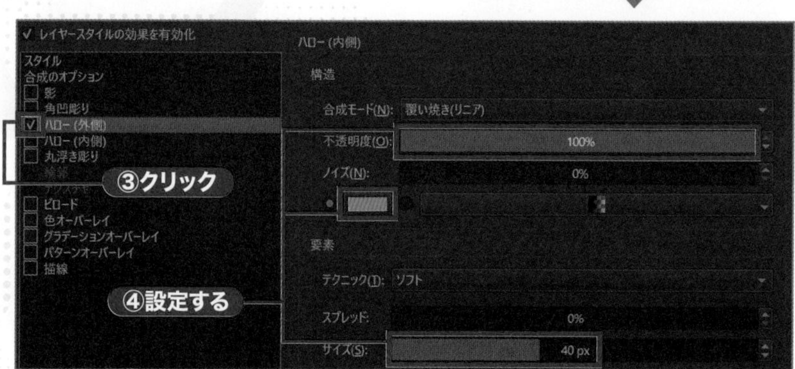

▶**図2.3.26：**
レイヤースタイルの設定

▲**図2.3.27**：左がハロー（外側）を付けた例。右が描線を付けた例

画像の一部を塗りつぶす

画像の端を塗っておくとしっかりした感じが出ます。また、文字の背景を塗りつぶすのも読みやすくするよい手段です。

まず、塗りつぶし用のペイントレイヤーを1つ追加し（図2.3.28❶）、それをドラッグして「ベクターレイヤー」の下に持っていってください❷。これによって、「文字の下」にレイヤーがくることになります。

▶**図2.3.28**：塗りつぶし用のペイントレイヤーを文字の「ベクターレイヤー」より下に移動する

あとは画面左にある矩形選択ツールボタンをクリックし（図2.3.29❶）、塗りつぶしたい矩形（四角形）をドラッグで選び、パレットから色を選んでからメニューの「編集」－「描画色で塗りつぶす」をクリックしてください❷。

▲**図2.3.29**：画像の端や文字の背景を塗りつぶすと締まった感じが出て見やすくなる

応用して仕上げていく

あとはここまでのテクニックを組み合わせていくだけです（図2.3.30）。フリー素材サイトにある「シルエット」素材を入れてみたり、線のような素材に「レイヤースタイル」で光を付けてみたりするのもよいですね。

▲図2.3.30：色々なモノを増やした例

- 文字の一部にはレイヤースタイル「**描線**」で赤いフチを付けています。「**合成モード**」を「**通常**」にするとシンプルにその色を出すことができます。
- レイヤースタイル「**色オーバーレイ**」や「**グラデーションオーバーレイ**」をつかうことでシルエットを表現できます。右端のキャラは、VRoid Studioで撮った画像に「グラデーションオーバーレイ」を付けて塗りつぶしたものです。
- 先に示したように、画像ファイルを読み込んだときはサイズの拡大縮小をするために「**変形マスク**」を追加してください。再びその画像を拡大縮小したいときは、「変形マスク」というところをクリックしてから（図2.3.31❶）[Ctrl]＋[T] キーを押し、画像をクリックしてください❷。そのあとで出てくる枠の端をドラッグします❸。

▲図2.3.31：画像変形

こうしてできた画像は、メニューの「**ファイル**」－「**エクスポート**」から書き出すことができます。「**ファイルの種類**」は「**PNG画像**」を選んで、clusterのサムネイルとして指定できるようにしましょう（図2.3.32）。書き出すとき「オプション」の設定画面が出ますが、初期設定のままで基本的には問題ありません。

ファイル名(N): サムネイルサンプル.png
ファイルの種類(T): PNG 画像（*.png）

▲図2.3.32：PNG画像として書き出す

2-4 イベントの撮影とYouTube配信

この節ではイベントを動画配信する方法を解説します。イベントを録画したりYouTubeで配信したりすることに関心がない方は読み飛ばしてもかまいません。

「メタバースのイベントの録画・配信っているの？」と思う方もいるでしょう。もちろん録画や配信がなくてもイベントは成立しますし、録画・配信をしているイベントはclusterのイベント全体の半分以下です。

ただ、

- **その時間clusterで参加できなかった人でも、YouTubeなどで生ライブ配信を見ることはできる**
- **生ライブ配信すら見られなかったという人でも、録画アーカイブをあとで見ることができる**
- **リアルタイム配信をしない場合でも、録画データがあれば「まとめ動画」などをつくれる**

このようなメリットはとても大きく、**イベントが大きくなってくると録画・配信を行ったり、そのためのカメラマンスタッフをお願いしたりする**イベンターは多いです（図2.4.1）。

イベントの録画・配信の場合、**主催者のclusterの画面を**ただ**映すだけでもよい**のですが、**「カメラマンモード」**や**「プロカメラマンモード」**をつかうことによってより見やすく面白い画面にすることができます（図2.4.2）。まずはそれを説明していきます。

▲**図2.4.1：**clusterに来られない層にもアプローチする上で、やはりYouTubeでの配信は効果的。録画アーカイブも残る

▲**図2.4.2：**カメラマンモードやプロカメラマンモードをつかうと、通常撮影がムズかしい高い位置から撮影することもカンタン

カメラマンモードの入り方と操作方法

カメラマンモードに入るには、**スタッフであるユーザーがclusterアプリでイベントに入り、キーボードの［F2］キー**を押します（図2.4.3）。なお、**PCでなければカメラマンモードはつかえません。**

カメラマンモードに入ると、以下のような操作になります。

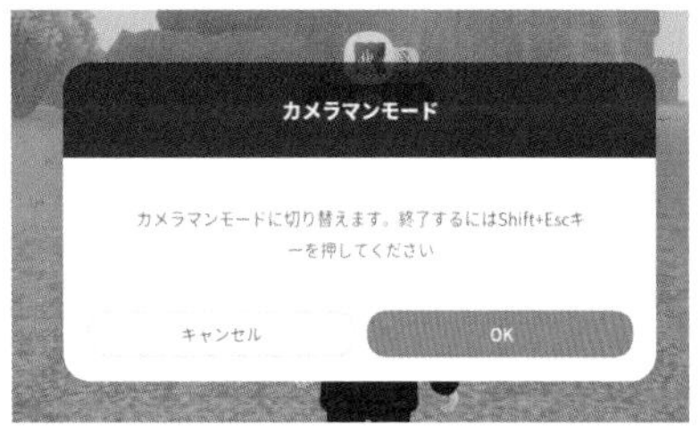

▲**図2.4.3：**イベントでスタッフが［F2］キーを押すと出る表示。「OK」を押すと実際にカメラマンモードがスタートする

clusterの基本操作とほぼ同じ	[W] [A] [S] [D] キーで前後左右に移動
	マウス移動で視点を回転（クリックの必要はありません）
カメラマンモード独特の操作	**[Q] キーで上昇、[E] キーで下降**・[I] キーでズームイン、[O] キーでズームアウト
	[R] キーで加速、[F] キーで減速
	[Shift] + [Esc] キーでカメラマンモードの解除

▲カメラマンモードの操作（キーボード）

ポイントは、前後左右だけでなく**上昇・下降も自在に可能という点です。このため、通常のユーザーなら行けないような高い位置から撮ることなども可能**です。穴が空いている場所などに行っても落ちずに進むことができます。加速も可能なので、広いワールドでは動画にしたとき映えるスピードにすることも可能です（図2.4.4）。

▲**図2.4.4：**広いワールドの紹介動画を撮るのにもつかえる

POINT

clusterで写真を撮るとき「レンズ移動モード」にしても似たような自由な移動は可能です。ただ、「レンズ移動モード」は元々のユーザーの位置から離れすぎると強制的に元に戻されますし、「スタッフコライダー」の中では「撮影禁止」と表示されます（スタッフコライダーについては7章で説明）。やはり、**自由に撮るにはカメラマンモード**をつかうべきです。

プロカメラマンモードの特徴と入り方

カメラマンモードより自由度の高い、「**プロカメラマンモード**」というものもあります。ただし、「**カメラマンモードでゲームパッドの左右のスティックを押し込む**」操作で入れるものなので、ゲームパッドがなければつかえません（図2.4.5）。

ゲームパッドは**LRトリガー、「位置登録」機能の関係で、**（図2.4.5）にも出ている「Xboxコントローラー」がオススメです。

プロカメラマンモードは、カメラ位置を記録し、切りかえる機能があるの

▲**図2.4.5：**このような、ゲームをするときにつかうゲームパッドが必要となる。©Cluster, Inc.

が最も大きい特徴です。**映画やテレビ番組などではカメラを1つではなく2つ以上つかい、それを切りかえてつないでいくのが演出の重要なところ**です。1つの状況を1つのカメラ位置から撮るのではなく、前・後ろ・左右・上から・やや下のほうからなど、様々なところから撮ることで全く違ったムードが出ます。それをどういう順番でつなぐのかによっても、雰囲気を変えることができるわけです。

また、2つの登録した位置を自動で往復しつづける「**往復モード**」、ある場所を中心に見ながらカメラをまわしつづける「**衛星モード**」というものもあります。これはカメラマンのいるイベントより、カメラ担当のスタッフがいない場合に「完全に固定されて動かないカメラ」よりもう少しだけ雰囲気を高めたい、というときにつかうとよいでしょう。

プロカメラマンモードの操作方法

プロカメラマンモードの操作方法です(図2.4.6、cluster公式サイトより引用)。A・B・X・Yのボタンの表示が別の表示である場合は読み替えてください。ただし前述したように**L・Rトリガーがないコントローラー、中央のボタンがないコントローラーでは操作が困難です。**

図2.4.6：cluster公式サイトでのプロカメラマンモードの操作説明。©Cluster, Inc.

機能はとても多いですが、移動・回転・ズームなどは直感的ですし、上昇・下降などもすぐに慣れるでしょう。減速・加速ボタンは、押すたびに移動スピードが変わります。

基本的には**カメラの移動・回転速度をある程度減速させておいたほうが、落ち着いたよいカメラワーク**になります。テレビ番組やYouTubeの人気動画などを見ていても、何かをいそいで追いかけるようなシーンやアクションシーン以外ではあまり激しいカメラの動きはしませんよね。

プロカメラマンモードに入ると、画面左上（図2.4.7）のような表示が出ます。**「現在：往復モード」**のボタンをクリックすると**「現在：衛星モード」**となり、モードが切りかわります。

例えば「現在：往復モード」にした状態で、ステージを左側から見る位置に移動してから**「ポイント１を登録」**をクリックし、右側から見る位置に移動してから**「ポイント２を登録」**をクリックして**「移動開始」**をクリックすればステージを左右に往復する動きがずっとくり返されます。

「現在：衛星モード」にした状態で、観客席の中央あたりで**「回転中心登録」**、ある程度後ろに引いてから**「回転位置登録」**をクリック、**「移動開始」**をクリックすれば、観客席の周囲をグルグルとまわりながら映す動きになります。そして**「移動終了」**をクリックすれば、往復モードでも衛星モードでも動きは止まります。

いずれの場合も、ゲームパッドの「**Lボタン**（前ページ参照）」を押して移動スピードをいくらか減速させておいたほうが落ち着いた動きになってよいでしょう。また、配信を行うときにこれらのボタンまで画面に映ってしまわないように、設定が終わったら画面左下に出ている「**UIを隠す**」ボタンを押しましょう（図2.4.8）。**再びUIを出したいときは画面をダブルクリック**します（カーソルが出ていなくてもかまいません）。なお、**プロカメラマンモードを終了したいときは、[Shift] + [Esc] キーを押してください。**

ポイント1を登録
ポイント2を登録
現在：往復モード
移動開始
移動終了

現在：衛星モード

▲**図2.4.7**：プロカメラマンモードに入ると左上に出るボタン

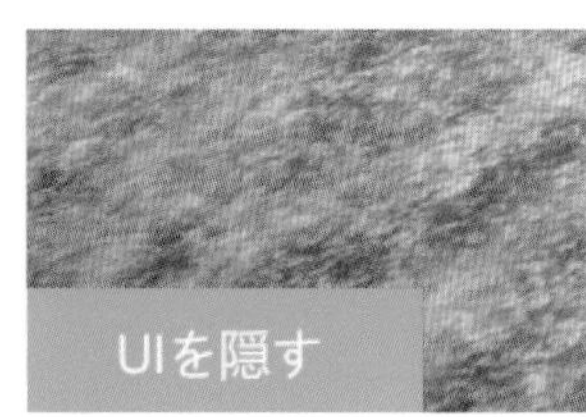

▲**図2.4.8**：画面左下にある「UIを隠す」ボタン

位置登録の方法とコツ

カメラの位置を瞬時に切りかえるために必要な「**位置登録**」は、前ページにあるように、**中央やや左にあるボタン（Xboxコントローラーではビューボタン**、図2.4.6を参照**）を押しながら「A・B・X・Y」のいずれかのボタンを押す**ことでできます。そして**「A・B・X・Y」のボタンのみ押せば、登録した位置にカメラがワープ**します。また、これも前ページにあるように、キーボードをつかえば20種類までの位置登録をすることも可能です。しかしこれは、かなり**イベントカメラマンに慣れ、４つの位置登録では足りないと思うようになってからで十分**でしょう。

４つの位置をどう登録するかですが、やはり**「ステージ全体をとらえる正面」「アップでステージの中央をとらえている、やや右か左に回転させた位置」「高いところから観客席も含めた全体をとらえる」「ステージの左か右からややヨコ向きに撮っている」**といった組み合わせが手堅いでしょう（図2.4.9）。

▲**図2.4.9：**面白みには欠けるが、無難な４つの位置の登録例。劇などで左右に注目するポイントが動くことがあるなら、また組み合わせは変わってくる

この４つの位置を数秒〜十数秒ごとに切りかえつつ、**切りかえたあとにゆっくりと左右に動いたり、上下に動いたり**するだけでかなり雰囲気は出てくるはずです。特に慣れないうちは、あまりムズかしいことをせず、無難に最後まで撮りきることを心がけるとよいでしょう。この点については、「2-5 komatsuさんに聞くイベントカメラマンのコツ」もぜひ読んでみてください。

録画・配信ソフトOBSについて

プロカメラマンモードをつかいこなせても、それだけで録画・配信はできません。**clusterの画面をYouTubeで配信したり、それをしないまでもPCに録画を残したり**できてこそ、意味が出るわけです。

このためによくつかわれているのが、**無料でつかえる**OBS Studio（Open Broadcaster Software Studio）というソフトです。以下、省略して「OBS」と表記します（図2.4.10）。非常に機能が多く、高度な機能までつかいこなそうとすると大変ですが、シンプルな録画やYouTube配信だけであればそこまでムズかしくはありません。**カメラマンスタッフがいない場合でも、PCが２台あれば「1台目は通常のclusterの操作用」「2台目はサブアカウントでclusterに入ってOBSを起動し、カメラを固定した状態で録画・配信させる」といった形も可能**です。

cluster以外でも、OBSなどをつかってソフトの操作を録画したり配信したりするテクニックは、動画情報が重要な現代において応用できる範囲が広いです。ぜひ一度つかってみましょう。

▲**図2.4.10：**OBSは無料だが、非常に高機能で人気

POINT

自らclusterを操作しつつ、OBSをつかって録画するのももちろん可能です。ただ、**フツーに撮るだけでは自分の後ろ姿ばかり映るような不自然な配信に**なってしまうでしょうし（図2.4.11）、**PCへの負荷もかなりのもの**になります。写真撮影の「アバター操作モード」をつかい、[F1] キーを押してUIを消すなどすればもっと自然な配信をすることも可能ですが、進行と撮影の両方に神経をつかうイベントはかなり大変なはずです。

▲**図2.4.11**：1台のPCで配信・録画までやろうとすると、このように後ろ姿ばかり映ることになりがち

OBSのインストール

インストール方法をWindows版で示します。今後のOBSのバージョンアップで画面表示が多少変わる可能性はありますが、それほど大きな差異はないはずです。

まず「https://obsproject.com/ja」にアクセスしてください（図2.4.12）。そしてOSに対応したボタン（Windowsなら「**Windows**」ボタン）をクリックすると、ページが移り、自動でダウンロードが開始します（もしはじまらない場合は、「Try again.」をクリックしてください）。

▲**図2.4.12**：OBSのダウンロードが行える公式サイトの日本語ページ

つづけてダウンロードされた「OBS-Studio-29.1.3-Full-Installer-x64.exe」のような名前のファイルを実行します（29.1.3の部分はバージョンNo.なので、今後OBSのバージョンアップにより変わります）。あとは「**Next**」「**Finish**」といったボタンを押していくだけで、インストールが完了します。

OBSの初回起動時は、「**自動構成ウィザード**」というものが表示されます（図2.4.13）。これは「**キャンセル**」で消してしまってかまいません。あとでまとめて設定していきます。

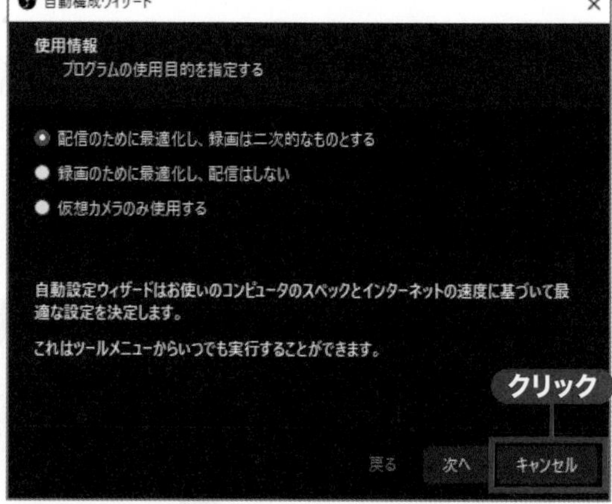

▲**図2.4.13**：自動構成ウィザードはキャンセルしておく

OBSの基本設定

まずはメニューの「**ファイル**」－「**設定**」から「**映像**」をクリックし（図2.4.14❶）、**「基本（キャンバス）解像度」と「出力（スケーリング）解像度」**を設定しましょう❷。1280×720や1920×1080がよくつかわれます。大きければそれだけ映像がキレイになりますが、同時にPCの負荷も、インターネット回線への負荷も大きくなりますからバランスを考えましょう。あなたの**ネット回線の能力（特にアップロード速度）を超えたデータ量になってしまっては、よい配信ができません。**

つづけてメニューの「**ファイル**」－「**設定**」の「**出力**」で（図2.4.15❶）、「出力モード」が「基本」になっていることを確認し、「**録画フォーマット**」が「**Matroska Video(.mkv)**」となっているところをクリックし❷「**MPEG-4(.mp4)**」と変える❸ことをオススメします。**mp4は最も一般的な動画形式**で、これで保存された動画は現代のPC・スマホならほぼどれでも再生できるでしょう。あとは画面右下の「OK」をクリックしてください。

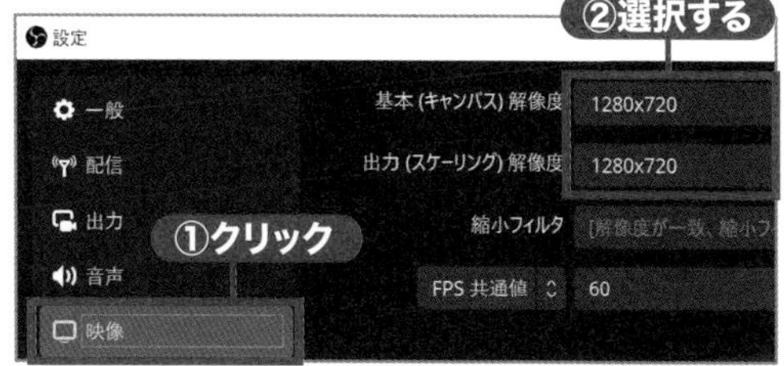

▲**図2.4.14**：解像度の設定

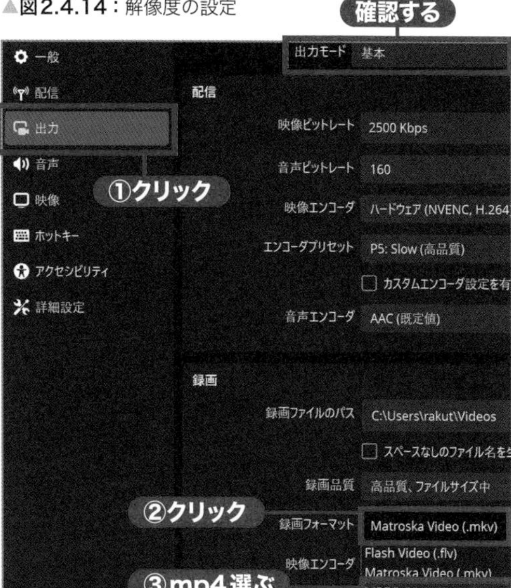

▲**図2.4.15**：録画フォーマットはmp4がオススメ

POINT

参考までにmkvをmp4に変換する方法を示します（図2.4.16）。メニューの「**ファイル**」－「**録画の再多重化**」をクリックし❶、「…」ボタンをクリック❷してからmkvファイルを選択、そして右下の「**再多重化**」ボタンをクリック❸します。もちろんmp4で録画しているならこの作業は不要です。ちなみに、mkvは録画トラブルに強いともいわれています。筆者はmp4での録画データがPCの急なトラブルのために一度破損してしまった経験があり、念のためmkvでの録画データも残しています。

▲**図2.4.16**：mkvファイルの変換画面。画面はすでに1つファイルを登録したあとの例

ソースとマイクの設定

では、clusterの画面を映す設定をしていきます。**clusterを起動してからOBSのウィンドウに戻り、**画面のやや左下にある「**ソース**」というところの「**+**」ボタンをクリックしてください（図2.4.17❶）。

そして一覧から「**ゲームキャプチャ**」を選び❷、「**OK**」をクリックします❸。

さらに「**モード**」を「**特定のウィンドウをキャプチャ**」とし❹、「**ウィンドウ**」には「**[cluster.exe]: cluster**」を選んでください❺。以上で「OK」をクリックすれば、clusterの画面がOBSに表示されるようになります。

◀**図2.4.17：**clusterの画面を表示させるための設定

さらに、「**ファイル**」－「**設定**」の「**音声**」（図2.4.18❶）から「**マイク音声**」をクリックし❷、イベントでつかうマイクを選びましょう❸。これでソースとマイクの基本設定はOKです。

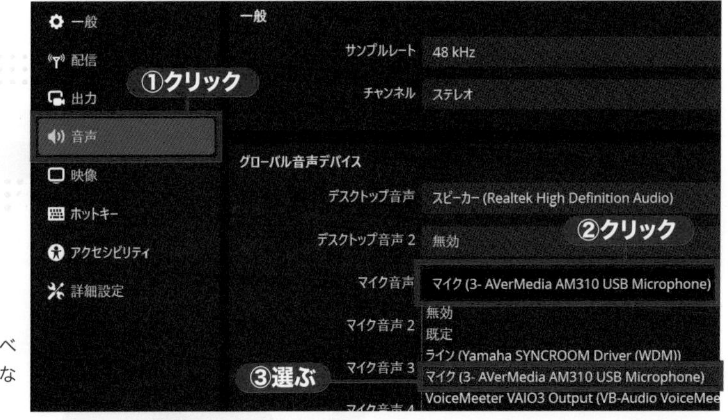

▶**図2.4.18：**マイクを選ぶ。最初からイベントでつかいたいマイクになっているならそのままでよい

OBSはマイクの音とclusterなどのアプリの音を手軽に合成できます。 配信に重要な、こうした機能が充実しているので初心者から上級者まで人気を集めています。

ソースの調整

最初に設定した段階では、**clusterの画面が一部切れていることが多い**はずです（図2.4.19)。これを修正するため、「**ソース**」一覧にある「**ゲームキャプチャ**」の上で右クリックします（図2.4.20❶)。そして「**変換**」❷－「**画面に合わせる**」をクリックしてください❸。画面が切れていたのが直るはずです。

ただ、逆に左右に余計な黒い部分ができてしまいました。このままでも問題はありませんが、clusterのウィンドウ自体を左右に大きくして、ぴったり合うようにするとよいでしょう❹。これで準備完了です。

▲**図2.4.19**：右と下に表示されているはずのボタンが見えないなど、画面の一部が切れている

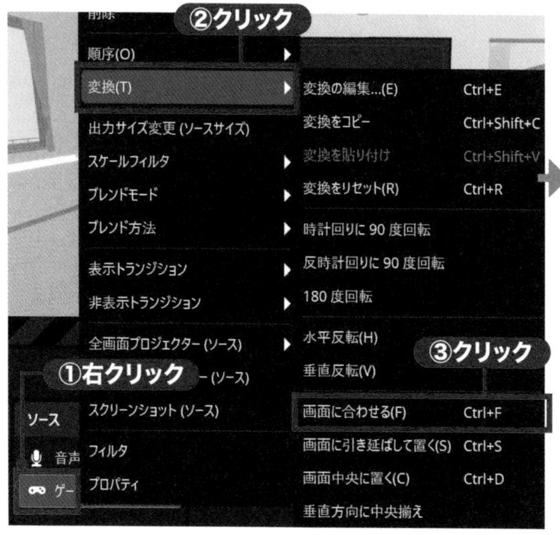

▲**図2.4.20**：画面に合わせていく例

④clusterのウィンドウを左右に広げる

録画を行う

まず、**配信より手軽な録画**を行ってみましょう。「**コントロール**」のところにある「**録画開始**」ボタンを押すだけです（図2.4.21❶）。「録画終了」ボタンを押せばそこで録画が止まり❷、しばらく保存処理が行われたのちに動画が保存されます（長い録画の場合はかなり時間がかかることもあります）。初期状態ではWindowsの「ビデオ」フォルダに保存されますが（図2.4.22左）、メニューの「**設定**」－「**出力**」をクリックして保存先を違うフォルダに変更することも可能です（図2.4.22右）。

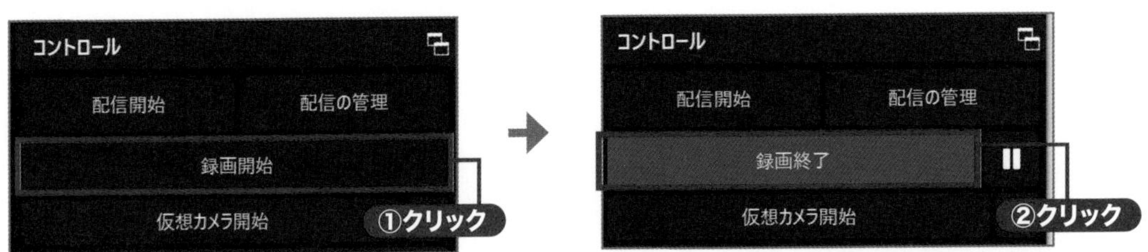

▲**図2.4.21：**録画開始・録画停止は非常にカンタン

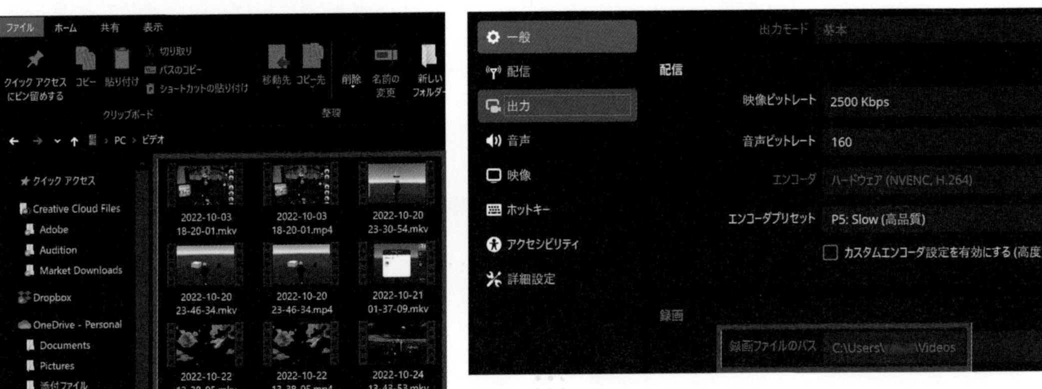

▲**図2.4.22：**録画データはWindowsの初期状態の場合「ビデオ」フォルダに入る。「設定」－「出力」から保存先を別のフォルダにすることもできる

このあとで説明する**配信機能がうまくいかなかった人や配信にまだ自信がない人は、この録画機能をつかい、イベント終了後にYouTubeにアップロード**する形にするとよいでしょう。ただ、**動画は基本的にかなりデータが大きくなる**ため、空き容量が大きいところに保存するようにしてください。また、録画開始に失敗する場合は、グラフィックスドライバを適切なバジョンに更新することでうまくいくことがあります。

OBSで配信と録画を同時に行うことも可能です。このあとで説明する配信機能をつかっているときに録画開始ボタンも押せばよいだけです。ただPCへの負荷は配信だけよりも高いものになるので、高性能PCをつかった上で、軽量化のための設定もしなければならず、上級者向けといえます。**YouTubeで配信すれば自動的に「アーカイブ」が録画されますから、最初はそれをつかうほうが無難**でしょう。

YouTube配信を行う準備（電話番号が必要）

YouTubeで配信を行うなら、まずは**YouTubeのアカウントが必要**です。YouTubeはGoogleのサービスですし、ほとんどの人がGoogleのアカウントを持っているでしょうからあまり問題にならないと思いますが、持っていない場合は作成しましょう。

まずは**「ライブ配信」の有効化**をする必要があります。これはすぐ有効になるわけではなく、**申請から24時間ほどかかる**（2023年8月現在）ので注意が必要です。配信をする予定がだいぶ先であっても、この**有効化は早めに済ませておきましょう。なお、申請時の本人確認には電話番号が必要になります。**

POINT

YouTubeは2023年8月現在、**15分以上の動画をアップロードしたりライブ配信をしたりするためには電話番号による認証**が必要です。問題のある配信や動画アップロードを行う迷惑な利用者が世界中にいるため、その対応でどうしても必要なものと思われます。

PCのブラウザでYouTubeにアクセスし、右上にあるあなたのアイコンをクリックします（図2.4.23❶）。もし「チャンネル」を作成していない場合は、「チャンネルの作成」からチャンネルをつくってください。そして「**YouTube Studio**」をクリック❷、左側のメニューの下にある「**設定**」をクリックします❸。

つづけて左側にある項目から「**チャンネル**」をクリックし❹、上に並んだタブから「**機能の利用資格**」をクリック❺してください。そして出てきた画面で「**中級者向け機能**」の右側にあるボタン❻をクリック、「**電話番号を確認**」をクリックしてください❼。

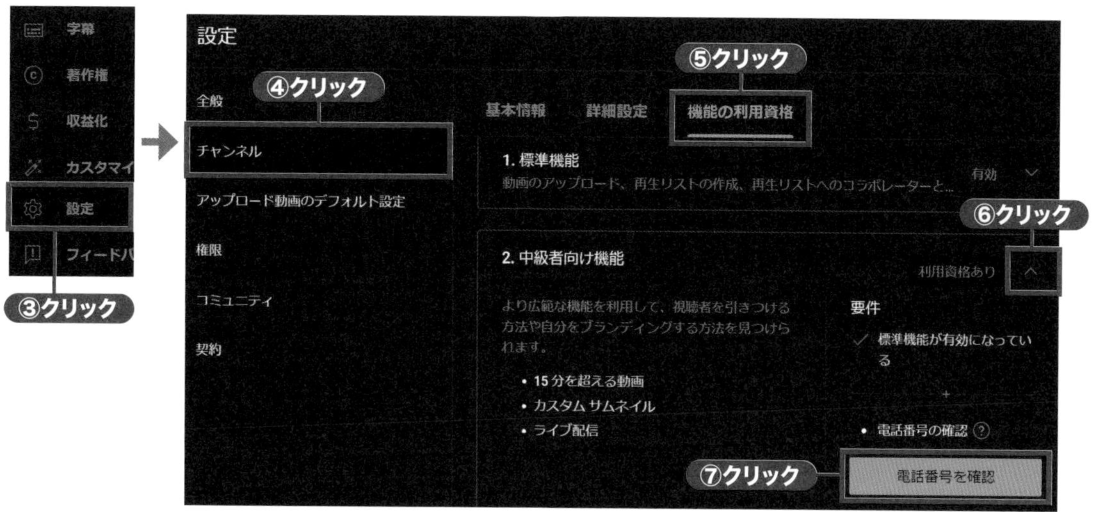

▲**図2.4.23**：電話番号による「アカウントを確認」する作業

あとは国を「**日本**」とし、「**SMSで受け取る**」にチェックを入れ、あなたの携帯電話の電話番号を「**電話番号**」の欄に入れて「**コードを取得**」をクリックしします（図2.4.24）。しばらくすると認証コードがあなたの携帯電話の**SMS（ショートメール）**に送られてくるので、YouTubeの画面に入力しましょう。これで電話番号の確認作業は終了です。

POINT

YouTubeの設定画面はデザインやボタンの名前の変更がしばしば行われます。この本が出る頃にはまた表記が変わっている可能性もありますが、基本は大きくは変わらないので、ここまでの説明を参考に準備を進めていってください。

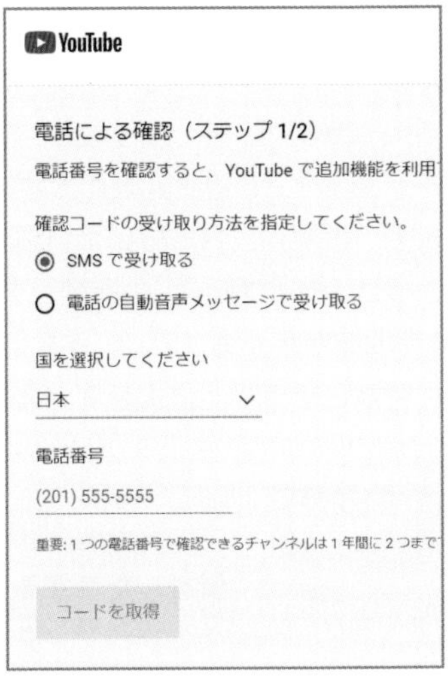

▲**図2.4.24**：YouTubeの電話による確認

ここでYouTubeの右上にあるビデオカメラのようなボタンから「**ライブ配信を開始**」をクリックしてみましょう（図2.4.25❶）。「…有効になるまで24時間程度かかります。…」といった表示がされるはずです❷。そのため**実際のテスト配信は、翌日以降にする**ことになります。

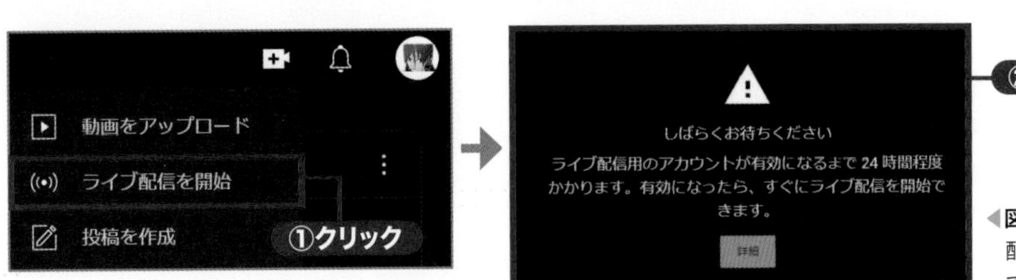

◀**図2.4.25**：まだライブ配信を開始することはできない

YouTubeとの連携設定

ライブ配信が有効化されたら、OBSとYouTubeの連携を設定していきます。OBSの「ファイル」メニューから「**設定**」を選択し「**配信**」タブをクリックし、「**サービス**」をクリックして「**YouTube - RTMPS**」に変えてください（図2.4.26❶❷）。つづけて「**アカウント接続（推奨）**」ボタンをクリックします❸。ブラウザ上でYouTubeとの連携画面が開きます❹。ユーザーによってだいぶ表示が違うこともあるようですが、ログインするGoogleのアカウントを選択したり、「OK」「許可」「Continue」など画面にあるボタンをクリックしたりしていってください。

▲**図2.4.26**：YouTubeと「アカウント接続」を行う

特にYouTubeの**アカウントを複数持っている人は、clusterの配信でつかいたいアカウントを選んでいるか確認**してください。

問題なく進めば、「認証に成功しました。このページを閉じることができます。」と表示されるので、OBSの画面に戻りましょう。「接続されたアカウント」に配信につかうYouTubeチャンネルのアカウントが表示されていれば連携成功です（図2.4.27）。

▲**図2.4.27**：「接続されたアカウント」となった表示

配信用画質の設定

配信に向けた画質の設定をします。OBSの「**ファイル**」メニューから「**設定**」を選択し、「**出力**」タブにある「**出力モード**」から「**詳細**」を選んでください（図2.4.28❶❷）。そして「**配信**」の「**ビットレート**」に「**3000 Kbps**」と入力し❸、「**OK**」をクリックします。

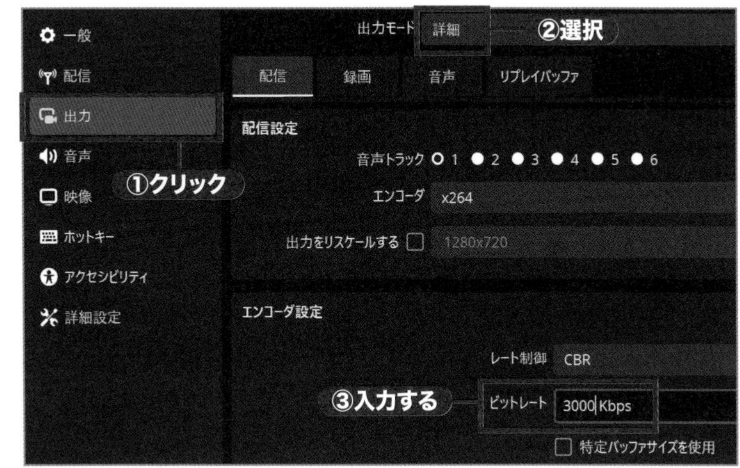

▲**図2.4.28**：配信用画質設定の一例

POINT

ビットレートは、PCのスペックやネット回線の速度に**余裕があるなら、「8000 Kbps」でもかまいません。逆に余裕がなければ「1000Kbps」**などに落としてみましょう。YouTubeに残った録画アーカイブを見ると、だんだん適切な設定がわかってくるはずです。YouTubeでは解像度1080p（1920×1080）で30fpsのとき、（最小）ビットレートを3000Kbps（3Mbps）にすることが推奨されています。その他くわしくは、YouTubeヘルプ（https://support.google.com/youtube/answer/2853702）を参考にしてください。
また、NVIDIAのグラフィックチップが入っているPCなら「**映像エンコーダ**」を「**NVIDIA NVENC H.264**」に、「**レート制御**」を「**CQP**」にするという設定を試してみてください。よりCPUの負荷が軽く、画質がよくなるはずです。

配信を行う

では実際に**配信のテスト**を行ってみましょう。OBSの「**コントロール**」のところにある「**配信の管理**」をクリックし（図2.4.29）、「**タイトル**」の設定と「**説明**」にカンタンな文を入力しておきます（図2.4.30❶）。「**プライバシー**」は「**公開**」でやってもさほど問題ないと思われますが、もしテスト配信に人が来たらハズかしいという場合は「**限定公開**」にしてみてください❷。今後実際に配信したときの表示イメージをつかむため「**サムネイル**」に画像を設定してもよいでしょう❸。

▲**図2.4.29：**画面右下の「コントロール」から「配信の管理」をクリック

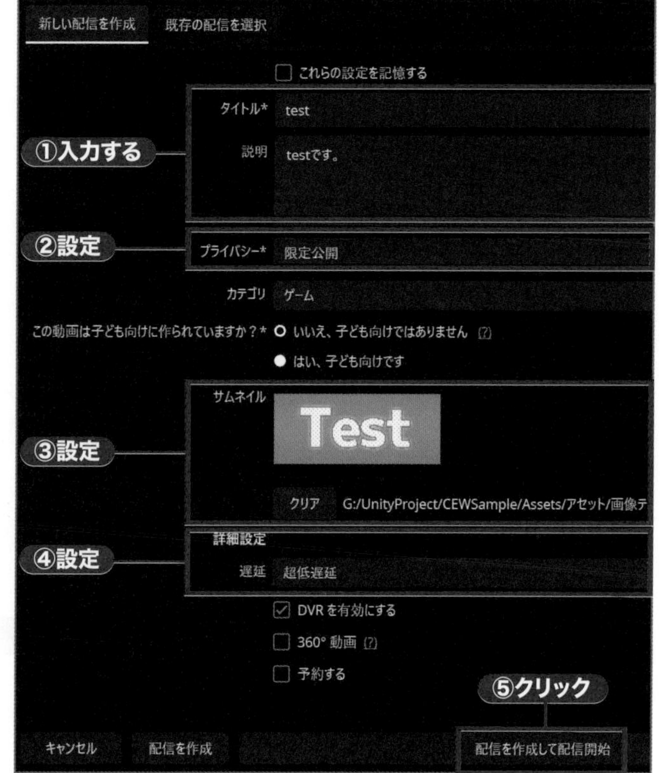

▲**図2.4.30：**配信の設定の一例。テスト配信用に「限定公開」にしている

「**遅延**」は、多くの場合「**超低遅延**」でよいと思われます❹。「通常の遅延」の場合、実際に行われているclusterでのイベントと配信映像のタイムラグが10～20秒ほどにもなることが多いです（メリットとしては、ちょっとネット回線が不調で映像の送信が遅れたような場合も映像が乱れにくくなります）。ネット回線のアップロード速度に自信がない場合は中間の「**低遅延**」を選んでもよいでしょう。特に**YouTubeの配信で書かれたコメントをcluster側で受信し、反応したい場合などは（方法は次のページで説明）、「超低遅延」にする**ことを強くオススメします。筆者vinsの体験的には、アップロード速度が300Mbps以上である光回線など、十分に速い回線であれば、タイムラグが1～3秒で済みます。

あとは「**配信を作成して配信開始**」を押せば❺、YouTubeでの配信がスタートします。「**限定公開**」にしていれば、URLを教えない限り他の人に見られることはありません。

YouTubeにアクセスし、右上にあるあなたのアイコンをクリックしてから「**YouTube Studio**」を選び、「**コンテンツ**」（図2.4.31❶）－「**ライブ配信**」❷をクリックしましょう。「**ライブ**」と表示されているところがあるはずです。それをクリックすると❸、さらにくわしい情報が表示されます。

▲**図2.4.31：**ライブ配信が実際に行われている。配信URLもコピーできる

ここで画面右にある「動画リンク」というところの右のボタンをクリックすると❹、**その配信のURLがコピーされます。あなたのスマホにメールなどでこのURLを送信し、本当にライブ配信が行われているか確認してみる**とよいでしょう。

ライブ配信の終了は、OBSから**「配信終了」**ボタンをクリックします（図2.4.32）。

配信の基本はこれだけです。**「限定公開」**ではなく**「公開」**で行えば、それだけでclusterイベントの一般への配信ができます。clusterで**「限定イベント」**をつくり、先に説明した**「カメラマンモード」**や**「プロカメラマンモード」**も活用し、実際に配信をしているようなイメージでより本格的なテストをしてみてください。

▲**図2.4.32：**配信を終了する

POINT

YouTubeは**配信を自動で「録画アーカイブ」**にしてくれますが、その**録画が見られるようになるまでは少し時間がかかることもあります。**イベント当日すぐ、会場に来られなかった人に録画を見てもらえるとは限らないことを覚えておきましょう。

YouTubeコメントとの連携

clusterでは、**YouTubeに書かれたコメントをclusterのコメント欄に表示する機能**があります。（図2.4.31）に書いた方法で**まずYouTubeの配信URLをコピー**してください。そしてclusterの自分のイベントページを表示します。**「イベント編集ページを開く」**をクリックし、**「YouTubeライブURL設定」**のところにURLを貼り付け、「保存して公開」ボタンを押せばOKです（図2.4.33）。

開場日時*
イベントの作成後は日時の変更ができなくなります。ご注意下さい。
2023/08/22 12:24
過去の日時でイベントを作成すると、現在時刻が登録されます。

Twitter ハッシュタグ
ハッシュタグを設定すると、参加者がイベント内からツイートした際に自動的に付与されます。
例: ゆるくら会
追加
#cluster

YouTubeライブURL設定
YouTubeに投稿されたコメントをイベント内で確認できるようになります。
URLを入力する

▲図2.4.33：YouTubeライブURL設定

POINT

YouTubeでの配信は、イベントがはじまる少し前にスタートさせる人が多いと思います。イベントの前に緊張したりドタバタと準備をしたりしていると、このYouTubeコメントとの連携設定を忘れやすいので注意しましょう。**本書の278Pページには、イベント開始前にやることのリストがまとまっている**ので活用してみてください。

その他の注意点

OBSの画面の下にある「シーン」「ソース」「コントロール」などの機能がある部分を間違って消してしまった場合は、「**表示**」→「**ドック**」→「**UIをリセット**」をクリックすることで元に戻せます。

2-5 komatsuさんに聞くイベントカメラマンのコツ

komatsuさんはclusterでの多くのイベントでカメラマンを務めてきた方です（図2.5.1、図2.5.2）。なおclusterでカメラマンという場合（特にイベントの場合）、**基本的に写真ではなく動画の撮影者**のことを指します。

◀**図2.5.1**：てつじんさんのイベントより。「カメラマンたち」の一番右がkomatsuさん。komatsuさんは自らイベントを開くより、カメラマンとして参加されることが多い

komatsuさんが撮影したイベント

2022年5月7日
すごいVRライブ！おはよう真夜中

おはよう真夜中さんが月に乗って会場内を移動。追いかけながらお客さんのリアクションも収まるように撮りました。
こういった演出もメタバースならではです。

2022年6月5日
V69歌枠リレーおはよう真夜中

歌詞の内容や会場の演出が印象に残るようなカメラポジションを心がけます。
お客さんの盛り上がりも伝わるように撮ることを心がけていますが、最終的には本番がはじまってみないとわかりません。スタートしてから微調整をしながら撮影します。

2022年9月23日
XrossRise

会場のMetaJackはお客さんとの一体感が最高のワールドですが、そのぶん、カメラポジションが難しい！

2023年5月12日
Marinの旅するLive_vol10

派手な演出のない、大人っぽい雰囲気のイベントだったので、主演のお二人のパフォーマンス、ワールドの雰囲気、音楽を楽しんでいるお客さんの様子が映えるようにあんまりガチャガチャ動かないようにしました。

▲図2.5.2：komatsuさんの撮られた映像の例。動画で見るとより魅力が伝わる。各コメントはkomatsuさんにいただいたもの

イベントカメラマンの面白さと喜び

イベントカメラマンをする面白さ・喜びとして、やはりVTuberさんなど**演者さんの活動をダイレクトに応援できる点がある**とkomatsuさんは言います。歌が素晴らしい、演技が素晴らしい、ギャグセンスが面白い、そういう人の魅力をより多くの人に伝えることができる。clusterに来たことがない人に対しても、YouTubeなどを通してその人の魅力を伝えることができ、clusterに来てみようかなと思わせることができる。映像表現を追求すること自体の面白さも感じるものの、自分が**「この人はすごい」と感じている演者さんの魅力を色々な人にもっと広められることの喜びが大きく、やりがいがある**とkomatsuさんは考えているそうです（図2.5.3）。

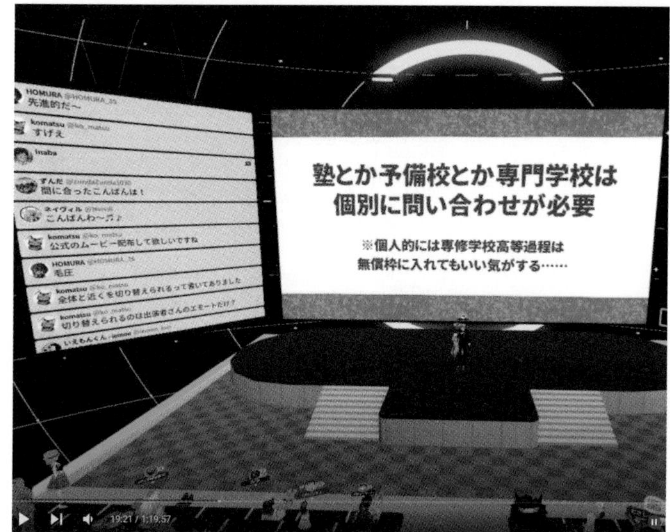

◀**図2.5.3**：イベントカメラマンがいれば、イベントを開いているとき同時にYouTubeで魅力的な配信を行うことも可能になる。左の画像のように勉強会などで固定カメラ配信するだけならカメラマン不在でも可能だが、音楽イベントなどの場合はやはり固定カメラよりカメラが動くほうが面白い

イベントの**来場者は通常見られない、「特等席」のような位置から様々なアングルでイベントを見られ**、色々な位置に**カメラを切りかえてテレビ番組のようなものを撮っていくことにカメラマンとしての喜びを感じるとkomatsuさんは言います。**

もちろん一発勝負ゆえの大変さも感じてはいるものの、歌い手さんや演者さんに絶対プラスになる、とてもやりがいのある役目なので、ぜひ色々な人にイベントカメラマンを体験してほしいとkomatsuさんはおっしゃいました。**イベントが終わったあとの充実感はとても大きい**そうです。

カメラマンモードとプロカメラマンモード

イベントでのカメラは、前節で見た通り**「カメラマンモード」と「プロカメラマンモード」の2種類**が基本となります。komatsuさんは当然多機能な「プロカメラマンモード」をつかっていますが、人にカメラのテクニックを教えるために通常の「カメラマンモード」も最近少し意識しているそうです。**「プロ」のほうはゲームパッドがなければつかえないという弱点**があるのですが、PCでゲームをしない人は持っていないことが多いですからね。

プロカメラマンモードで意識すべきこと

プロカメラマンモードの魅力の1つに「**カメラ位置をいくつか登録しておき、ボタン1つでその位置にカメラを移動できる**」というものがあります。この機能の存在によって「プロらしい」映像、カットのつなぎ方をつくれるわけですが、**慣れないうちはあまり多く登録しすぎないほうがよい**とkomatsuさんは言います。ゲームパッドとキーボードを合わせてつかえば10以上の位置の登録ができるものの（図2.5.4）、考えることが多くなりすぎるとパニック状態を惹き起こしやすくなります。

・Shift+0 - 9,Q - Pで視点記録
・0 - 9,Q - Pで視点記録で記録した視点へ移動

▲**図2.5.4**：キーボードをつかえば非常に多くのカメラ位置を登録できるが、初心者のうちは4つ程度で十分と思われる。©Cluster, Inc.

同様に、カメラの動かし方もフクザツにしすぎないことが大事だそうです。例えばkomatsuさんの場合、カメラワークで失敗したくないときには「**カメラを左に回転させつつ、移動は右に（あるいはその逆）**」のように「**2つの動きを組み合わせる」までにとどめる**ようにするそうです。「それに加え、カメラを上昇させる」など**3つ以上の動きを同時に入れるのは、安定したカメラワークをやりたいときはオススメできない**とのこと。特に緊張しているときなど、失敗するリスクがあるそうです。カメラマンに慣れているkomatsuさんでもそうなのですから、初心者のうちは「2つの動き」の組み合わせまでにとどめておくとよいでしょう。

ただ、**単純な移動・回転だけでなく回転+移動など2つの動きの組み合わせはつかえたほうがよい**そうです。事前によく練習しておきましょう。**左回転+右移動**など、回転と移動で逆の動きを組み合わせるのが基本になります。とはいえ**単純な移動・回転が悪いわけでもない**ので、つかい分けできるようになることが大事ですね。

また、2ヶ所を行き来しつづける「往復モード」や回転しつづける「衛星モード」などは、カメラを動かす自由度が高くないので基本的につかわないとのことでした。これはむしろカメラマンがいない、カメラが自動で動きつづけていたほうがいいイベントで生きるモードかもしれません。

カメラの切りかえと動き

プロカメラマンモードではやはり複数のカメラ位置を登録しておけることのメリットが大きく、**音楽イベントなどではその切りかえのタイミングを音楽に「乗せて」いくことでグッと雰囲気が出てきます**。ただ、だからといってただ切りかえて放置しているだけでは面白みに欠けます。komatsuさんはリアルのイベントでもカメラを担当した経験があるそうですが、**clusterのカメラはよくも悪くも「ブ**

レない」のが最大の特徴であると言います。素人が扱っても、決して**ブレすぎた見づらい映像にならないメリット**がある反面、**動きを止めると「本当に一切動かない、ニュアンスが全くない」映像になるデメリット**もあるわけです。だからこそ、カメラを切りかえるだけでなく**動かすことが大事**だとおっしゃいます（図2.5.5）。

「（撮っている相手に）寄っていく」「左右に動かす」などの基本的な動きに加え、最近はドローンの撮影がかなりリアルの世界でも普及してきたため、「**空中からドローンのように撮る**」アングルも説得力があるとkomatsuさんは言います。**動きで映像に躍動感やリアル感を出し、そこにカメラ切りかえの演出をプラスアルファで入れる**くらいのバランスがよいと思うそうです。

▲**図2.5.5：**音楽イベントの配信・録画の迫力はカメラワークによってかなり変わってくる。「メタ新生姜祭」より

カメラの位置

カメラの位置をどうするか正解はなかなかないものの、例えば音楽イベントであれば**前奏などの静かなムードのときは割と遠くから撮るようにし、サビなどで盛り上がってきたらアップで撮る**というスタイルはkomatsuさんもよくつかうそうです（図2.5.6）。このようなルールを自分の中で決めることで迷いもなくなり、失敗も少なくなるというメリットもあります。**事前にAメロ・Bメロ・サビ・間奏などの変化に合わせてどうカメラの位置を切りかえていくかを考えておく**ことによって、自分がどういう画を撮りたいのかもわかってくるのではないかとkomatsuさんは言います。

▲**図2.5.6：**サビなどの盛り上がる場面で歌っている人にグッと寄るのはつかいやすいテクニック。こちらも「メタ新生姜祭」より

また、**（プロ）カメラマンモードに入る前の自分のアバターの位置にも注意**したほうがいいそうです。clusterの場合、アバターの位置を基準に音が決まるので、会場の左にいると右側の音が微妙に変わるなどの違いが出てしまいます。最近は一般参加者が声を出せるイベントがあることもあり、ステージ上の音を最も正しく拾うには「**ステージの真後ろに隠れ、正面を向いた状態で（プロ）カメラマンモードに入る**」のが一番無難だということです。

カメラワークやアングルのバリエーション

ここでは、**komatsuさんのイベントでつかわれていたカメラワークやアングル**から、筆者vinsが注目したものを紹介していきます。

「左回転＋右移動」・「右回転＋左移動」

この節の項目「プロカメラマンモードで意識すべきこと」ですでに説明した通り、**単純な回転と比べて味のある動き方**ができます。中心に演者をとらえて、ぐるりとまわっていくイメージです。

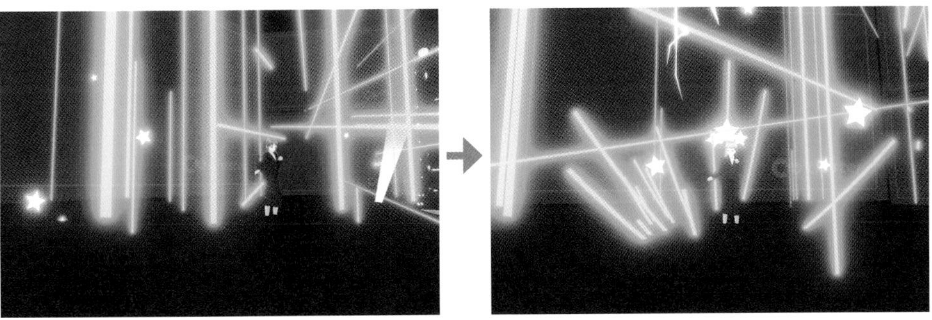

回転しながら後ろ移動

割とアップの状態から、演者を中心にとらえ回転しながらだんだんと離れていきます。**浮遊感のある、さわやかな雰囲気**を出すことができます。

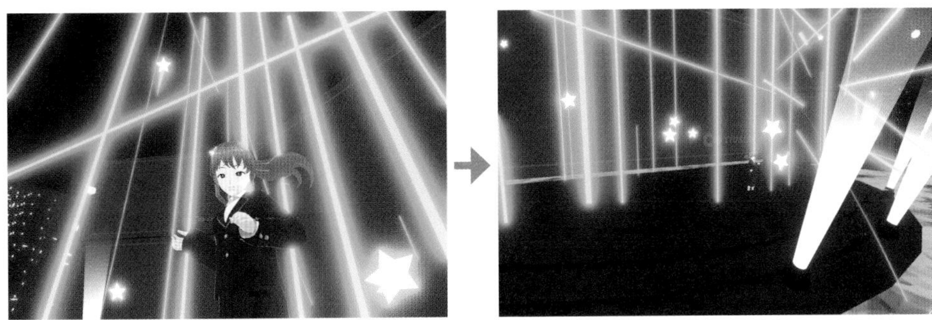

後ろ移動からだんだん高い位置へ

演者から徐々に離れていき、さらにカメラを上昇させつつ下向きにしていきます。カメラが飛んでいるかのようなイメージになるため**壮大な雰囲気、カッコいい雰囲気**を出すのにつかいやすく、さらに位置によっては参加者の盛り上がりをとらえることも可能です。

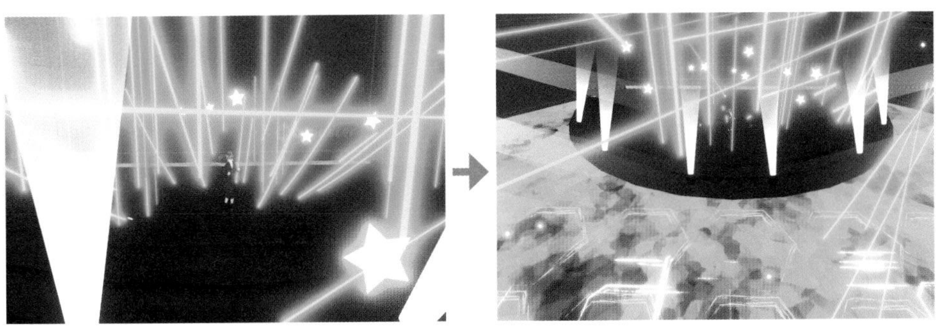

やや高い位置・下向きから下がりつつカメラを上向き

演者を見下ろしていたカメラから、逆に演者を見上げるようなカメラ位置に移動していきます。**演者さんの魅力にグイッと迫っていくような雰囲気**になります。

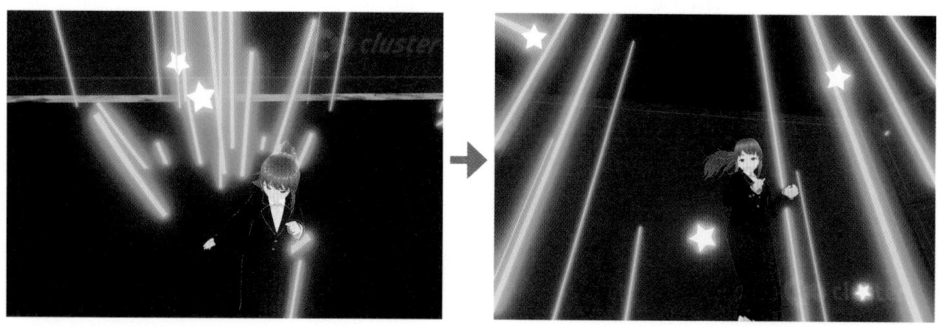

寄ってから、来た方向に戻る

グッと演者に**寄ったあと、少し静止してまたゆっくりと後ろに**戻っていきます。シンプルですがメリハリのあるカメラワークになります。この「**動きを変える前に少し静止する**」というのは色々な場所でつかえるテクニックです。

寄ったカメラに切りかえてから、即座に速く後ろに動く

アップで撮っているカメラ位置に切りかえてから、すぐに後ろに引いていきます。**スピード感のあるカメラワーク**になります。

後ろに引く

演者の後ろから撮る

顔が見えないので多用するものではありませんが、**参加者の盛り上がりをとらえたり、逆にバラード曲などで少しさみしげな雰囲気を出したり**するのにもつかえます。真後ろではなく、斜め後ろくらいからとらえるのがよいでしょう。回転を組み合わせるのもいいですね。

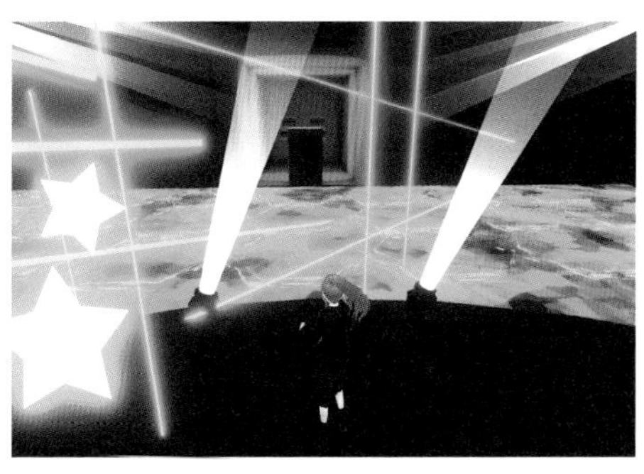

アップからアップの切りかえ

アップの次は引いた画で、といった変化だけでなく、「**アップから別角度のアップ**」といった形も有効です。このとき、「同じくらいの寄り方」ではなく「通常のアップから、さらにアップした位置に」などの変化も付けるとよいでしょう。

アップの脚から入り、上半身に向けてカメラを動かす

アップのために最初は脚しか映っておらず、そこからカメラを上昇させたり上向きにさせたりして上半身を映していきます。**演者さんのアバターの全体をよく見てもらう**ためにつかえる動きです。

画面右下端（左下端）に演者を置いて会場全体を映す

演者と参加者全体をとらえる定番のアングルです。曲の前奏・間奏、あるいは曲が終わりに近づいてきたあたりでよくつかわれるアングルですね。背景もとらえやすいです。

間奏パートで背景に注目

キレイなワールドがつかわれているときは、**演者だけでなくワールドの背景そのものを見せる場面もほしい**ものです。歌の間奏は、背景を映すのにちょうどいいタイミングとなるでしょう。また、2回目の間奏など変化を付けたいときは**「真上を向く」ようにカメラを回転させていき、空を見上げる**ようなアングルにするのもアリです。

歌い出し前の静止、歌い出しと同時の動き出し

歌がある音楽イベント限定になりますが、**「今から歌うぞ」というタイミングのちょっと前にカメラの動きを止め、実際に歌がはじまったら動き出す**ことでメリハリと「はじまった」感を強調できます。

印象的なフレーズ、決めのところでアップに切りかえ

歌や劇イベントで、ここで**「決め」がくるとわかっているとき、やや遠くのカメラ位置からアップのカメラ位置に切りかえます。**歌ならサビの直前、サビの最後などでよくありますね。

目線をもらう方向の取り決め

VRで歌ったり演じたりしている場合、カメラに「目線」を向けることもできます（デスクトップやスマホでも可能ですが、ややムズかしいです）。あらかじめ**「サビのここでこっちに目線をください」**などと歌い手・演者さんにお願いをしておけば、前述の「アップに切りかえ」のときによい感じのカメラ目線をもらえるでしょう。

POINT

演者さん・歌い手さんはパフォーマンスに必死ですから、あまりカメラから過度な要求をしすぎないことも重要です。VRで歌うことに慣れている相手限定で、1曲に1ヶ所くらいが無難でしょう。もちろん、歌い手さんがもし目線のことを忘れていたとしても、あとで苦言を呈したりしてはいけません。

好きな作品をよく見ることの重要性

komatsuさんはイベントカメラマンとしての引き出しを増やすためには**「映画やアニメ、ミュージックビデオ（実写、VTuber問わず）といった自分が好きな映像作品を真似てみるのがいいかも」**と感じているそうです（図2.5.7）。もちろんメディアや表現の内容によっては、clusterのイベントで同じように撮れないものもあります。しかし、**自分が「いいなあ」と思うものの本質に気付くことができたり、できること・できないことの違いを発見したり**することもでき、それはとても大事なことと思うとおっしゃいました。

komatsuさんは撮影監督のヴィットリオ・ストラーロ氏による渋いカメラワークがある映画『フラメンコ・フラメンコ』やゲーム『あんさんぶるスターズ！！Music』のミュージックビデオなどを好きな例として挙げられています。この2つは全く違う雰囲気の作品でしたが、筆者vinsが素人目に見ても、どこかカメラワークのイメージに似たものを感じました。このように「**自分が好きなカメラワークはこれだ！**」というものを、多様な作品を見ながら発見できていくとよいですね。

▲**図2.5.7：**komatsuさんが過去にカメラマンを担当したイベントの動画アーカイブをYouTubeで見るのも一手。画像は猫日和きゃりこさんのバースデーライブより

komatsuさんの先進的な取り組み

実はkomatsuさんは、**複数人のユーザーがcluster内で撮っている映像を受信し、リアルタイムで切りかえて配信**するような高度なこともやっていらっしゃいます。**カメラマンが何人もいて「スイッチャー」の人が切りかえていくのですから、まるで本当のテレビ番組**のようですね。

こうしたやり方はさすがに超上級者向けと言えますが、イベントカメラマンの世界の奥深さを伝える1つの事例だと思います。今後もkomatsuさんがイベントカメラマンを担当されるイベントに期待です。

2-6 イベント会場の選び方

clusterでは**他の方のワールドの中から、「イベントへの使用を許可」されているものをイベント会場として選ぶことができます。かなり人気のワールドの中にもイベントでの使用を許可されているものがある**ので迷ってしまうと思いますが、その選び方をカンタンに説明します。

イベント会場としてつかえるワールドの探し方

イベント使用許可は、WEBからワールド紹介ページを見て、下のほうにスクロールしていくとわかります。イベント使用に**「OK」と書いてあれば使用可能**です（図2.6.1）。

このとき、そのワールドに**「いいね」をしておくと会場選択のときに選びやすくなります。**

データサイズ	0MB
公開日	2023/8/2（水） 19:52
イベント使用	OK

▲**図2.6.1**：イベント使用許可の見方と、会場選択画面での「いいねしたワールド」

イベント会場選びのポイント

イベントには美麗な人気ワールドを選べばいいと思うかもしれませんが、見た目以外の評価ポイントもあります。

- **セキュリティ**
- **ワールドの広さ**
- **ワールドの「重さ」**
- **イベントの規模との相性**
- **スクリーンがあり、できれば最初は音楽が流れていないこと**
- **サブ音声用のスピーカーの有無**

こうしたポイントを押さえて選ぶようにしましょう。

セキュリティ

歌イベント、音楽イベント、劇イベントなどが進行しているとき、ステージに関係ない人が入ってくると大変困ります。もちろん**「イベントから追放」**することはできますが（**「3-2 てつじんさんに聞くエンタメイベントの発想法と運営」**で解説）、そもそも最初からスタッフ・ゲスト以外は入れないワールドになっていることが望ましいです。

イベントとしての使用を想定しておらず、ステージに誰でも入れるワールドはこの点できびしいといえます。もし勉強会イベントなど、あまり**ハデな見た目が必要ない場合はcluster公式によるワールドの「【公式】カンファレンスルーム」や「【公式】レクチャーホール」**を選ぶようにするとよいでしょう（図2.6.2）。

▲**図2.6.2**：イベント会場選択画面で下にスクロールしていくと出てくる公式ワールド

ワールドの広さ

凝ったワールドはかなりの広さを持っていることがあります。そのワールドでただ遊びまわるイベントならいいですが、**どこかに集まって歌・劇・発表などを行う場合は皆がどこに集まっていいのかわからなくなってしまいます**（図2.6.3）。やりたいイベントにふさわしい広さの、**できれば入り口から自然とメインのステージへたどりつけるように設計されたワールド**を会場にするとよいでしょう。

▲**図2.6.3**：だだっ広いワールドは、イベントにつかってもどこに行っていいのかさっぱりわからない

ワールドの「重さ」

ワールドによっては美麗である代わりにとても負荷が高く、**スマホやQuest2の単体（PCにつながない状態）で入るとカクついてしまう（いわゆる「処理が重い」）もの**もあります。また、**入るだけでかなりの通信量を要求する（いわゆる「容量が重い」）もの**もあります。

多くの方に来てもらうイベントにするためには、あまり重くないワールドを選ぶことが好ましいでしょう。もちろんその重さをわかりつつ、あなたのイベントにふさわしいと考えて選ぶなら問題ありません。

イベントの規模との相性

あなたがはじめてイベントを開くときは、きっとイベントの進行もなかなかうまくいかず、トラブルが発生してしまうことも多いでしょう。あまり凝った出し物や発表をできないことも多いでしょう。そういうときには、**ある程度小さめにまとまったワールドを会場に選んだほうがむしろしっくりくる**はずです。ワールドクラフトであなた自身がつくったワールドなどを会場にするのもよいですね。

POINT

ただし2023年8月現在、**ワールドクラフトで「スタッフコライダー（7章にてくわしく説明）」を設定することはできず、ステージの上に誰でも入れてしまいます。**そのため凝った歌イベントや劇イベントにはあまり向かないかもしれません。「スクリプト」をつかいこなすことで擬似的にスタッフ専用エリアをつくりだしている方もいますが、かなりの上級者かつスクリプトにくわしい人でないとムズかしいのが現状です。

スクリーンがあり、できれば最初は音楽が流れていないこと

イベントではやはり**スクリーンをつかいたい場面が多い**はずです（図2.6.4）。勉強会イベントなどでPDFを出したりDJイベント・音楽イベントで動画を流したりしたいときはもちろん、**イベントのトップ画像をそのまま表示しておくだけでも何のイベントがはじまるのかわかりやすく**なります。また、イベントが終わったとき**出演者の人が次に参加したり主催したりするイベントを「告知」**するときにもつかえます。まずはスクリーンの有無をしっかり確認しましょう。

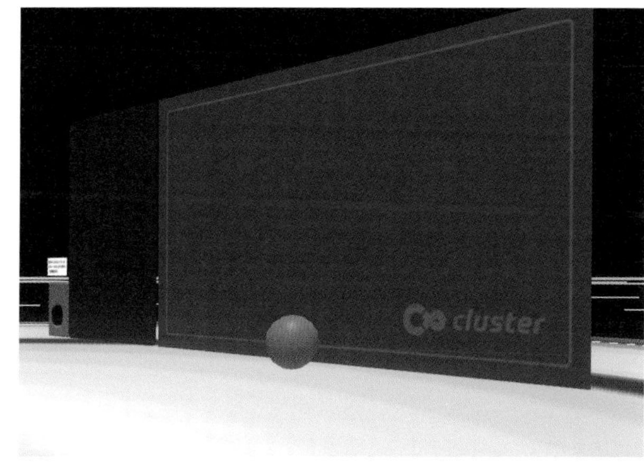

▲**図2.6.4：**スクリーンはイベント会場で大きな役割を果たす

さらに参加者のコメントを映す「**コメントスクリーン**」や、投げてもらったVアイテムのランキングを示す「**ランキングスクリーン**」もあると便利さが上がります。なお**「ランキングスクリーン」は、イベント開催時以外は表示されないのでワールドの下見に行ったときには確認できないことに注意が必要**です。どうしてもほしい場合は、自分でワールドを作成してイベント会場につかうのが確実です。

また、最初は音楽が流れていないワールドのほうが好ましいです。音楽イベントをやるときは当然ですが、勉強会イベントなどでもあなたが選んだ曲を小さく流すことでイベントの雰囲気をある程度コントロールすることができます。**「会場設定」から「ワールド」の音量を0にすることで元々ある音楽を消すことはできます**が（図2.6.5）、元々音楽が流れていないワールドのほうが設定ミスの可能性を減らせるでしょう。

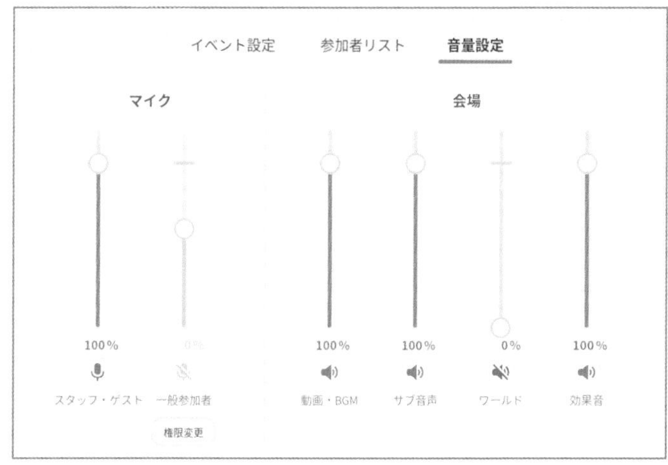

▲**図2.6.5：**「会場設定」で「ワールド」の音量を0にすれば元々のBGMは消える。

サブ音声用のスピーカーの有無

１章で紹介している「サブ音声」用のスピーカーの有無も確認しておきましょう。**サブ音声は「スピーカー」が置いてあるワールドでなければつかえません。**通常のマイク音声はアバターがいる位置から響いてくるのですが、サブ音声は「スピーカー」の位置から聞こえてくるのです。このため、サブ音声を活用したい場合はスピーカーのあるワールドを選ぶようにしましょう。さらにスピーカーは「左」と「右」のいずれかからの音だけ出すことも可能なので、「左用スピーカー」と「右用スピーカー」の２つが置かれたワールドをつくればさらに音声演出の自由度は上がります。

その他、サブ音声用についてくわしくは（図2.6.6）のページをご覧ください。

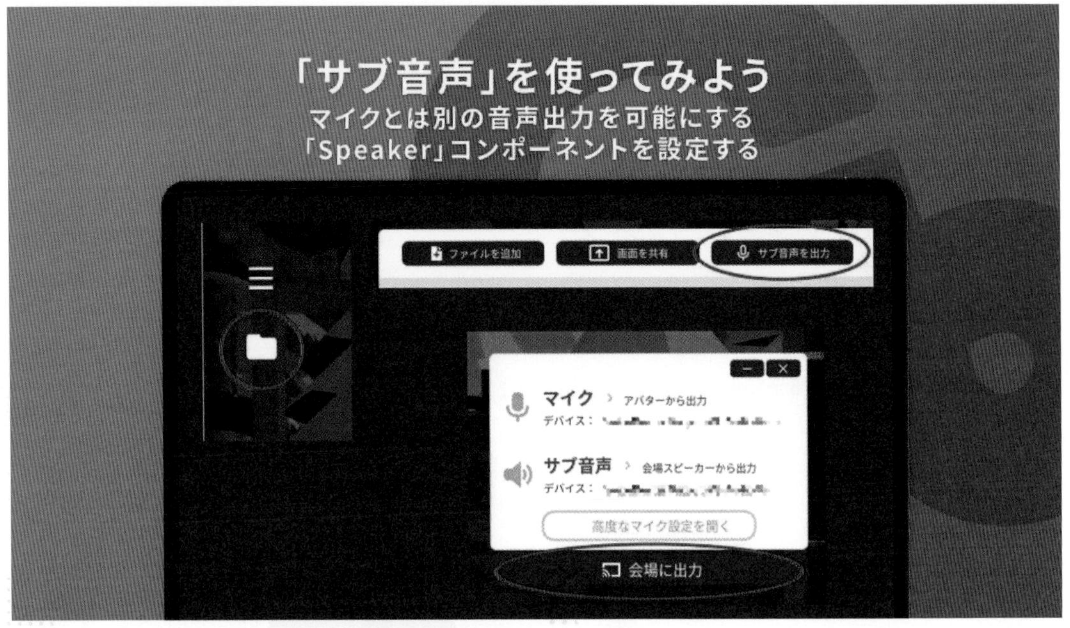

▲**図2.6.6：**「サブ音声」を使ってみよう――マイクとは別の音声出力を可能にする機能「Speaker」コンポーネントを設定する ©Cluster, Inc.

https://creator.cluster.mu/2023/02/14/subaudio_speaker/

CHAPTER

03 勉強会系・エンタメ系イベントの開き方

この章からは色々なタイプのイベントの開き方を見ていきます。マイクや資料、そしてアイデアさえあればできるタイプのイベントです。勉強会や学校の魅力を発信するマジメなイベントから、お笑いなどのエンタメイベントまでチェックしましょう。

3章
CHAPTER
03

勉強会系・エンタメ系イベントの開き方

3-1 勉強会・トークイベントの開き方

ここからはいよいよ、具体的なイベントのノウハウに入っていきます。その中でもまずは**最も基本的な勉強会・トークイベント**から入っていこうと思います。

音の出し方やアバターのつくり方や演技、ワールドの配置・演出などが求められる音楽・歌・劇・DJイベントなどと比べ、**勉強会・トークイベントは準備するものが比較的少ない**です。会場にするワールドも、cluster公式によって用意されているもので十分成り立ちます。

特に勉強会・トークイベントに興味がないという場合はやらなくてもかまいませんが、**clusterで色々なイベントをやっていくにあたり、まず10分程度の短いトークイベントをキレイなワールドを借りてやってみる**のはどうでしょうか。さらに発展的なイベントをやるための、**とてもよい練習になる**はずですよ。

勉強会・トークイベントに必要なもの

勉強会・トークイベントでも**マイクはやはり必要**です。勉強会なら動画やPDFだけで発表することもギリギリ可能かもしれませんが、やはり誰かがしゃべらないとどこかもの足りません（図3.1.1）。なぜメタバースでイベントを開くのか、イベントの魅力は何かというところを考えると、マイクはしっかり準備したほうがよいでしょう。「**1-4 イベントを開くときの基本的な注意点**」もしっかり読み直し、会場に来てくれた人に聞きやすい音声を届けられるよう心がけましょう。

▲**図3.1.1**：スクリーンにPDFファイルや動画などを表示させればマイクをつかわなくてもある程度発表は可能だが、やはりマイクなしの説明には限界がある

話すのはどうしてもニガテだ、という人は発想を変えて**ワールドづくりの勉強を進め、「ワールド公開記念イベント」で遊んでもらう**というようなアプローチがいいかもしれません。また、**一緒にイベントを開いてくれる友人ができると、ただそこにいてくれるだけでも心強い**はずです（cluster上のフレンドより、実際の知り合いのほうが誘いに乗ってくれやすいかもしれません）。あるいは、**音声合成ソフトを活用して動画で発表**する手もあります。

なお、clusterで登壇するときは**「音量の自動調整」と「ノイズの抑制」をオフに**することをオススメします（図3.1.2）。音が不自然に小さくなるケースが多いので、**音量は他の人に聞いてもらいながら調整する形とし、ノイズ抑制はできるだけ別のソフトで行い、clusterの機能はつかわない**ほうがいいでしょう（歌や音楽などがある場合は特にそうです）。

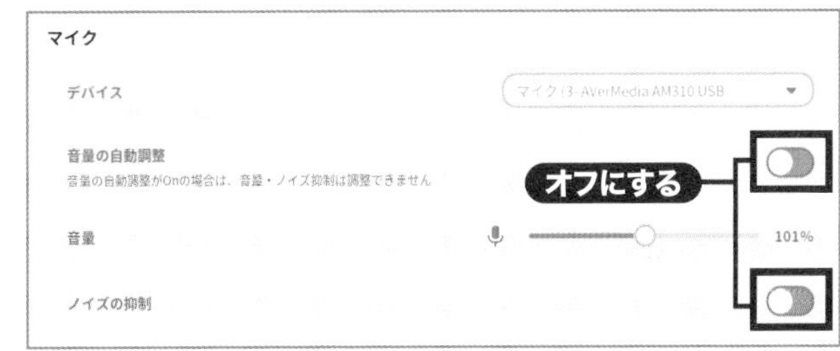

▲**図3.1.2**：音量の自動調整、ノイズの抑制は切る

PDFファイルの資料（特に勉強会）

トークイベントなら資料なしでしゃべってもいいですが、勉強会の場合は**スクリーンにスライドを出すことでわかりやすさが一気に上がります。**clusterの場合、**スクリーンに複数ページのデータを出すにはPDFをつかうのが一番**です。画像ファイル1つひとつを選んで表示したり、動画の再生・停止をくり返したりしても似たことは可能ですが、やはり**PDFファイルをつかうほうがスムーズ**です。

PDFファイルをつくる場合は、初心者の方の場合**WordやPowerPoint**などのソフトをつかうのが一番手軽でしょう。Officeのバージョンによって多少異なりますが、「ファイル」メニューから「エクスポート」を選べばPDFとして出力するオプションが出てきます。A4サイズ（ヨコ）くらいで出力すればスクリーンにちょうどよいサイズになります。もちろん、PCソフトの操作にくわしい人はもっと高度なソフトをつかってPDFを書き出してもかまいません。

POINT

ファイルをスクリーンに表示する方法は2章で確認した通りです。PDFの場合注意が必要な点として、**PDFを途中まで表示してから別のファイル（例えば動画など）に切りかえた場合、戻ったときにはPDFがまた1ページめから表示**されてしまいます。場合によっては「PDFファイルを2つに分け、1つめのPDFが終わるところで動画を表示、動画が終わったら2つめのPDFに移る」ようにしたほうがいいかもしれません。

またPDFを**つくるときに注意すべきなのは、文字を小さくしない**ことです(図3.1.3)。clusterでフツーにイベントに参加した場合、スクリーンはかなり小さく見えます。**1ページの情報量を減らし、大きな文字をつかいましょう。**clusterのイベントなら**PDFを印刷して配るようなことはない**わけですから、ページ数が増えるデメリットはさほど多くありません。

▲**図3.1.3**：これくらいの文字の大きさにする

POINT

どうしても小さい文字のページが出てしまう場合は、参加者に「**カメラ機能をつかえばズームしてスクリーンを見ることができます**」と伝えるとよいでしょう。外部からclusterにあまり慣れていない方を招いてステージに上がっていただいた場合などは、司会・主催者のほうからそれを伝えるのもよいですね。

資料づくりのポイント

資料づくりのポイントは、現実世界で**PowerPointなどをつかった説明(プレゼン)をするときとあまり変わりません。**

画像をつかう

文字ばかりの画面がつづくと、参加者もだんだん疲れてきます。説明をわかりやすくするようなよい画像が見つからなかったとしても、**何かしらの画像を定期的に入れておくとよいでしょう。**筆者vinsは勉強会の場合、定番の「いらすとや(irasutoya.com)」さんの画像をつかうことが多いです。適度にゆるい雰囲気があり、固いテーマでもなごませてくれますね。

メインの部分を「文章」にしない

あなたが登壇する以上、**細かいところはマイクで説明すればいい**わけです。細かいところまで全部文章としてスクリーンに表示したら、口で説明する意味がない上に読みづらくなってしまいます。**箇条書きなどをつかって、コンパクトな**PDFのページをつくっていきましょう(図3.1.4)。

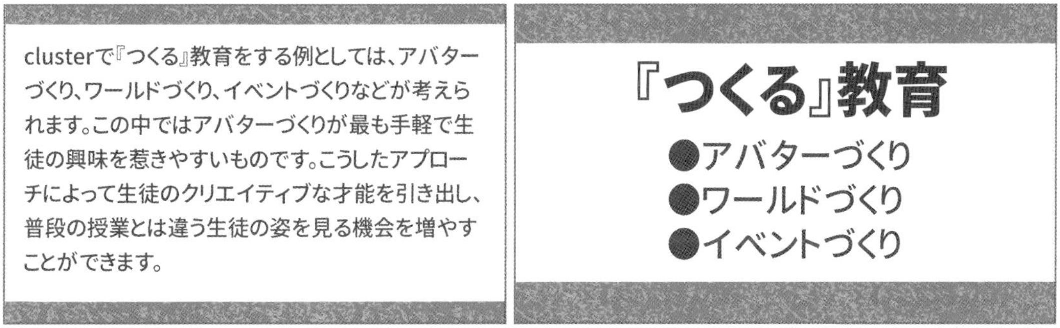

clusterで『つくる』教育をする例としては、アバターづくり、ワールドづくり、イベントづくりなどが考えられます。この中ではアバターづくりが最も手軽で生徒の興味を惹きやすいものです。こうしたアプローチによって生徒のクリエイティブな才能を引き出し、普段の授業とは違う生徒の姿を見る機会を増やすことができます。

『つくる』教育
●アバターづくり
●ワールドづくり
●イベントづくり

▲**図3.1.4：**文章の多い例と少ない例。右はさらに文字に色と太さ・大きさのメリハリも付けている

プレゼン資料（図3.1.4）の右の例は**最低限の情報を箇条書きで書き、残りの部分はマイクで説明**する形です。これくらいシンプルな表現で、「今から私がしゃべることはだいたいこんな話です」というイメージが参加者の頭に入るようなPDFづくりを心がけましょう。

シンプルなページの有効活用

これまでに書いた通り、文字が少ないページにしていくことは基本ですが、**どうしても文字情報が多いページがつづいてしまう**ことはあります。そういうときは、**「ではどうすればいいのか？」などとだけ書いたページを入れたり、ほぼイラストだけのページを1つ入れたりする**などして文字の量やサイズでメリハリを付けると参加者の注意を引くことができるはずです（図3.1.5）。

▲**図3.1.5：**パッと見ると意味がないページに見えるが、意外とメリハリを付けるために役立つ

「これで終わり」とわかる最終ページをつくる

筆者vinsはだいたいPDFの最後のページを赤い太字で「ありがとうございました！」だけが書いてあるなど、**明らかにこれで終わったとわかるような形**にしています。参加者の方が反応しやすくなり、自分でも「最後までやりきった」という感覚が強くなるのでオススメです。

トークイベントのネタ出しについて

筆者vinsはあまりトークイベントをやりませんが、よいトークイベントを見て感じたことや、トークイベントをするイベンターの方にインタビューしているときに気付いたポイントなどを示します。

他のclusterのイベントに参加したときの話題はつかいやすい

トークイベントもまたイベントですから、聞きに来てくれた参加者もイベントに色々と参加している人であることが多いです。有名イベント、大型イベントに参加したときの**「こんなことがあったね」「あのイベントのここが面白かった」「あのイベントのとき、私は隅っこでこんなことをしていた」「去年はこんなイベントがあったね」**といった話は参加者の共感を呼ぶ上で安定したネタとなります（図3.1.6）。

▲**図3.1.6：**大規模なイベントは参加している人も多く、色々な人に通じる内容の会話になる。その人が参加していないとしても、どういう中身だったのか聞きたい人は多い

イベント運営のノウハウを知る上でも、こうした話のネタを見つけるためにも、トークイベントをはじめて開く前に**色々なclusterイベントに参加してみるとよい**でしょう。

現実の話とネット上の話をどちらも取りあげる

clusterのイベントなど、ネット上の話が参加者の共感を引き出す基本であるとすれば、現実の世界の話は千差万別であり、だからこそ**イベント主催者の独自性が出る**ところです。スポーツイベント、日々の料理、近くのお店、ちょっとした日常のトラブル、変わった友達、そういう話は高い確率で参加者の関心を得られます。もちろんテーマによってはあまり参加者が興味を持たないものであるかもしれませんから、そういう現実の話の小ネタを色々と用意しておくと話をつなげやすくなるでしょう。

その日一番言いたいテーマを用意しておく

トークイベントは勉強会イベントと違ってその場の流れでどんどんしゃべっていくことが多いと思いますが、それでも**「一番言いたいテーマ」**を用意しておくと構成しやすくなるでしょう。自分のつくったワールドのこと、特に感動した音楽のこと、最近注目しているイベントのこと、何でもかまいません。**「これを言えればとりあえずそこで終わってもいい」**と思うくらいのネタを用意しておけば、途中で思ったよりうまく進まなかったとしても形をつくりやすくなります。

できれば2人でやる

clusterの知り合いでなくともかまわないですから、トークイベントは**1人ではなくしゃべる相手がいるとやりやすくなる**でしょう（図3.1.7）。実際に**家に集まって、1つのマイクで交互にしゃべるような形でも特に問題ありません。**参加者相手に1人でしゃべるよりは、2人でしゃべっているのを聞かせるほうがずっとカンタンです。

なお３人以上でやるのは、初心者のうちはかえってムズかしさが上がるかもしれません。clusterでは**相手の表情や体の細かい動きがわからないため、誰が今しゃべりたいのかわかりにくい**のです。２人ならともかく、３人となると主催者の考えることが増えてしまうかもしれません。

▲**図3.1.7：**てつじんさんの「楽屋裏Radio」は参加者のコメントも見ない、エモートの音でさえもてつじんさんたちには聞こえないという変わったトークイベント（この回のゲストは魔法少女シュネーさん）。てつじんさんのトーク力、ゲストの方の豪華さがあってこそ成立するゆるめの企画かもしれない

共通してつかえるノウハウ

ここで示すのは勉強会・トークイベントのどちらでもつかえる（さらにもっと違うタイプのイベントでもつかえるかもしれない）ノウハウです。

イベントを長くしすぎない

人間の**集中力には限界があります。**しゃべる登壇者もさることながら、話を聞いている参加者もだんだんと疲れてきます。ゆるめのイベントなら長い時間保たせることも可能かもしれませんが、**初心者のうちは30分くらい、慣れてきても可能な限り１時間**くらいでイベントを終わらせるとダレなくてよいでしょう。もちろんそれより短い、15分程度のミニイベントでも全くかまいません。

POINT

clusterでは年々イベント数が増えており、必然的に**開催時間がかぶるイベントも多くなっています。**基本的に開会は20:00や21:00など区切りのよい時間であることが多いですから、**１時間以内で終わらせられれば次のイベントに行ってもらいやすくなる**わけですね。参加者に喜んでもらえるだけでなく、イベンター同士の助け合いでもあります。もちろん、盛り上がっているときはなかなかムズかしい判断となりますが……。

エモートやコメントを歓迎することをアナウンスする

clusterに慣れているユーザーならエモートやコメントをどんどんしてくれることも多いですが、参加者によっては**エモートやコメントをしていいのかどうか迷う人もいます。**それを歓迎することをちゃんと口にして言うことで、参加者の心理的ハードルを下げることができます（図3.1.8）。

▲**図3.1.8**：エモートによる反応は登壇者に勇気を与える

> **POINT**
>
> やってみるとわかりますが、**無反応・無音の中でしゃべりつづけるのはかなりキツいです。**参加者の**エモートやコメントは積極的に受け入れることが登壇者の気持ちの安定にも**つながります。さらに小さめの音でBGMを流すといった工夫も入れるとなおよいですね。

とはいえトークに夢中になっているとコメントを見逃す場面も多くあるかもしれません。頭を必死につかいながらしゃべっていると、普段は気付くようなものでも目に入らなくなることがあります。なので、できるだけ途中で落ち着く場面をつくるなどして、**面白いコメントや要望のコメントを見落とさないようにしましょう。**

Vアイテムにはしっかり反応する

Vアイテムはそれがどのようなものであれ、**ユーザーが自らお金を払って入手したクラスターコインによって買われたもの**です。劇や音楽イベントでパフォーマンス中に投げられたときはともかく、勉強会やトークイベントのときは**投げられたときにはできるだけ反応**するようにしましょう（図3.1.9）。

▲**図3.1.9**：Vアイテムが投げられている様子

なお**「無償の場面なら自由につかっていいが、有償の場面ではつかってはいけないと書いてある素材を使用したイベント」など、Vアイテムを投げてほしくないときはイベントの説明ページにそのことをしっかり書いておく**ようにすべきです。もちろん読まずに投げてしまう人は出るかもしれませんが、何も書いていないよりは誠実な態度といえます。

そしてVアイテムを受け入れているときは、イベント終了時に**「ランキングボード」から名前を読み上げ、Vアイテムを投げてもらったことに感謝**するとよいでしょう（図3.1.10）。多くのイベントで終了前の定番になっており、読み上げと同時に投げてくださった人のところに駆けつけるのもイベントの定番です。

なお、ランキングボードがワールドに設置されていない場合はイベント中にも表示されません。イベントを開くなら、できるだけランキングボードがあるワールドにしましょう。

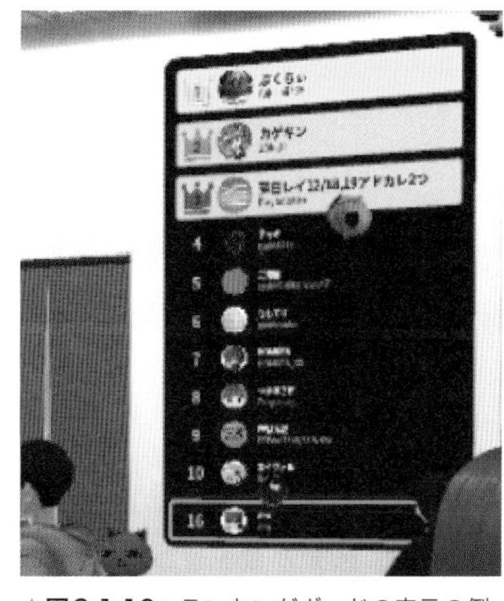

▲**図3.1.10**：ランキングボードの表示の例。最大で10位まで表示される

3-2 てつじんさんに聞くエンタメイベントの発想法と運営

自称「じじい」「ジッジ」こと、てつじんさんはclusterで**エンタメ（エンターテインメント、面白い）**イベントをたくさん主催している方です。以下に示す過去のイベントのトップ絵を見ただけでも、その発想のすごさは伝わってくると思います（図3.2.1）。

▲**図3.2.1**：てつじんさんが開催されてきたイベントの数々

てつじんさんはラップ対決のイベントを開いたり、帰国子女としての英語力を活かして英語曲だけの歌イベントを開いたり様々な活動をされています。しかし、今回は**てつじんさんの魅力が最も伝わるであろうエンタメ系イベントにしぼって発想方法やイベント運営のノウハウ**をうかがいました。

掛け算でつくりだす発想、視聴者を巻き込む仕掛け

てつじんさんはエンタメ系イベントを、シンプルに「**なんか面白そう**」という気持ちでつくるといいます。ただ、もう少しくわしくいうなら、**発想の掛け算**という考え方をすることが多いということです(図3.2.2)。1つひとつではフツーの発想にしか思えなくても、それを掛け合わせることで面白いイベントができるわけですね。

▲**図3.2.2**：てつじんさんが過去に自身のサイトで掲載された画像。右下にある「安価」は「アンカー」のスラングであり、「何かを指定すること」という意味で考えるとよい

例えば(図3.2.2)の左上のイベントを見てください。**「ChatGPT」だけでは流行のAIツールでしかありませんが、「即興寸劇」、つまりAIが書いたストーリーを短い劇**にしてしまうとなると全く変わってきます(図3.2.3)。出演者のドタバタ、必死にAIの不思議なストーリーに合わせようと考える姿、そうして出てきた相手のセリフにどうにか合わせる姿などが頭にすぐ浮かんできますよね。しかもChatGPTに入力する中身はてつじんさんが事前に決めておいたアイデアなどではなく、**他のユーザーがChatGPTに命じてつくったストーリー**です。一体どんな中身になってしまうのか、予測不能なカオスがはじまります。

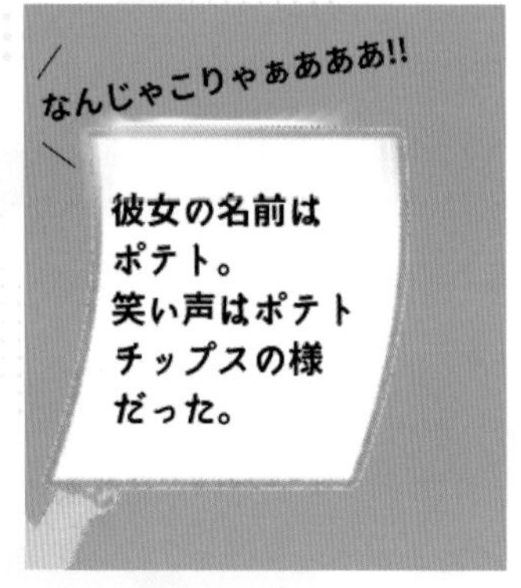

◀**図3.2.3**：ササカマさんというユーザーの方をテーマにChatGPTに書かせた愉快なストーリーが集められた

この**「主催者以外の参加者が決める」というのはてつじんさんのイベントによく出てきます。来場者も参加できるイベントにする、受け身ではない双方向のイベント**にすることはしばしば意識しているそうです。例えば48時間でゲームワールドをつくるというcluster公式イベントの「ClusterGAMEJAM」（図3.2.4）に、**「コメントで参加者が内容を決める」**という要素を加えたのが「爺GameJAM」です（図3.2.5）。筆者vinsも参加しました。私は「音ゲー」「密輸服」「犬神家」というテーマを視聴者のコメントによって与えられ、「踊りながら密輸を試みる人間を音ゲー（音楽ゲーム）のような操作で吹き飛ばし、相手が密輸犯ならスケ○ヨのようにひっくり返る」というゲームを48時間でつくりました……。

©Cluster, InC.

▲**図3.2.4**：こちらはcluster公式のClusterGAMEJAM。筆者vinsも参加した

▲**図3.2.5**：コメントで決まったテーマから、筆者vinsが48時間でつくりあげた謎のゲーム

出演者のアドリブ力や発想力が問われますが、**「ステージの上でただ出演者が事前に決めた面白いことをしている」だけのイベントと比べ、格段にイベントを見に来た人の満足度が上がる**のがこうしたイベントです。てつじんさんのように、事前のネタ募集や当日のコメントをイベントの展開に活用してみてはいかがでしょうか？　2章で解説した、**clusterのアンケート機能**をつかってみるのもいいですね。

また、てつじんさんは**clusterの新機能にヒントを得たイベント**を行ったこともあります。アクセサリー機能、「クラフトアイテム」や「アクセサリー」を他のユーザーに販売する機能などをヒントに、**「仕事始め撲滅運動」**や**「アクセサリーなどTVショッピング」**といったイベントをつくられたわけですね。ただ、「アイテムを販売できるようになったならTVショッピングみたいなことができる」「アクセサリー機能ができたならデモ行進みたいなイベントができる」のような発想にたどりつくには、**ちょっとした「発想のひねり」**が必要なはずです。まして**「TVショッピング風イベントだが、その内容は8割ウソの大喜利**※1**」**だったり**「正月休みが終わるのに反対するデモ行進」**のようなアイデアを出すのはかなりの練習が必要になるでしょう。てつじんさんのようにたくさんのイベントを考えてきた社会人ならともかく、特に若い人の場合、最初は**ChatGPTなどのツールにアイデア出しを手伝ってもらう**のもいいかもしれません。

※1　おおぎり。お題に対して面白い回答を競い合う遊び、余興。

POINT

「仕事始め撲滅運動」（図3.2.6）は正月休みが3日で終わってしまうことに対して抗議をするというデモ行進のパロディのようなイベントでした。このイベントも、**てつじんさんが参加者との双方向性があったと感じたものの1つ**だそうです。**「仕事始め反対ー！」「週休7日制ー！」**のようなコール[※2]を皆でマイクをつかって叫び、やがて参加者が「私もシュプレヒコールを考えた」と前に出てきて面白いコールを叫んでいた姿は「スタッフ」と「参加者」の間の壁をなくしたように感じられました。

▶**図3.2.6**：筆者vinsは「不労」ヘルメットと「ハタラキタクナイ」プラカードをつくった

イベントのための人集めについて

てつじんさんのイベント、特にエンタメ系イベントはほとんどの場合1人ではなく出演者を交えて行われます。そのためには人集めが必要になりますね。

まず当然ながら「この企画なら、**誰を入れると面白い**のかを考える」そうですが、**ここは直感でやる**とのことです。エンタメ系イベントではやはり勢いや直感も大事ということですね。基本はてつじんさんの知り合いから参加者を考えていくものの、なかなか思い当たらない場合は紹介してもらうこともあるそうです。そして、イベントの成功を考えて人集めをするのと同時に、**「新しい人のつながりをつくれたら嬉しい」**という部分を意識している面もあるとのこと（図3.2.7）。

▲**図3.2.7**：てつじんさんはこのように何人も出演者がいる大規模イベントを開くこともある

確かに「**○○さんと××さんが同じイベントに出たことで、その後○○さんのイベントに××さんがゲスト出演**する流れができた」のような展開はclusterでよく見かけます。筆者vinsも、自分で単独イベントを開いたことはあったものの、上記の「爺GameJAM」まで他の方のイベントに出演したことはありませんでした。しかし「爺GameJAM」に出て以降、他の方のイベントに出演者として招待いただいたり、私のイベントに他の方を呼んだりというケースが少しずつ出てきました。

※2　いわゆるシュプレヒコール、デモ行進で先導するリーダーが言った言葉を全員が大声でくり返す。

POINT

「イベントを開きたいが、なかなかムズかしい」と思う方はまず**他の方のイベントに出演者として出るチャンスを探ったり、あるいは「警備員」「カメラマン」「会場案内」などのスタッフ担当**から入ってみたりするのもありかもしれません。大きなイベントになればなるほど、「カンタンな作業だけど、誰かに任せたほうが絶対にイベントのクオリティアップにつながる」という仕事があるものです。そこにスタッフとして食い込む手もあります。

また、てつじんさんは過去に一切関わっていない人をイベントに誘うときは、「**企画の趣旨・詳細・そしてなぜその人を選んだのか**」をしっかり伝え、丁寧なメッセージを送っているそうです。そうして相手が面白いと思ってくれたら、かなりの確率で企画に乗ってくれるとのこと。

イベントのスケジュールの考え方

（図3.2.8）の画像が、**実際にてつじんさんがイベントでつかわれたスケジュール**の例です（「1-1 clusterのイベント紹介」のページでも紹介した**激辛MCバトル**）。何にどれくらいの時間が必要か、そしてどの時点で、誰がどんな動きをする必要があるかが書かれています。これをまとめておけば、出演者の人にてつじんさんがミーティングで説明する手間も少なくなります。そして出演者の人は理解しやすく当日動きやすくなるわけですね。

時間	概要	詳細	てつじん	MC	ひさめれい	かせー
22:00	集合&マイクチェック		スライド表示 BGM	マイク音量チェック ノイズ軽減がついてないかチェック 唐辛子など用意	音量チェック	OBSの音量チェック
22:15	開場	待機		雑談しながら待機	雑談しながら待機	雑談しながら待機
22:30	イベントスタート	自己紹介 企画説明	配信開始	開始と同時にステージに横並び 一言ずつ自己紹介	開始と同時にステージに横並び 一言ずつ自己紹介	配信開始
22:40	第一バトル準備	ビートは2つ じゃんけん 先攻がビート決める 8×3		出番のMCはステージで対面 出番じゃない人は一度ステージから降りる マイク音量半分くらいに下げる	DJ 2つビートを流す	
23:55	第一バトル	唐辛子無しバージョン1回 唐辛子ありバージョン1回		唐辛子かっくらって開始	8×3で流す	
23:10	第二バトル					
23:25	決勝					
23:40	勝者を称える時間					
23:45	ランキングボード紹介					
23:50	告知コーナー			何か告知したい人は、画像を用意しておいてください！		
23:55	記念撮影					
0:00	企画終了					

▲**図3.2.8**：「激辛MCバトル」のスケジュール表より

ただしもう1つ大事なのが、**「あまりきっちりとイベントをやろうとせず、自分も楽しみながらイベントを行う」**ことだそうです。スケジュールをガチガチに決めて進行するよりも、大事なところだけしっかりと押さえ、ゆるめの感じで進めるほうが楽しいイベントになるとのこと。**「ジッジ**[※3]**がゆるい感じでいるので、おそらく出演陣もリラックスしてイベントに臨める（気がする）」**とてつじんさんは言います。

clusterのイベントにトラブルは付きもの。そのトラブルを楽しむくらいでイベントを進めていくためには、**「スケジュールはつくって、皆にわかりやすくする」**「ただし、**ゆるめにリラックス**して進める」くらいがよいのだと思われます。

BGMはイベントの肝

てつじんさんは**「イベントでは内容も大事だが、雰囲気づくりも大事。**雰囲気づくりがうまく行けば、イベントの質はワンランク上がる」と言います。エンタメ系イベントだから企画さえ面白ければいい、ではないわけですね。その中でも、**雰囲気づくりに直結するのがBGM**だということです。

POINT

てつじんさんのイベントは開始するときの定番BGMがあります（図3.2.9）。何度もイベントをやっていく間に、そういうイベントを代表するような音楽ができていくのも面白いポイントの1つですね。

▲**図3.2.9**：この会場で定番BGMが流れ出すと、「ああ、てつじんさんのイベントに来た」と強く感じられる

最低でも**「イベント前⇒イベントスタート⇒企画中⇒エンディング」でつかえるように4曲くらいにはBGMを分けたほうがいい**、とてつじんさんは言います。そのためにはフリー音楽素材のよいサイトを探しておく必要がありますね。

てつじんさんの場合は**「DOVA」**というサイト（図3.2.10）で音楽を探すことが多いとのことです。音楽選びに迷ったら、一度行ってみましょう。

▲**図3.2.10**：「DOVA」のQRコード

※3　節の冒頭でも述べましたが、「ジッジ」「じじい」はてつじんさんの一人称です。

迷惑ユーザーに対する対処方法

残念ながら、**clusterのイベントに迷惑なユーザーが参加することも**あります。前のほうで動きまわって参加者からステージを見づらいようにしたり、「荒らし」コメントを何度もしたり、さわってはいけないボタンを押してしまったり、そのパターンは様々です（図3.2.11）。筆者vinsも、てつじんさんのイベントに参加しているとき、他のユーザーが迷惑行為をしているのを目撃したことは何度かあります。

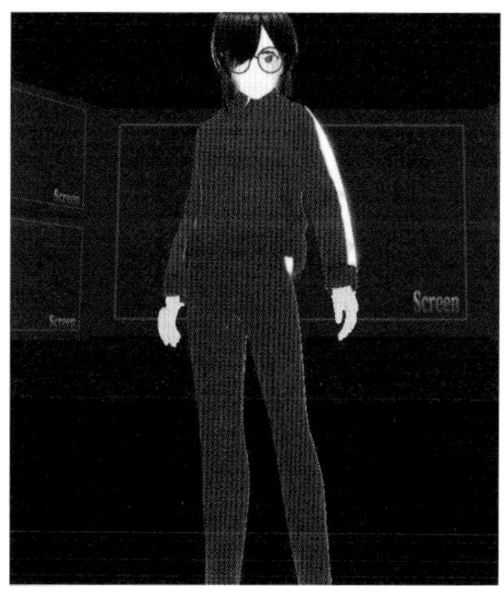

▲**図3.2.11**：大きなアバターをつかった参加者がいるときのイメージ。ステージがよく見えなくなってしまう

こういうとき、**てつじんさんは必ず1回説明をします。攻撃的に説明するのではなく「このイベントを楽しむためには〜」という風に、迷惑行為を取らないでおけばイベントを楽しめる旨を論理的に伝える**のです。

ただし、**聞いてくれなければすぐ退出させます（イベントから「追放」します）**。「迷惑ユーザーが1人いるだけで、イベントの満足度は非常に下がる」とてつじんさんは言いますし、筆者vinsもこれに同意します。てつじんさんの、**「丁寧に論理的にちゃんと1回説明をする」「ただしそれで聞かなければすぐイベント追放」**というのは、イベントを開催される方にぜひ覚えておいてほしいスタイルです。

実際、**「このユーザーは絶対言うことを聞いてくれないだろうな」というレベルの迷惑行為をしているユーザーが、てつじんさんが説明をしたらそれを止めた**というシーンも、筆者vinsは何回か見かけました。外国人ユーザーや初心者もいるのがclusterです。説明をして止めてくれるならそれに越したことはないですから、皆さんもやってみてください。

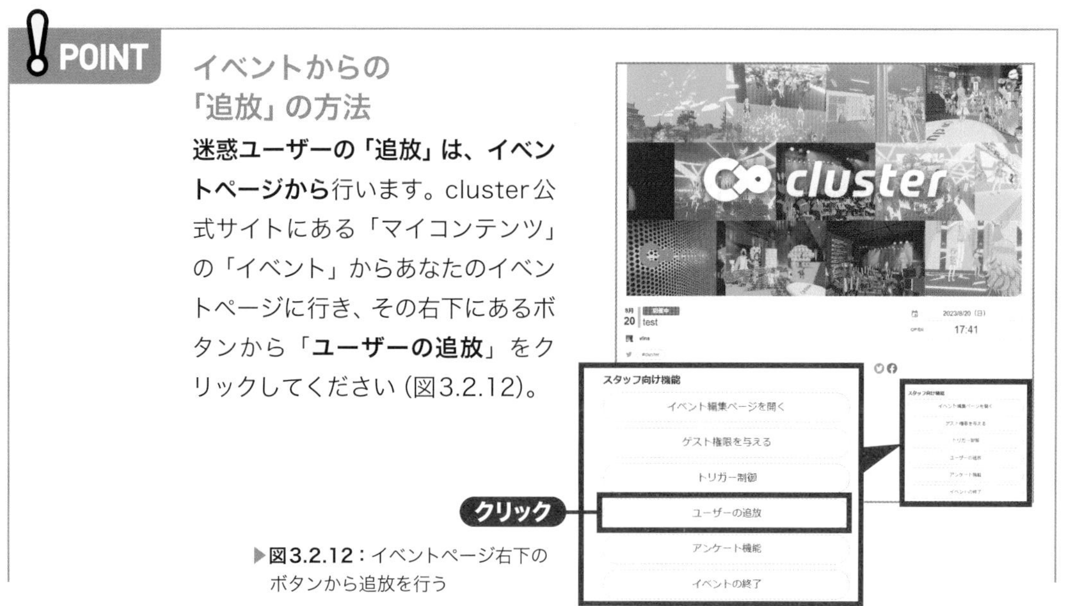

POINT

イベントからの「追放」の方法

迷惑ユーザーの「追放」は、イベントページから行います。cluster公式サイトにある「マイコンテンツ」の「イベント」からあなたのイベントページに行き、その右下にあるボタンから「**ユーザーの追放**」をクリックしてください（図3.2.12）。

▶**図3.2.12**：イベントページ右下のボタンから追放を行う

そして出てきたウィンドウで、ユーザーのIDや表示名を入力します（図3.2.13 ❶）。あとはそのユーザーのアイコンをクリックし❷、出てきたウィンドウで「**追放する**」ボタンをクリックしてください❸。操作ミスした場合は、「追放したユーザー一覧」のユーザーアイコンをクリックすれば追放を解除できます。

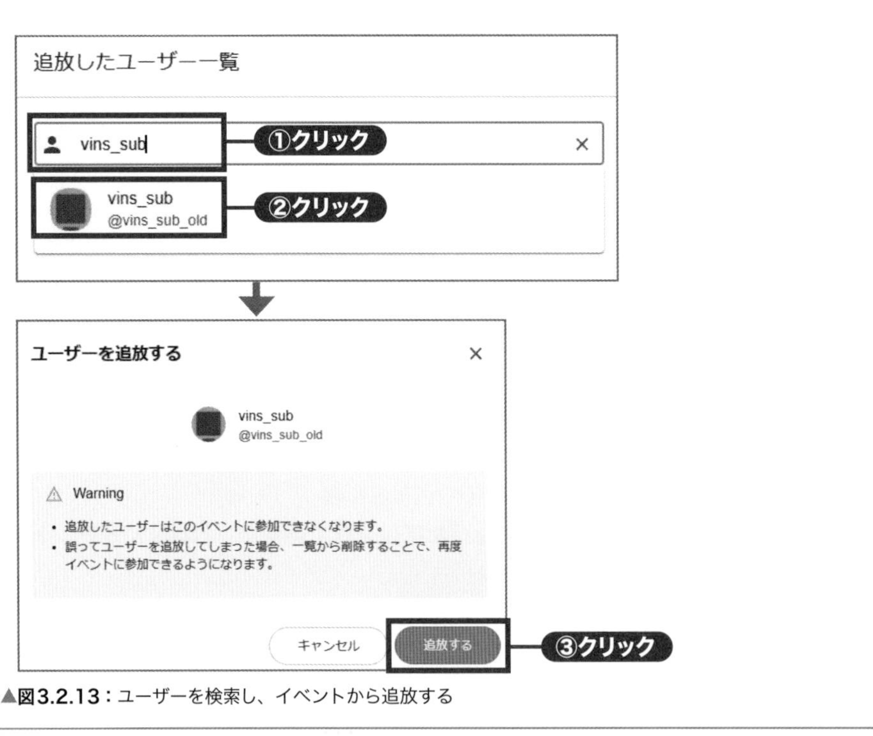

▲**図3.2.13：**ユーザーを検索し、イベントから追放する

エンタメイベントの醍醐味は？

てつじんさんにとってエンタメ系イベントの醍醐味、楽しさは「**自分自身もやっていて楽しいこと**」。**お客さんのコメント・出演陣の行動や発言が面白くて笑ってしまったり、想定外のことが起きてイベントが面白く**なったり、そういう瞬間がとても好きだそうです。

例えば（図3.2.14）は「**サドンデス侍ラジオ**」という企画からの画像※4です。「ボタン」「シャツ」のように**英語などのヨコ文字を言ってしまった瞬間「切腹」で負けになるという面白イベント**。てつじんさんをはじめ出演者の中にも侍や和服のアバターで出演する方が続出し、そのギャップだけでも面白いのに、「**魔法少女シュネー**」さんがまさかの2回の「切腹」に追い込まれ、X（旧Twitter）などの名前を1週間「**しゅねぃ侍**」にして侍言葉で過ごすことに……。

※4　正確には、イベントを**録画した動画をてつじんさんが字幕などを付けて編集したもの**です。イベントはかなり長いものもあるので、**見所を数分にまとめて字幕なども付けるとイベントに来られなかった人へのアピール**にもなります。もちろん、イベントを録画してくれる**カメラマンスタッフの存在も大きい**ですね。

▲**図3.2.14**：上の画像は左からてつじんさん、L*auraさん、うをんさん、魔法少女シュネーさん、えるさん

また「**パートナーになりきれ！ アテレコ選手権**」というイベントも予想外の展開になりました。元々はお客さんからもらったテーマに基づいて、3人でトークをする（ただし、話す人は自分のパートナーになりきってアテレコする）という内容だったはずなのですが、途中から、**全員自分のパートナーになりきるということを止めて好き勝手にアテレコ**をしはじめてしまったのです（図3.2.15）。

- **女性VTuberさんがデュフデュフ言う変なオタクみたいなキャラに**
- **女性アバターをつかう男性になりきったら、ただのオネエキャラに**
- **天使キャラになりきったはずが、てつじんさんを蹴ったりチョークスリーパーをかけたりする暴力天使に**

◀**図3.2.15**：その人の特質をうまくつかんだモノマネのようなアテレコから、だんだん好き放題するアテレコに……うをんさん、L*auraさん、Sha-laさん、えるさん、リーチャ隊長さん、草羽エルさん、愛紅さん、マツリーさん、熊猫土竜さん、この図に出てきている皆さんはあくまで「なりきり」

こうした面白いハプニングも、企画をしっかりと練り、楽しむ姿勢を持ち、イベント運営の経験も豊富なてつじんさんのイベントだからこそ生きてきます。とはいえ**てつじんさんのイベントも、最初は数人しか来ないという状態だった**そうです。てつじんさんのイベントを参考に、あなたもエンタメイベントに挑戦してみませんか？　リアルでの**中高生や大学生の文化祭などにも応用が利きますよ。**

3-3 地域・学校の魅力発信や研究発表のアイデア

地域おこしや学校の魅力発信のためにclusterを利用したいという方は多いと思います。それだけでなく、自分の**研究発表の場**としてつかいたい人もいるでしょう。

ただ、単純に勉強会形式で発表をするよりも踏み込んだ発信・発表の方法はclusterなら色々あると筆者vinsは考えています。この節ではそのアイデアをいくつか示します。

地域の産品を3Dモデルで示す

勉強会イベントのスタイルでスクリーンに「地元にはこんな産品があります」と画像で示すのもよいですが、**メタバースならではの表現**を入れられるとなおよいでしょう。**野菜や果物などのモデル**をワールドに取り入れるだけなら比較的カンタンですし（図3.3.1）、最近では**iPhoneのカメラ機能などをつかって比較的手軽に3Dモデルのスキャンをすることも可能**※5です。3Dスキャンなら**地元の料理や工芸品**など、よりフクザツなものも取り込めます。また近年は、博物館のサイトなどで色々な用途に利用可能な3Dモデルを公開していることもあります。

そういった3Dモデルを配置したワールドでイベントを開けば、YouTubeなどでオンラインセミナーをやっているのとは異なる、メタバースの魅力を前面に出すことができるでしょう。

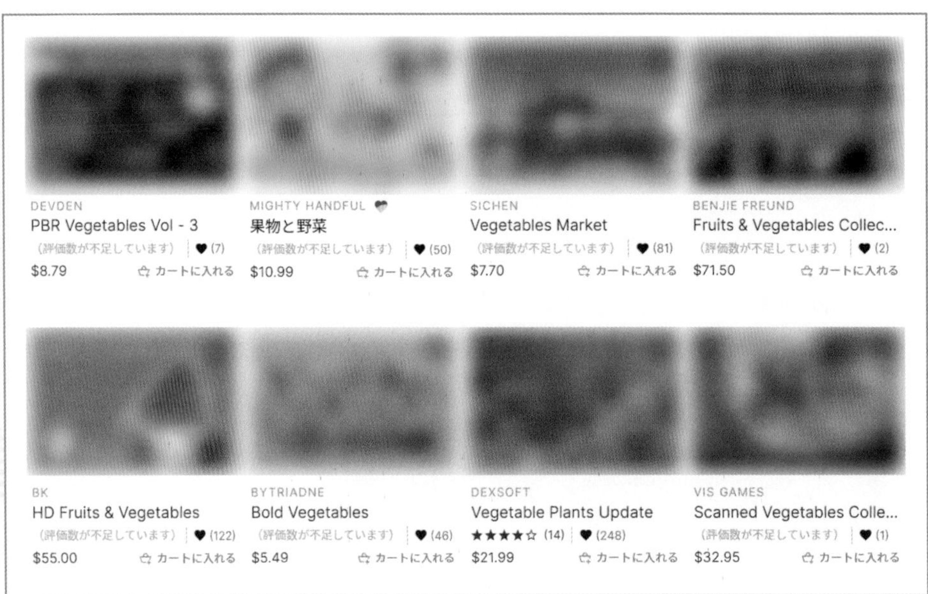

▲**図3.3.1**：Unityアセットストア（https://assetstore.unity.com/）などで3Dモデルは色々と入手可能。ただ、地域の産品の魅力を伝えるならば3Dスキャンをしたり自らモデリングをしたりすることで独自性を出したい

※5　LiDARスキャナを搭載しているiPhone＆iPadで可能。

POINT

本書のサンプルプロジェクトには、**写真を差し替えるだけで丼に入った料理のようなクラフトアイテムを手軽につくれる**データが入っています（図3.3.2）。くわしくは7章を見てください。もちろん、本格的な3Dスキャンでつくるモデルと比べるとシンプルなつくりではありますが……。

▲**図3.3.2**：シンプルなアイテムだが、麺類などはこれでも悪くない

当然、こうした**地域の魅力発信につながるワールドは学校の魅力発信にそのままつかえます。**特に生徒さん・学生さんを巻き込んでつくられたワールドの場合、地元愛を大切にしている学校であることをアピールできるはずです。

地域の地形を再現したワールドでのイベント

現在**PLATEAU（プラトー）という国土交通省主導のプロジェクト**があり、大都市部を中心にかなり精度の高い地形と建物のデータを利用できます。これよりシンプルなデータながら広いエリアをカバーしたものとして、**Google Earthのデータ、国土地理院が配布している日本全国の地形のデータ**などがあります（図3.3.3）。

Unityにこのデータを取り込むのはややレベルが高い作業が必要ですが、地元の地形を再現したワールドに色々説明を加え、そこでイベントを開くのは地域おこしイベントとしてわかりやすいものになるでしょう。

▲**図3.3.3**：それぞれPLATEAU（左）、Google Earth（右）を用いているワールド。右上のQRコードはUnityに街のデータを読み込みclusterで活用するための、PLATEAUによる公式記事

花火をあげたり虹がかかっていたり、少し「盛った」表現のあるワールドにしてしまうのもオススメです。どうしてもリアルの再現には限界がありますから、それよりは**多少「非現実的」「ファンタジー**

的」な方向に仕上げたほうがメタバースワールド・イベントとして魅力的になることが多いと思われます。

もちろん、ワールドクラフト（7章で説明）などで**地域のイメージを簡略化したワールド**をつくってもよいです（図3.3.4)。「このあたりは山だからブロックを配置、このあたりは海だから水タイルを配置」のようにざっくりと地元の地形を再現しつつ、前ページで示したような3Dモデルを「クラフトアイテム」として配置すれば独自性も出せます。

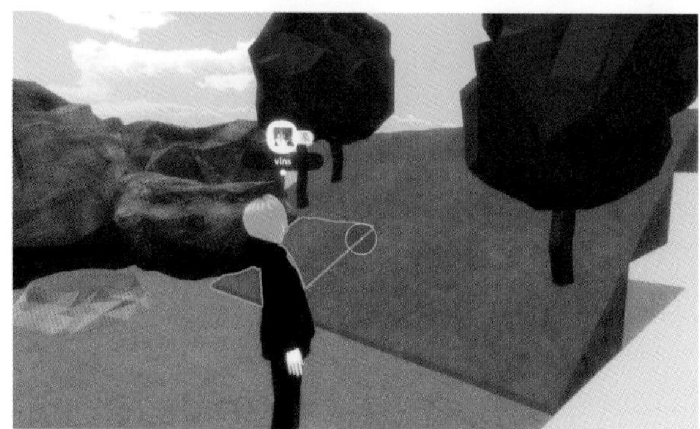

▲**図3.3.4**：ワールドクラフトであれば比較的カンタンにつくれる上、小中学生でもチャレンジできる

POINT

ワールドクラフトでつくったワールドでもイベントを開けます。イベントでつかいやすいように「スクリーン」のアイテムをしっかり配置しておきましょう。

学校を再現したワールドをつかう

学校の教室や校舎を再現するワールドがつくれれば学校の魅力発信に大きな役割を果たすことができます。しかし、学校をつくるのは、ある程度大まかに**地域を再現するのと比較すると格段に難易度が跳ね上がります。**Unityの基本を押さえた上で、様々なサイトから**つかいやすいフリーの3Dモデルなどを集めつつ、ポイントとなる部分は自らBlenderなどのソフトでモデリング**することを求められるでしょう。

とはいえ、絶対に不可能とは言えません。(図3.3.5) は、高校２年生の生徒さんが**「総合的な探究の時間」を用いて自分の通う学校の魅力をアピールするための学校再現ワールド**をclusterでつくった例です。

▲**図3.3.5**：非常に意欲ある高校２年生の生徒（鳥取県の青翔開智中学校・高等学校、K・Mさん）が、自ら通う学校のワールドを作成したハイレベルな例。右写真の制服を着たアバターは、１つ上の代の先輩が全く別の場面で作成したデータの提供を受けている。生徒間の協働の可能性を示していて興味深い

他にも、文化祭のために学校の校舎を再現した事例はいくつか見られます。（図3.3.6）のQRコードからアクセスするとclusterのサイトで「文化祭」というキーワードによる検索を行うことができます。

◀**図3.3.6：**「文化祭」でclusterを検索するQRコード

POINT

上に示している通り、学校についての発信を行うワールドについては**教師や広報の方が先導する形だけでなく、生徒・学生の方が文化祭などでつくっているパターンも多く見受けられます。**こうした取り組みをさらに一歩前に進める形で、そのワールドでイベントを開いてみるような形が発信の形として自然なのかもしれません。

学校の制服などをイメージしたアバターをつくる

現在clusterで、**イベントに来てくれた人に特別なアバターを着て（つかって）もらえるような機能は残念ながら存在していません**（2023年8月現在。cluster公式が運営するイベントでは導入されることもあるが、一般ユーザーは活用できない）。したがって学校の魅力を発信するイベントで来場者に制服体験をしてもらうようなことはできないのですが、**イベントのスタッフが学校の制服に近いアバターをつかっているだけでも雰囲気をわかってもらえます**（図3.3.7）。

またイベントを発信していくときにも、その**アバターの画像をイベントのトップ画像に活用**していくことで現実感が増していくはずです。

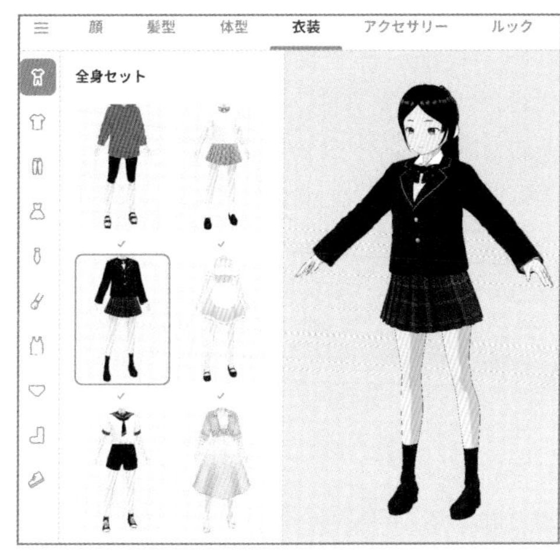

▲**図3.3.7：**アバター作成には定番の「VRoid Studio」がよい。制服のデータは最初から入っているので、そのテクスチャ（画像）を学校の制服に近いものに差し替える。高度な知識はいらないが、画像編集ソフトの知識は必要になる

POINT

取り扱いはややムズかしくなりますが、アバターのデータそのものを学校のサイトなどで配布し、当日そのアバターで来てくださいと来場者にお願いすることも可能です。ただこれは来場者にかなり高いスキルを求めることになるのであまり現実的ではないかもしれません。むしろ現実世界で行う学校説明会のとき、**「clusterでバーチャル○○高校の制服を着てみよう」**とPCやタブレットの端末を操作してもらう体験会を開くほうがよいと思われます。

3Dワールド・モデルを用いた研究の発表

残念ながら、本当の意味で正式な学会がメタバース空間で行われているという事例は「バーチャル学会（vconf.org）」さんなどを除きまだまだ少ないようです。しかし、**研究者の方や学生・大学院生の方がclusterで自分の取り組んでいる研究の知見を自主的に発表**している例は時折見受けられます。また、**研究者同士の学術的な雑談・交流の場**としてつかわれていた例もありました。今後はclusterでより多くの研究発表が行われることを期待します。例えば以下のようなジャンルではきわめて有望となるでしょう。

建築や都市計画を3Dモデル・ワールド化して公開

現代では、建築学を学ぶ場で3Dモデルを活用するのは当たり前の話になってきています。そのモデルをそのままワールドにすれば、**外から見てどうかということだけではなく、アバターとして建物の中に入ったり、都市を歩いたりすることでそのよさ（ときには問題点）を理解しやすくなります。**イベントの形にすることで、研究者や学生だけでなく、多くの一般人がそのワールドに入って感想を示すことも期待できます。

オンライン教育、メタバース教育の説明

メタバース教育がどのように行われているのか知ってもらうためには、そのメタバースのワールドそのものを見てもらうのが一番です。**「ワールドクラフト（7章で説明）」で小中高生がつくったワールドに保護者・教師が入ってみたり、3Dモデルによる教材を示したり、不登校支援などの取り組みがどういった距離感で行われているのかを説明したり**するのは、ただ動画やスライドによるプレゼンテーションをするよりも**実際にclusterで見てもらうほうがずっとわかりやすい**ものになります。

ミクロの世界の化学物質、物理現象などの説明

電子顕微鏡などをつかわないと見えない**ミクロの世界にも、三次元の構造はある**わけです。それをただ**画像として論文で見てもなかなかイメージしづらい**ことはあります。モデリングソフトによってその**三次元構造をそのまま表現し、clusterのワールドに配置すれば様々な角度から確認が可能**です（図3.3.8）。そのワールドでイベントを開けば、物質の構造について主催者が色々な角度から説明を加えることもできます。

▲**図3.3.8**：clusterにも分子などの構造をテーマにしたワールドがいくつかある

CHAPTER

04 音楽系イベントの基本

音楽系イベントはclusterでとても人気があります。比較的ハードルが低い「エアバンド」のイベントから歌イベントまで、音楽イベントの基本となるところを見ていきましょう。ネット上で歌うときには、色々な準備が必要なことがわかるはずです。音楽イベントの開催には様々な疑問があると思います。しかし、求めるレベル別に様々な解決策を提示しますので、安心してください。

4章 CHAPTER 04 音楽系イベントの基本

4-1 clusterにはどんな音楽系イベントがあるか

clusterでイベントを開くときに**音楽系イベントを想定されている方は多いと思います。**純粋に音楽だけをやるイベントでなくとも、**劇イベントの途中にミュージカル**のような場面があったり、**地域紹介のイベントの途中でご当地VTuberの方が歌ったり**、様々な形で音楽は関係してきます。ここではclusterにはどのようなタイプの音楽イベントがあるのか、改めて確認をしていきたいと思います。

歌イベント

歌番組のように**多くの方が参加して順番に歌う**もの、**同じ出演者がステージ上でずっと歌いつづける**もの、さらには**飛び入り参加を歓迎**するものなどがあります（図4.1.1）。同時に歌う人間が1人ならば比較的ハードルは低いですが、それでも**一定の工夫がないとカラオケ音源とマイクの音をぴったり合わせて歌うことはできません。**これについては「4-2 Meta Jack Bandさんに聞くエアバンド「演奏」」や「4-3 熊猫土竜さんに聞く歌イベント」で説明していくので、しっかり読んでください。

▲**図4.1.1：**歌イベントはcluster初心者の方でもイメージしやすく参加しやすい

POINT

clusterでは設定すればイベント来場者の方にもマイクをつかってもらうことが可能ですが、残念ながら「同期」の関係で、**来場者の方と合唱・斉唱をするようなイベントは非現実的**です。皆の声がひどくズレたものになってしまいます。

DJイベント

DJイベント、ダンスミュージックというと縁遠いものに感じる人もいるかもしれませんが、**ノリのよい曲を聞きながらclusterの「エモート」機能で踊ったりサイリウムを振ったりジャンプしたり……といったDJイベントはclusterのイベントの中でも参加のハードルが案外低いもの**です。VR機器を持っている人なら、曲に合わせてさらに激しく個性的に踊ることも可能です。

そして多くのDJイベントでは**曲に合わせてハデな演出が行われます。**このカッコいい演出を見るためにDJイベントに参加される方も多いです。**VR機器でイベントに入ったときの、全方向が光の演出に囲まれている幻想的な光景が忘れられない**という人も数多くいます。

DJイベントについては「5-1 熊猫土竜さんに聞くEJ（エフェクトジョッキー）」「5-2 W@さんに聞くDJイベントの演出」などでくわしく説明します。また本書の**サンプルプロジェクトにはDJイベントなどでつかわれるエフェクトが盛り込まれたサンプルワールドが入っています**から、ぜひDJイベントの雰囲気を味わい、実際にイベントをやってみてください（図4.1.2）。

▲**図4.1.2**：DJイベントにはハデで幻想的な演出が付きもの。また「ワールドクラフト（7章で説明）」でもスクリーンを効果的に活用し、幻想的な動画を流すことでDJイベントを開催されている例がある

音楽セッションイベント

セッション系のイベントはステージ上で**2人以上の出演者が音を合わせてセッションしたり歌に伴奏を付けたり**するイベントです。参加者の目から見ると歌イベントとあまり変わらないかもしれませんが、実はYAMAHAの「**SYNCROOM**」というソフトをつかったり、適切な音楽機器を準備したりと、1人で歌うのに比べてかなりハードルが高いのが音楽セッションイベントなのです（図4.1.3）。

「5-3 Miliaさんに聞く音楽イベントの活用例」でその基本的なところだけは説明しますが、**だいぶ上級者向けなので最初は1人で歌ったり演奏したりするイベントにすることをオススメ**します。

▲**図4.1.3：**clusterで行う2人以上のセッションは、見た目よりはるかに難易度が高い

エアバンド

これは単体でイベントが開かれるというより**歌イベントの参加者の一形態**としてとらえたほうがいいかもしれません。上記のセッションイベントのように見えるものの、実は**リアルタイムで演奏はしておらず、ボーカル1人が歌っている（場合によってはそれも録音）というスタイル**なのが「エアバンド」です。

これだけ聞くと面白くないように見えるかもしれませんが、実際は**エアバンドのパフォーマンスもアバターづくりも奥が深く**、よく練り込まれたエアバンドはとても魅力的です。それでいて**工夫次第で中高生などでも挑戦できるハードルの低さがあります**から、ぜひ「4-2 Meta Jack Bandさんに聞くエアバンド「演奏」」を読んで挑戦してみてください（図4.1.4）。

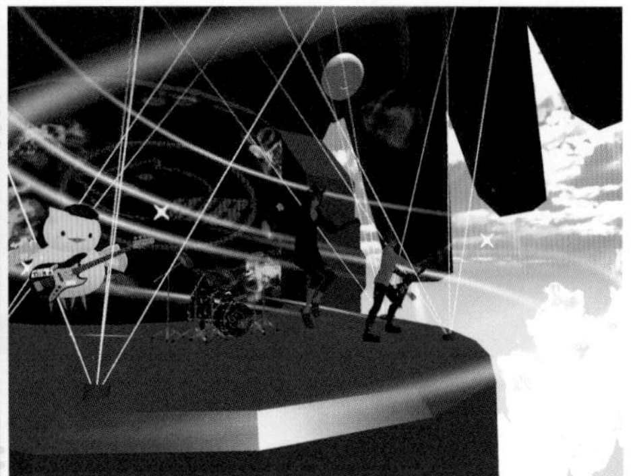

▲**図4.1.4：**Meta Jack Bandさんのパフォーマンスはとても魅力的

clusterでの楽曲使用について

clusterはJASRAC・NexToneと包括契約を行っているため、**カラオケで多くの人が歌うような曲をイベント・ワールド内で使用することが可能**です。オリジナル曲でなくてもよく、カバー曲でもイベントでつかえるというのはclusterの大きな魅力の1つでしょう。

ただし、**「CD音源など公式のアーティストさんが歌ったり演奏したりしたものをそのまま流す」ことはできません。**誰かがカバーしたフリー音源をつかったり、自分で演奏したり歌ったりする必要があります。さらに曲をつかったあとは「**楽曲申請**」を必ずする必要があります。

具体的に条件などをまとめると、以下のような形になります。

JASRAC・NexTone管理曲のみ	もちろん**個別に許可を取れば他の管理曲もOK**です。元々どこで流してもいい**音楽アセットなども当然OK**です。
「インタラクティブ配信」が許されているもの限定	JASRACやNexToneの検索ページで曲を検索し、出てきたページの「配信」に○が付いているかをチェック。意外と「配信」が×な曲はあります。また、**JASRACとNexToneの両方で検索を行いましょう。**「配信」とそれ以外を違う団体が管理していることもあります。
イベントページから使用報告（曲の使用申請）が必要	配信後に報告が必要です。イベント中、予定になかった曲をつかった場合は事後報告も可能です。
CDなどの音源をそのままつかうのはダメ	CD、音楽配信の楽曲をそのままつかうことはできません。

▲使用楽曲に関するまとめ

あくまで**自分たちで演奏したり歌ったりしたカバー曲**や、誰かが「**フリー音源**としてつかっていい」と公開してくださっているカバー曲をつかえるという形です。

くわしくは右のQRコード（図4.1.5）より、clusterの解説ページを見てみてください。

▲**図4.1.5：**cluster公式「使用楽曲の登録」

以前はイベントでのみJASRAC・NexTone管理曲をつかうことができましたが、今は**ワールドのBGMとしてつかったり、ロビーをはじめとした色々な他人のワールドで「突発ライブ」「路上ライブ」をするときにつかったり**することも可能になっています（図4.1.6）。もちろんその場合も「**使用報告**」は必要ですから、上記QRコードのリンク先に書いてある説明をよく読んでください。

▲**図4.1.6：**2023年8月にリニューアルされたロビーにはステージがいくつかあり、よく突発ライブが行われている

4-2 Meta Jack Bandさんに聞くエアバンド「演奏」

clusterで行われる音楽イベントは数々ありますが、**やり方さえしっかり考えれば初心者でも挑戦できるのがエアバンドです。**エアバンド、つまり実際に演奏をするのではなく、**すでに行われた演奏に合わせて楽器を演奏する迫真の演技を行い、（多くの場合は）ボーカルの人がそこに歌を合わせていきます。**

カンタンなようで奥が深いエアバンド。**clusterでやるならアバターなど一定の準備が必要です。**今回はclusterでエアバンドとして活動されているMeta Jack Band（MJB）の皆さんにお話をうかがいました（図4.2.1）。

▲**図4.2.1**：Meta Jack Bandさんのメンバーは4名

メンバーの皆さんについて

お名前	YoshiRockさん	Yammy.さん	sayakaさん	マツリーさん
担当	ボーカル	ギター	ベース・コーラス	ドラム
経験	バンド経験あり	バンド経験なし	バンド経験あり	バンド経験あり
機材	PC使用、時々VR（その場合「UniMotion」による全身トラッキングも）	VR機器使用（「Haritora」による全身トラッキング）	スマホ使用	VR機器使用（手と頭のみの「3点トラッキング」）

▲**Meta Jack Bandさんのメンバー紹介**

この表のように、つかっている環境なども皆さんで異なり、とても貴重なお話をうかがえました。

YoshiRockさん（ボーカル）

「好きなのは洋楽、邦楽ロック。LINKIN PARK、Nirvana、ACIDMANが好物です、リアルでもsayakaと一緒にライブでバンドボーカル/ギターボーカルやってます」

Yammy.さん（ギター）

「ロック、邦楽など色々聞きます。好きなアーティストはJanne Da Arc、SOUL'd OUTなどです」

sayakaさん（ベース・コーラス）

「邦楽ロック、SPYAIR、UVERworld、L'Arc〜en〜Cielなどをよく聞きます」

▲**図4.2.2：**YoshiRockさんとYammy.さんのツーショット

マツリーさん（ドラム）

「聞くのはソウル、ファンク系ミュージックが多いかも。スティービー・ワンダー、アース・ウィンド・アンド・ファイアー、ジェームス・ブラウン、メイシオ・パーカー、タワー・オブ・パワー、TOTO etc.....」

◀**図4.2.3：**かわいらしいsayakaさんのアバター、実は火を出すこともできる。マツリーさんのアバターはシンバル系の向きなどにこだわりがあるとのこと

エアバンドをはじめたきっかけ

「エアバンド」をメタバースではじめたきっかけは、コロナ禍でなかなかリアルのイベントができなかった時期にあったとのこと。定期的にclusterで行われていた「**META JACK OPEN MIC LIVE（YoShiRockさん主催）**」という飛び入り参加OKの音楽イベントなどで雰囲気が高まり、**Yammy.さんやマツリーさんがイベント中に乱入してきて打ち上げで盛り上がる**などの展開も経て、**元々一緒にバンドをしていたYoshiRockさんとsayakaさんとの4人でエアバンド**をするという話になったそうです（図4.2.4）。命名はYammy.さんとのこと。

◀**図4.2.4：**2022年4月のMETAJACK OPENMIC。この頃は新型コロナウイルスの感染も一定の落ち着きを見せていたとはいえ、リアルの音楽イベントを気軽にするにはまだまだ抵抗感が残っていた時期だった

マツリーさんはメタバースの面白さとして、その場のノリと勢いで一気に物事が進む点を挙げられています。例えば**リアルのライブハウスで「ギター片手に乱入」ならありえるとしても、「ドラムセットをかついで乱入」なんてことはありえません。でもメタバースなら実際にマツリーさんはそれができてしまった**わけです。こういった現実にありえない展開と勢いは、clusterの大きな魅力です。

音楽の選び方

音楽は基本的にボーカルのYoshiRockさんが選ばれるそうですが、そのとき守っているのが「**ギターソロのある曲を選ぶこと**」だそうです（図4.2.5）。どうしてもボーカルが目立ってしまうエアバンドにおいて、ボーカルのYoshiRockさんとコーラス担当のsayakaさんだけではなく、**ギターのYammy. さんの見せどころを必ずつくる**ようにしているわけですね。さらに「**マツリーさんがドラマーとして派手にキメられる場面もある曲**」を意識することも多いそうで、こうした考え方はエアバンドをはじめたい方にとても参考になると思います。またこうした点を気にするだけで、とても「**雰囲気がバンドらしくなる**」ということです。

そして何より、「**今日、もがいたとしても、聞いた人も、やった人も、イベンターに対しても、一歩踏み出せるパワーを与えられる**」ような勢いのある曲を選ぶのがYoshiRockさんの考え方ということでした（図4.2.6）。これはリアルバンドをするときも変わらないそうです。

▲**図4.2.5：**激しく演奏するMJBの皆さん

▲**図4.2.6：**YoshiRockさんの曲の選び方には信念がある

アバターのつくり方について

リアルで「エアバンド」をしている人は楽器を持たずに「持っているフリ」で演奏していることもありますが、メタバースの場合は細かい表現がしづらいこともあり、楽器を持ったアバターを用意するのは必須です。

この場合、**アバターはVRoid Studioなどで自作し、楽器はBOOTHやUnity Assetストアなどで購入したものをUnityに読み込んで持たせる**というパターンが基本となります（図4.2.7）。MJBでも2人の方がそうしていらっしゃいました。つまりUnityでの作業が必要になります。

▲**図4.2.7：**UniVRMというツールをつかうことで、UnityにVRoid Studioなどでつくったアバターを読み込んだり書き出したりできる

ただ、今のclusterには**「アクセサリー」**機能があり（7章でくわしく説明します）、アクセサリーストアではギター・ベースなどが売られています（図4.2.8）。これらを買い、アバターに持たせるだけで**「楽器を持ったアバター」に近いものを表現することが可能**です。

▲**図4.2.8：**アクセサリーストアはギターだけでもかなりの数が。「試着」できるのも嬉しい

> **POINT**
>
> ただし、ギターやベースのデザインはアクセサリーストアで入手したそのままでつかうことになります。バンドのロゴを入れたり色を変えたりといった**カスタマイズをするなら、やはりUnityをつかうしかありません。**

なお、**VRでやるなら手に楽器アクセサリーを持たせたほうがよく、PCやスマホでやるならお腹のあたりに傾けて付けておくのが無難**でしょう。PCやスマホの「手を動かす機能」は操作がムズかしいため、**お腹のあたりに固定しておいて両手を動かし演奏しているように見せるほうがうまくいきます。**

また同様の理由で、PCやスマホの場合は（図4.2.8）の筆者vinsのようなアバターよりも、**ミニキャラのような（頭身の低い）アバターのほうがそれらしく見えることも多いです（図4.2.9）。手を動かしているだけでも愛らしさが**出てきます。

▶**図4.2.9**：マツリーさんはこのような可愛らしいアバターでイベントに出たこともある

ドラムの問題を解決するカンタンな方法

ギターやベースは「アクセサリーストア」で買えばどうにかなるとして、ドラムは「ドラムスティック」しか売っていません。マツリーさんがイベントでつかっていらっしゃるような、**動きに合わせてシンバル系がふるえるなどリアルに見えるドラマーアバターはどうしてもUnityをつかう必要があります。**しかも、ただギターやベースを持たせるよりも**シンバルの動きなどを表現するために高度な知識が必要となります**（図4.2.10）。

ですが、ただドラムがあってそれを叩ければいいというのであれば、よい解決策があることをマツリーさんに教えていただきました。**「ワールドクラフト（7章で説明します）」のドラムセットをつかい、ワールド内に置いておけばいい**のです（図4.2.11）。

▲**図4.2.10**：マツリーさんのドラマーアバターはちゃんとシンバル系がふるえる機能がある

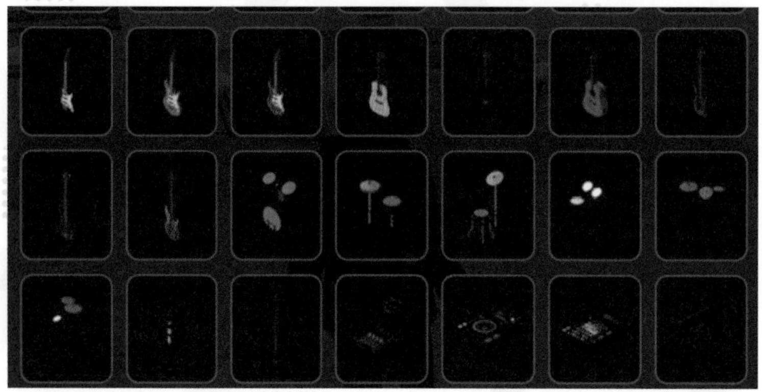

◀**図4.2.11**：ワールドクラフトには色々なパーツに分かれたドラムセットが最初から無料で入っている

ギターやベースはアクセサリーで、ドラムはワールド内設置で。このような柔軟な発想を持つことが、エアバンドをはじめるときのハードルを下げるのに大事なことです。

POINT

ドラムスティックもワールドクラフトのアイテムにありますが、これは**ギターやベースと同じように「アクセサリーストア」で買ったほうがよい**です（1本買えば両手に持たせられます）。clusterの場合、**アクセサリーはぴったりとアバターに付いて動いてくれますが、そのアバターが持ったアイテムは他の人から見るとやや遅れて動きます**（図4.2.12、いわゆる「同期」の問題）。ドラム演奏をキビキビとした形で見せるには、アイテムではなくアクセサリーでドラムスティックを用意したほうがいいのです（これもマツリーさんに教えてもらいました）。

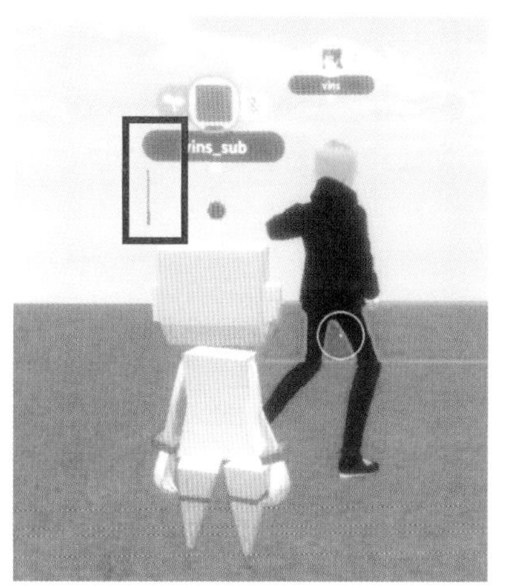

▲**図4.2.12**：ドラムスティックアイテムは自分から見ると問題ないが、他人から見ると遅れて見えることがある。移動中のvinsの持ったドラムスティックが、はるか左にある

とはいえ、**自分が主催のイベントでなければこの手法はつかいづらくなります。**もしイベントの主催者がUnityでワールドをつくられている場合、ワールドクラフトのアイテムは置けませんから、BOOTHなどのサイトでドラムアセットを買っておいてもらう必要が出てきます。

やはり**突き詰めるとマツリーさんのようにUnityでドラマーアバターを用意するのが最善**です。ここでは、すべてを解説すると相当のボリュームになるため、マツリーさんに教えていただいたポイントをいくつか紹介します。

配置するのはアバターの「直下」

BOOTHなどで入手した**ドラムアセットを配置するのは、アバターの「直下」**です（図4.2.13）。マツリーさんは最初腰にドラムを付けたところ、自分が動いたとき「床の下にドラムの下部がしずみこむ」アバターになってしまったとのこと。シンプルにアバターの「直下」に置きましょう。

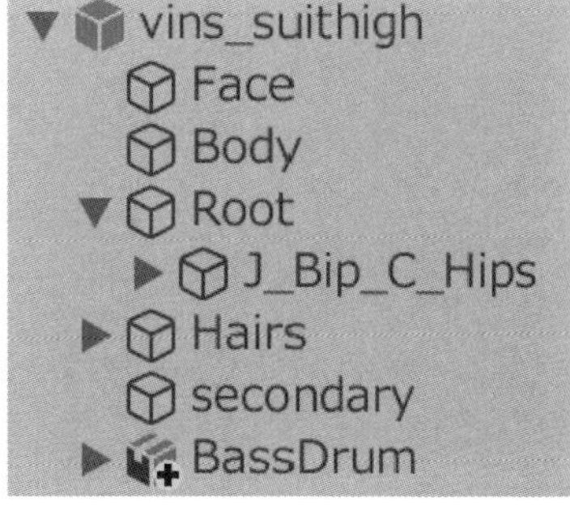

◀**図4.2.13**：このようにアバターの「直下」に配置。Rootの子にあるJ_Bip_C_Hipsなどにつけないようにする。Unityでの「親子関係」の操作方法は前作『メタバースワールド作成入門（翔泳社）』を参照

シンバル系などの位置をうまく調整

マツリーさんのアバター（図4.2.10）を見ると、**シンバル系などは微妙に角度がついています。**買ったばかりのドラム素材はこれが平らになっていることも多く、**現実世界でもドラムを叩くマツリーさんにとっては「リアルじゃない」と感じられた**とのこと。また、そもそも**VRでコントローラーを動かしたとき、ドラムスティックがドラムのパーツに届かなければ不自然に見えます。**PCやスマホで操作するなら元々手を動かせる範囲に限界もあるためあまりこだわっても仕方ないかもしれませんが、VRでやるならしっかりとドラムパーツの位置を調整したほうがよいアバターになるそうです。

シンバル系のふるえ設定

マツリーさんが買ったのはVRChat用の素材で、VRChatなら調整しなくともシンバル系が動くものの、clusterではそのままだと動かないものでした。そのため「**VRMSpringBone**」というコンポーネント（部品）を1つひとつ付け、ゆれ方も設定していったそうです（図4.2.14）。

ただ、この設定をするには**Unityの知識が必要**なので、まずは「シンバルがゆれない」ドラマーアバターからスタートしてもよいでしょう。

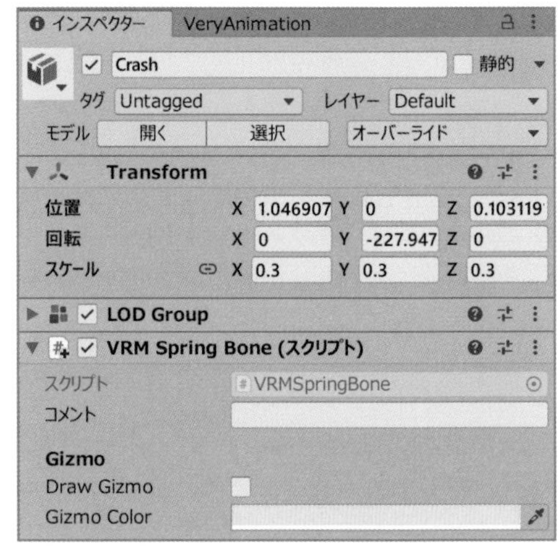

▲**図4.2.14**：ドラムのパーツをゆらすのは「VRMSpringBone」など、より高度な知識が必要

POINT

マツリーさんのアバターは時々イベントで跳びはねることがあります。**人間がドラムごと跳ぶなどというのはリアルではありえないわけです。しかし、筆者がclusterイベントでその動きを見たときその動きのダイナミックさはとても魅力的に感じられました。**マツリーさんに聞くと、最初は「勢いのあまりの操作ミス」でやってしまったということですが、叩くのがムズかしい曲だったり、**通信環境があまりよくなくてカクカクしているときなどは大胆に叩いたりジャンプしたりするほうがむしろ自然な動きに見える**とのことです。メタバースでしかありえないドラムのジャンプパフォーマンス、あなたも曲の盛り上がりのところでやってみてはいかがでしょうか。

メタバースの音楽イベントの盛り上げ方

YoshiRockさんはメタバースの音楽イベントで、参加者に色々な動きをしてもらうのをよくやるそうです（図4.2.15）。その中でも基本は跳ぶことで、**「ジャンプ！ ジャンプ！」とYoshiRockさんが**

煽っているのをMJBさんの曲のサビでよく耳にします。clusterでPC・スマホ・VRのどれで入っていても一番やりやすく、勢いあるのがジャンプの動作だからですね。

この他にも**「エモート」で手拍子（拍手）をしてもらったり（図4.2.16）、サイリウムを振ってもらったり、手を左右に振ってもらったり、**clusterの機能をつかって参加者に色々動いてもらうようにYoshiRockさんは煽っていきます。

もちろん盛り上げ上手で熱っぽく歌うYoshiRockさんのマイクパフォーマンス、さらにバンドメンバーの迫真の演奏があってこそではありますが、**皆さんもまずはみんなにジャンプしてもらうところからはじめてはいかがでしょうか。**

▲**図4.2.15：**clusterイベントで盛り上がっている例

▲**図4.2.16：**参加者が拍手エモートを出すだけでも、意外と手拍子をしているように感じられる

ボーカルの音の出し方

実はエアバンドで一番ムズかしいかもしれないのが、ボーカルの音の出し方です※1。PCにマイクをつなぎ、会場に「ファイルの共有」からカラオケ音源を流すだけでいいと思うかもしれませんが、それでは音ズレがひどいことになってしまいます（図4.2.17）。**あなたのPCではピッタリ合っているように聞こえても、会場に流したカラオケ音源とあなたのマイクの音はかなりズレている**のです。一度知り合いに「限定イベント」の会場に入ってもらい、互いにどう聞こえるか確認してみるとどれだけズレているか理解しやすいでしょう。

なお、**スマホからは「ファイルの共有」で音楽を流せない**ことに注意してください。

では、どうすればいいのでしょうか。カンタンなものから機材が必要なものまで色々解決方法はあります。

▲**図4.2.17：**2章で確認したように会場に音楽を流すことはできるが、その音とあなたのマイクの音はかなりズレてしまう

※1　オーディオ機器に関する説明は33P、102P、143P、147P、150P、172Pなどで少しずつ行っています。

POINT

なお、どの手法をつかう場合も、イベントでステージに上がる人は「音量の自動調整」と「ノイズの抑制」を設定画面のサウンドのところから切っておきましょう。3章でも説明した通り、音が不自然に小さくなることがあります（図4.2.18）。

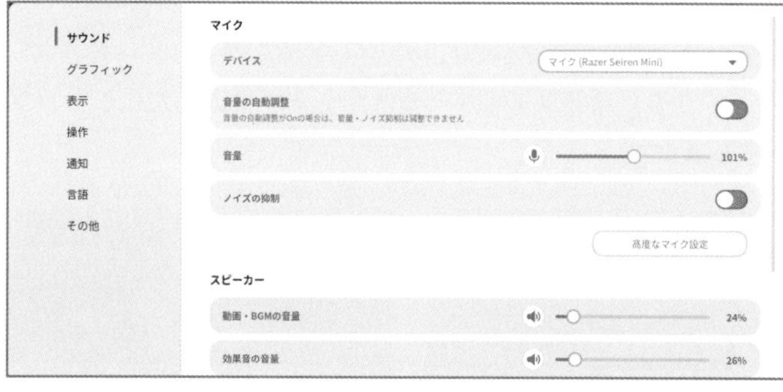

◀**図4.2.18**：再確認となるが、音量の自動調整、ノイズの抑制は切る

事前にボーカルも録音しておく

最もシンプルなやり方の1つです。**事前にカラオケ音源と合わせてボーカルの歌を録音しておき、イベント当日は歌わずに「ファイルの共有」からボーカル入りの曲を流します。**リアルのイベントで考えるなら「口パク」、マイクの前で歌っているふりをするということですね。一度きりのイベントならではの**ライブ感がなくなってしまいますが、何度でも録音をやり直せる**というのは初心者にとって大きなメリットです。

POINT

PCでカラオケ音源とマイクの音をリアルタイムで合わせる方法がわからない場合も、「**Audacity**」などの音声ソフトを利用することで合成が可能です。そうしたソフトは歌を録音するのにつかうこともできます（「4-4　「歌う」ための機器・設定の整理」でくわしく説明します）。

なお、この方法でやる場合、うっかり**音源から声が出ているときにマイクからしゃべらないようにしましょう。**

マイクの近くからスマホなどで音源を流す

これもシンプルなやり方です。ボーカルの人はPCでログインしたあと、**スマホなどをマイクの近くに置いてそこからカラオケ音源を流し、合わせて歌います（図4.2.19）。**気軽にはじめたい場合は、**スマホ用のイヤホンマイクやヘッドセットが活用できます。**有線接続タイプのほうが遅延は少なくてよいですが、マイク入力端子がないノートパソコンなどの場合は、無線接続のイヤホンマイクなどでもよいでしょう。

▲**図4.2.19**：マイクの近くにスマホなどを置き、音源を流す力技

マイク入力端子があるPCの場合は、そこに対応した機器を有線接続してください。

最大の問題は音質。マイクとスマホの距離だけで音量が変わってしまいますし、**ノイズの多い荒れた音質**になることは避けられません。とはいえ**事前録音にないライブ感は確保できます**し、参加者には音源の音質が荒れ気味なことを説明しておけばアリでしょう。特に中高生の人や学生さんなどの場合、**高価な機器（次の項に登場するAG03など）を買うお金がないからマイクの近くで音源を鳴らす荒技でやっている、といったことを正直に言えばclusterのユーザーは温かく受け入れてくれるはずです。**

なおVRの場合は外部マイクと併用するのがムズかしいので、このシンプルなやり方を採用する場合はPCでログインするのがいいと思われます。

オーディオインターフェース（AG03など）をつかう

YoshiRockさんをはじめ、clusterなどのメタバース、さらにはYouTubeなどの音楽配信で多くの人がつかっているのがこの方法です。YAMAHAのAG03[※2]などの「オーディオインターフェース」をつかい、それにマイクを差してからPCに接続します（図4.2.20）。YAMAHA AGシリーズは配信に特化し、ミキサーとオーディオインターフェースを一体化させたモデルです。一般的なオーディオインターフェースには主に入出力ポートしかなく、ミックス操作にはアナログミキサーを別に用意したり、オーディオインターフェース専用のコントロールソフト上でする必要があるのですが、AGシリーズはこれを1台で完結させ、本体ツマミやスライダーでミックスのコントロールができます。あわただしい配信中にシンプルで直感的な操作ができるので、配信ツールの定番になっています。

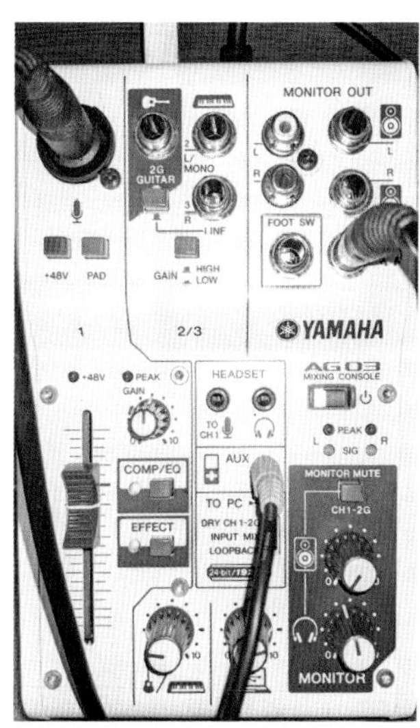

▲ **図4.2.20**：YAMAHAのAG03。5章でも解説

さらにPCで再生中の音を同じPCで録音（配信）可能にする「ループバック」機能をつかえば、**あなたがイヤホン・ヘッドホンなどから聞いているカラオケ音源にぴったり合わせる形でclusterのイベント会場にあなたの歌を送れます。**

この方法の**欠点はお金がかかること**です。AG03とその後継機器の場合、中古などを視野に入れても1万円、新品ならば2万円ほどかかることは覚悟しておきましょう（2023年8月現在）。一方で**マイクにリバーブをかけられたり、ギターやベースをつなぐ端子も付いていたり**、他の方法にはないメリットもあります。中高生や大学生の場合はいきなりAG03を買うのはムズかしいかもしれませんが、音楽イベントに慣れてきたら狙ってみるとよいでしょう。

POINT

YoshiRockさんはイベントのときはsayakaさんと現実世界で同じ部屋にいて、AG03からさらにもう1つの「ミキサー」を接続して2本のマイクをつないでいるそうです。これはボーカルとsayakaさんのコーラスを合わせるためのやや高度な手法ですね。

※2　現在AG03は生産終了しており、その後継にあたるAG03MK2 Live Streaming Mixerが発売されています。

POINT

もっと安いオーディオインターフェースもありますが、たいてい内蔵マイクプリアンプの質が悪く音割れすることもあります。オーディオインターフェースは最低限2イン/2アウト（これでステレオになります）さえあれば、追加でミキサーをそろえればいいのですが、最初から配信用にそろえるなら、多少奮発してAGシリーズのようなミキサー一体型オーディオインターフェースを購入する方が、接続がシンプルになるのでおすすめです。

メタバースイベントならではの魅力

メタバースイベントでは、「バンド」っぽいことをリアルよりもはるかに小さい努力で実現できるのが面白いとMJBの方たちは言います。そもそもライブに出ること自体が数万円の楽器の用意、練習、スタジオの確保、「ハウス」への申し込み、知り合いなどにチケットを売る「チケットノルマ」をこなし……といったかなりの労力を必要とします。それを**家にいながら、しかも無料でイベントを開ける**というハードルの低さはとても素晴らしいものです。

さらにはロゴをつくったりMV（ミュージックビデオ）をつくったりしてくれる人に知り合えることも多いという、リアルのイベントにない強みもあると言います。MJBさんは**雑誌風のパロディ画像**をつくられたこともあるそうです（図4.2.21）。

▲図4.2.21：MJBさんがつくられた雑誌画像のパロディ

また、今のclusterは**アクセサリーなどを売ることができますから（7章で説明）、タオルやリストバンドなど「バンドグッズ」の「物販」をすることもできます。**リアルのバンドならばつくるだけでも原価や労力がかかることが、clusterではかなりカンタンに実現できるわけです。売れる・売れないに関係なく、「待合場のちっちゃいテーブルでCDとチラシとか売りながら『おねがいしまーす』みたいな雰囲気」を楽しめるのがいいとマツリーさんは言います。

▲図4.2.22：飛び入り参加ができるMeta Jack Open MIC LIVE。YoShiRockさんが数ヶ月に1回開催されている

さらには他のイベントでMJBさんのイベントを紹介してもらったり、公式イベント「ハロークラスター」で宣伝したり、リアルのイベントと違うタイプのつながりがあるのもよいところだとか。**実際にバンドをやった経**

験がある方も、バンドにあこがれるけれども歌えるだけで楽器のメンバーが１人もいないという人も、clusterでの「エアバンド」に挑戦してみませんか？ clusterの様々なイベントの中でも、比較的ハードルが低いものです。「Meta Jack Open MIC LIVE」のような「オープンマイクイベント」があるときに飛び入りで参加して慣れていくのもよいですね（図4.2.22）。

▲**図4.2.23：**2023年６月、イベント前に決起集会（打ち合わせ）をしたときの写真、sayakaさんのお気に入りの一枚とのことです

4-3 熊猫土竜さんに聞く歌イベント

熊猫土竜さん（通称ぱんもぐさん）は**DJイベントや歌イベント**などを何度も開催されてきたイベンターさんで、**自ら歌ったり、エンタメ系イベントの出演者をされたり**することもある多才な方です（図4.3.1）。5章ではDJイベントについてうかがいますが、まずこの節では**歌イベントで歌ったり、主催したり**することについてのお話をうかがいます。

▲**図4.3.1：**熊猫土竜さんは歌イベントを主催されたり、自ら歌ったりされている

熊猫土竜さんが歌いはじめたきっかけ

熊猫土竜さんは元々ワールド制作や写真展・トーク・大喜利などのイベントをされる形からclusterをスタートしており、歌イベントに最初から関わっていらしたわけではありません。きっかけとなったのが、**Dolphiiiinさんの DJイベント「ULTRA HYPER CLUSTER FES」**で「でんこ」さんがDJをされるとき、ゲストで歌ってほしいと頼まれたことでした（図4.3.2）。

元々歌うことに興味はあったものの、むしろイベント中心のメタバースである「VARK」で歌イベントを開くことを考えていらした熊猫土竜さん。VR機器を買われたのも、VARKでつかうことを考えてのことだそうです。当時はclusterよりVARKのほうが歌うハードルが低いように思われたということもあり、実際に月に1〜2回VARKで歌われていたとのこと。

しかし上記のDolphiiiinさんのイベントで歌い、少しあとに**「納涼大盆踊り大会 in cluster」**イベントを開いたことで熊猫土竜さんが本格的にclusterの歌イベントに参加する流れができてきます。

▲**図4.3.2**：若くしてDJイベントやソフト開発に活躍されているDolphiiiinさんのイベント。現在の名前表記は**Dσɿρнιιιιη**

POINT

こちらのイベントは最初の1時間伝統的な音頭を流し、そのあとでアップテンポなDJイベントになるという、通常の盆踊りではなかなかない構成でした（図4.3.3）。またその前半の1時間は、たまたま熊猫土竜さんがclusterで出会った方から『**自分の出身地は実は原発避難地域で10年経っても帰宅できない。盆踊りであれば地元の踊りをやっていただけないだろうか**』という言葉があったことにより**震災復興祈念、東北盆踊りメドレー**が行われました。このとき、とある方の尽力により**東北の自治体から音源の提供を得ることができた**そうです。様々な思いを乗せたイベントをclusterでも開けることの一例であると思います。

◀**図4.3.3**：2021年の「納涼大盆踊り大会 in cluster」は熊猫土竜さんが歌イベントに大きく関わるきっかけとなった

本格的に歌いはじめる熊猫土竜さん

この盆踊りイベントで、熊猫土竜さんは自らの歌を披露されます。**「自分のイベントだから歌ってもいいだろう」と考えたものの、やはり多くのフレンドが来ているイベントで歌うのは緊張したそうです。**「それまで歌うキャラだとは思われていなかった」のも大きかったのだとか。

ただこの時期は「生歌」ではなく、USB接続のマイクをつかって事前録音されたものを曲と合わせて再生されていたとのこと。そこから「4-2 Meta Jack Bandさんに聞くエアバンド「演奏」」でも登場した**AG03を入手され、イベント中にその場で歌われるようになったそうです**※3。

まずはAG03の**「ループバック（LOOPBACK)」**モードをつかい、**パソコンで再生したカラオケ音源をAG03からヘッドホンに流し、AG03に入力したマイクの音と合成してパソコンに戻す（cluster会場に音が流れる）**という方式を採用しました（図4.3.5）。この方式はパソコン1台で完結できる点がよいのですが、**欠点としてcluster会場の音をすべて0にしないといけない**のです。なぜでしょうか。

それは、歌っている途中に観客のエモートなどの音が会場から出されることもありえるからです。その音がパソコンで流れると「ループバック」機能によってAG03にも届き、それがカラオケ音源やマイクの声と合成されて会場に流れ……という形で**エモートなどの音が会場内で多重に響いてしまう**のです。これを避けるために、cluster会場から聞こえてくる音はclusterアプリの設定から切らないといけません。

しかしせっかく**観客がエモートを出してくれたのに音が聞こえないのは盛り上がりに欠けます**し、何より問題なのは**他の参加者やスタッフからのボイスも聞こえない**というところです（図4.3.6）。**トラブルを知らせるボイスはもちろん、MCの方とのかけ合い、オープンマイクのイベントでの観客からの声**などもすべて聞くことができません。

▲**図4.3.4：**自らつくられたワールド、「想月亭」でのイベントで歌われる熊猫土竜さん

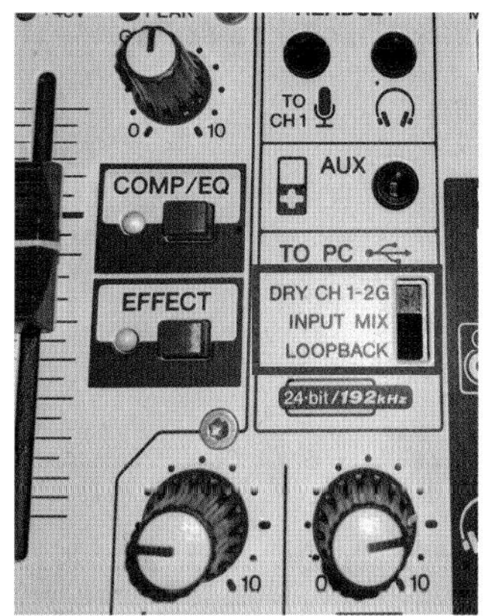

▲**図4.3.5：**AG03を「ループバック」モードにした例。パソコンで鳴った音がAG03に入り、マイクの音を合成してパソコンに戻す（そして会場に流れる）。手軽だが本文に書いたように欠点も

▲**図4.3.6：**イベント中は出演者同士の声を聞きたいことが多い

※3　オーディオ機器に関する説明は33P、102P、137P、147P、150P、172Pなどで少しずつ行っています。

やがて熊猫土竜さんは**別のデスクトップPCをcluster操作用に用意し、元々つかっていたノートPCからAG03にカラオケ音源を流す**という方式に変更します。これなら「ループバック」機能をつかわず、通常の「INPUT MIX」モードで歌うことができるので**エモートや他のスタッフからのボイスなども問題なく受け取れます。**

POINT

再生用に用意するのは有線でマイクやイヤホンをつなげるスマホなどでもかまいません。安定してカラオケ音源を流せるものなら何でもOKです（変換ケーブルが必要な場合もあります）。スマホやノートPCからAG03に接続するには、**「ステレオミニプラグ」**のコードをつかうとラクでよいでしょう（図4.3.7）。イヤホンや安価なマイクでおなじみの、よくあるプラグが両端に付いたコードです。ここでまとめましょう。AGシリーズでは、PCと接続したときの動作を**「INPUT MIX」**と**「LOOPBACK」**で切りかえることができます。**「INPUT MIX」**はミキサーの音をPCに入力するという一般的な接続で、**「LOOPBACK」**はPCの再生音もミックスして入力されるようになります。配信向けの機器に多く搭載されています。

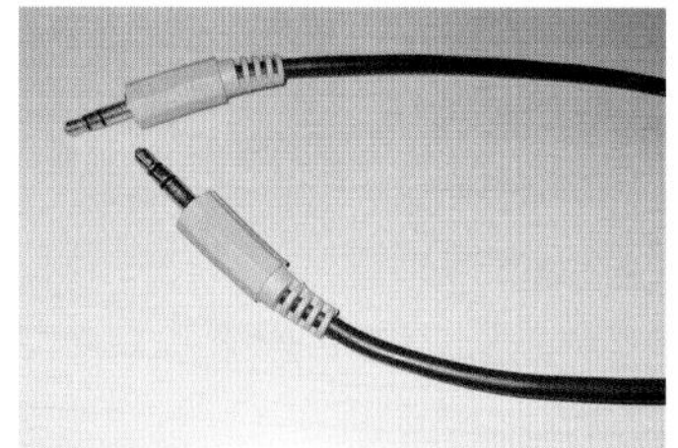

▲**図4.3.7：**ステレオミニプラグのコード。数百円で購入可能

昭和歌謡などを中心に

熊猫土竜さんは「昭和歌謡」などの比較的古めの曲を歌うこともあって、**観客に「曲と出会ってほしい」「こんな曲があるんだ、といった出会いを若い人も感じてくれると嬉しい」**と思っていらっしゃるそうです。とはいえ、あまりにマイナーな曲ではムリも出てくるので、昔の曲であっても有名な曲を中心に歌われるとのことでした。

一番好きなのは中島みゆきさんだそうです。（図4.3.8）のように、**女性の歌を歌われるときには女性アバターをつかわれることも**あります。

また**モノマネもお上手**で（中学生の頃からやっていらしたとのこと）、非常に完成度の高い桑田佳祐さんのモノマネを披露されることも多く、会場はいつも盛り上がります。

▲**図4.3.8：**ときには和装の女性として歌われることも。同じイベントの途中でアバターを変えるのもメタバースの面白さの1つ

音楽イベントの主催者として

熊猫土竜さんは**「想月亭」というワールドを自らつくり**、そこで何度も音楽イベントを主催されています。イベント主催者としてどういった点に気をつかっているかをうかがったところ、**「控室を豪華にしている」**という面白い返答をいただくことができました。

(図4.3.9) は**実際に「想月亭」のスタッフルームを案内していただいた**ときのものです。

歌うのを待っている間、狭く殺風景な場所にいるのではなく、こうした豪華な場所で待つことができるわけです。**熊猫土竜さんが主催者として、出演者の方たちを歓迎しているメッセージ**を伝えられる、何よりの方法だと筆者は思います。

こうした雰囲気もあって、**自然と出演者の方同士のコミュニケーションも生まれます。**他の出演者と会話をしながら待つことにより、それまで交流のなかった方たちの間に交流が生まれることも多いそうです。

▲**図4.3.9**：想月亭のスタッフルーム (右下は正確にはVIPルーム)。当日歌う人は、ここで出番を待つ。なんと控室にお風呂がある

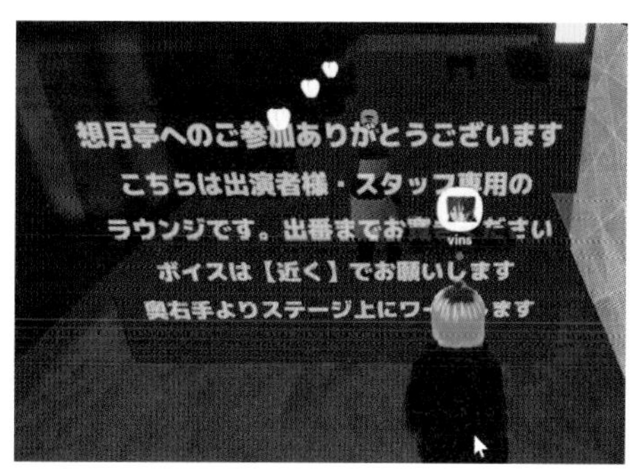

◀**図4.3.10**：スタッフルームに書かれた様々な注意書き

また、(図4.3.10) のような出演者への注意書きもしっかりと置かれています。頭の中ではわかっているつもりでも、緊張しているとトラブルは発生するものです。例えば**ボイスの設定を「近く」にしたままステージで歌ってしまうケースはclusterでしばしば発生しています。**

> **POINT**
>
> 2章で見た通り、イベントのスタッフやゲストは**ボイスの届く範囲を「近く」と「全体」に切りかえられます。**控室で待っているようなときは「近く」にし、ステージに立ったときは「全体」にする必要があるわけです。しかし、歌うときに「近く」にしていると**会場の前のほうに来ていた人にしか歌が届きません。**逆に**控室で「全体」にしていると、雑談が会場全体に**届いてしまいます。

また、熊猫土竜さんは出演者がステージにワープする直前のところにも工夫をされています。「想月亭」の場合は**鏡を置くことで、出演者が自分のアバターをしっかり確認してから出ていくことができます（図4.3.11）。**VR機器でイベントに入っている場合は自分の容姿を確認しづらいので、こうした工夫が出演者の安心につながるわけです。

また、「パリピ銭湯」の場合、熊猫土竜さんはステージにワープする直前のところに「**Good Luck!!**」のメッセージを載せました（図4.3.12）。こういうメッセージが出演直前に見えるだけでも出演者の気持ちが変わってくるはず、という思いが込められています。

▲**図4.3.11：**想月亭のステージに出る直前。注意書きメッセージの他に、鏡も置いてある

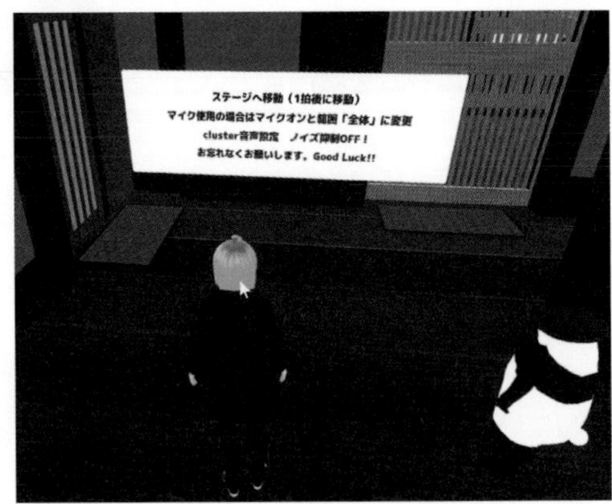

▲**図4.3.12：**出演者がまさにステージにワープしていく場所の直前にあるメッセージ（「パリピ銭湯」のスタッフルームより）

イベント会場の工夫

さらに熊猫土竜さんは、出演者がステージに出たあとで音声トラブルなどに気付いたときのため、「**緊急用ランプ**」を用意しています（図4.3.13）。ステージからでないと見えないこのランプは、クリックするたびに緑と赤の色が入れ替わります。**赤ならば「トラブルが起きているので確認が必要です」という意味**になります。

先ほども説明したボイスが「近く」になっている問題の他、ボイスが全く出ていない、カラオケ音源が出ていないなどの音声トラブルはclusterイベントには付きものであり、しかも**本人はなかなか気付けません。**そうした問題を、ボイスで割り込むのではなく「ランプの色」で表現できるのは大変便利であり、スマートなやり方であると感じました（この節でも述べた通り、AG03を「ループバック」機能でつかっている方などはボイスでは気付けない可能性もあります）。

自ら歌うことも、歌イベントを主催することもされる熊猫土竜さん。**この節で示したようなテクニックや気持ちを胸に、皆さんも歌イベントに参加したり主催したりしてみませんか。**

▲**図4.3.13：**熊猫土竜さんの工夫。ステージからでないと見えない緊急用のランプをスタッフルームから行ける「VIPルーム」の中に用意している

4-4 「歌う」ための機器・設定の整理

4章でここまで見てきたように、**clusterのイベントで「歌う」のには意外なムズかしさがあります**(図4.4.1)。全体をカンタンにおさらいしつつ、改めて確認をしていきましょう※4。

▶**図4.4.1**：clusterで歌うのはカンタンそうに見えて、実はムズかしいところがある

音がズレてしまうやり方・ズレない方法

まず、音がズレてしまうやり方とズレない方法を整理します。

音がズレてしまうやり方
ワールド内に流れているBGMにあわせてマイクで歌う
「ファイルの共有」で音楽・動画ファイルをワールドやイベント内で流しつつ、マイクで歌う
他のユーザーの歌や演奏に合わせ、自分もマイクで歌う

▲音がズレてしまうやり方

これらのやり方では、**自分は合わすことができているように感じていても、ほぼ確実に他の人が聞いたとき音がズレています。**

音がズレにくい方法
事前に録音した歌などを、カラオケ音源や演奏とミックスして保存し、それを「ファイルの共有」で流す
マイクの近くにスマホなどを置いて、そこからカラオケ音源などを流し、同時に歌う (音質には限界があります)
AG03シリーズなどのオーディオインターフェース内でミックスしたあとにclusterに出力する
YAMAHAのソフトSYNCROOMをつかい、遠くの人とセッションする (ASIOドライバ対応の機器も必要)

▲音がズレにくい方法

これらの方法を適切に行えば、clusterで歌ったり演奏したりしてもズレはないか、最小限に抑えられます。

※4　オーディオ機器に関する説明は33P、102P、137P、143P、150P、172Pなどで少しずつ行っています。

事前に録音するときのAudacityのつかい方

まずは事前に録音する方法です。**ライブ感には欠けますが、一番安定**する方法なので初心者はここから入っていくといいでしょう。

Audacityは録音にも編集にもつかえる心強いフリーソフトです。リンク先からダウンロードし（図4.4.2）、インストールしていきましょう。インストールのときは画面に出てくる「次へ」などを押していけばOKです。起動後にも色々なメッセージが出てきますが、「次へ」などを押していってください。

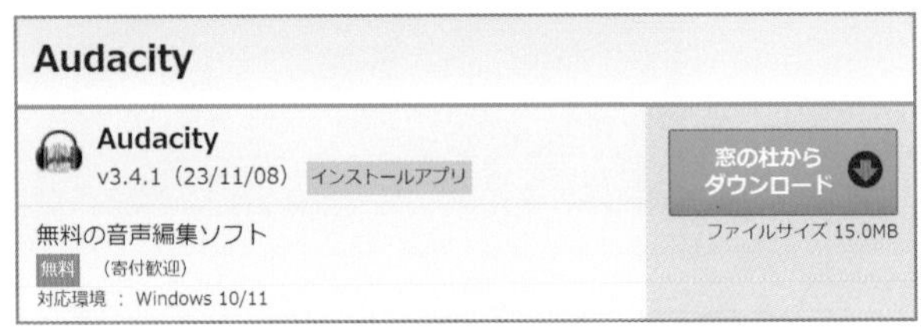

https://forest.watch.impress.co.jp/library/software/audacity/

▲**図4.4.2**：「窓の社」のAudacityダウンロードページ

Audacityを起動し、カラオケ音源のファイルをAudacityのウィンドウにドラッグ＆ドロップします（図4.4.3❶）。そしてメニューの「**トラック**」から「**新規追加**」－「**ステレオトラック**」をクリックしてください❷。

「**オーディオ設定**」－「**録音デバイス**」で正しいマイクが選択されているか確認し、間違っていれば別のものを選びます（図4.4.4❶）。あとは**赤い●のボタンを押せば、カラオケ音源が鳴りはじめ、同時に録音がスタート**します❷。**歌い終わったら■ボタンで止めましょう。**なお、歌うのに失敗してしまった場合は図4.4.4内の「×」ボタンをクリックして、「ステレオトラック」の追加からやり直してください。

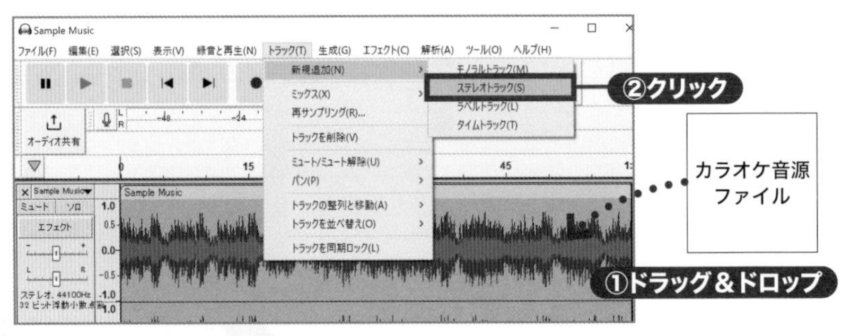

▲**図4.4.3**：カラオケ音源を読み込み、録音用の「トラック」を追加する

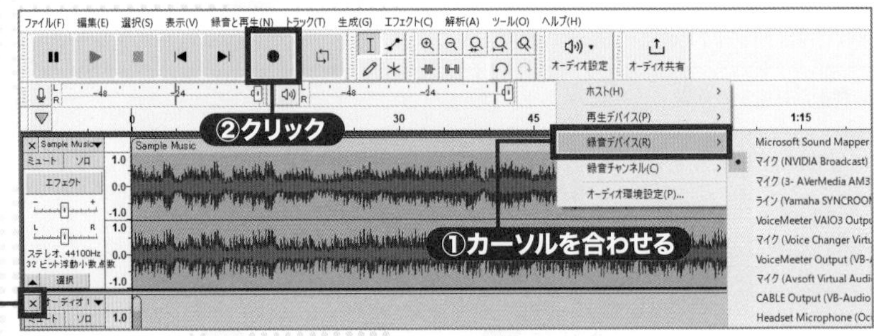

▲**図4.4.4**：マイクの確認、カラオケ音源の再生と録音の開始。失敗した場合は「×」のボタンをクリック

もしマイクの音にリバーブをかけたい場合、追加した「ステレオトラック」の先頭にある「**エフェクト**」ボタンをクリックし（図4.4.5❶）、「**エフェクトを追加**」をクリックして❷、「**Audacity**」の「**リバーブ**」をクリックしましょう❸。あなたの歌った声に、カラオケ店のマイクのような響きが加わります。

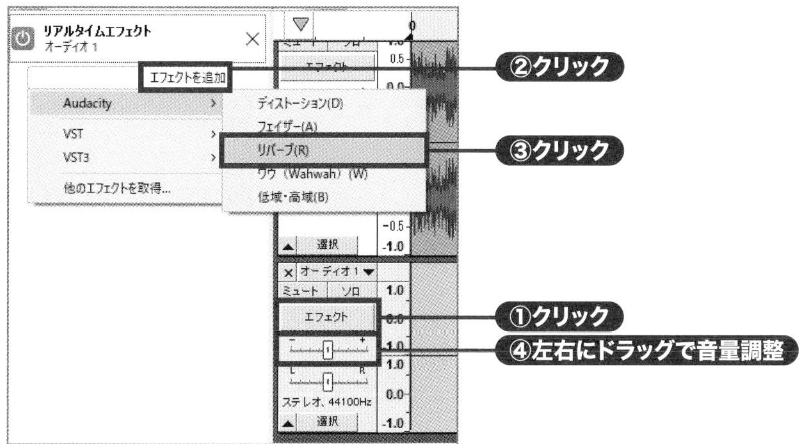

▲**図4.4.5：**マイクの音にリバーブをかける

また、❹のスライダーを左に動かせばマイクの音が小さくなり、右に動かせば大きくなります。**録音が済んだあとの音量調整**につかってみてください。

最後に「ファイル」－「オーディオをエクスポート」を選び（図4.4.6❶）、表示された画面で形式に「MP3ファイル」を選んで❷「エクスポート」ボタンをクリックし❸、PCのどこかにミックスされた音源を保存しましょう。このファイルをclusterで「ファイルの共有」をすれば、あなたの歌とカラオケ音源が合わさったものをイベントに流せます（もちろん音源は、カラオケ配信などでつかってよいフリー素材である必要があります）。

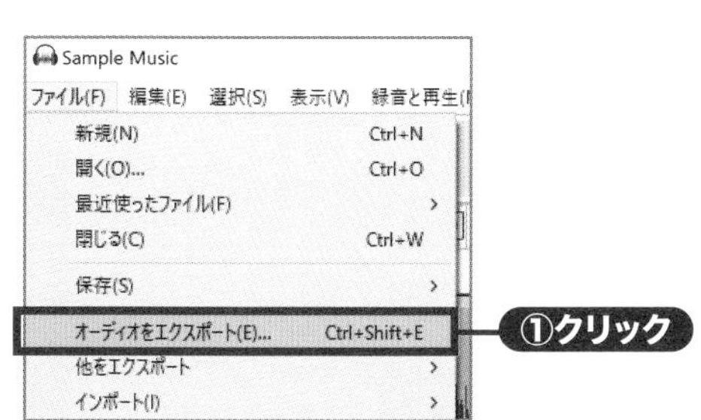

▲**図4.4.6：**マイクとカラオケ音源を合わせて出力する

AG03シリーズをつかって自分の声やアコースティック楽器を録音する場合には、「**COMP/EQ**」をオンにするといいです。音の強弱（不用意な抑揚）を抑えるコンプレッサーと、音声以外の周波数をカットするイコライザーが入ります。AG03シリーズ以外でも、手持ちのオーディオインターフェースにコンプレッサー機能が付いている場合には、積極的に活用しましょう。

AG03の接続方法のイメージ

ここではYAMAHAの**AG03を配信でつかうときの接続方法のイメージを確認**します（図4.4.7）。**「ループバック」方式ではなく、スマホなどからの再生音をAG03に入力する「INPUT MIX」方式**です（この2つの方式の違いは「4-3 熊猫土竜さんに聞く歌イベント」参照）。なお**接続前のドライバインストールなどは、AG03の取扱説明書**をご覧ください。

「AUX」と書いてあるところに「ステレオミニプラグ」のケーブルを差し、それをスマホかノートPCなどのカラオケ音源を流せる機器にあるイヤホン端子につなげる以外、さほどムズかしいところはありません。USBケーブルでメインのPCと接続し、マイクはマイクの端子に、ヘッドホンはヘッドホンの端子（ステレオ標準プラグ）に差せばいいだけですね。このときヘッドホンモニター出力を聞きやすい音量に上げましょう（この音量はclusterに出力される音量とは関係ない点に注意）。もし**イヤホンをつかう場合は、中央に赤丸で示したイヤホン用の端子（ステレオミニプラグ用）**をつかってください。なお、イヤホンをつないでいる場合はヘッドホン出力端子がミュートになるので、両方を同時につかうことはできません。

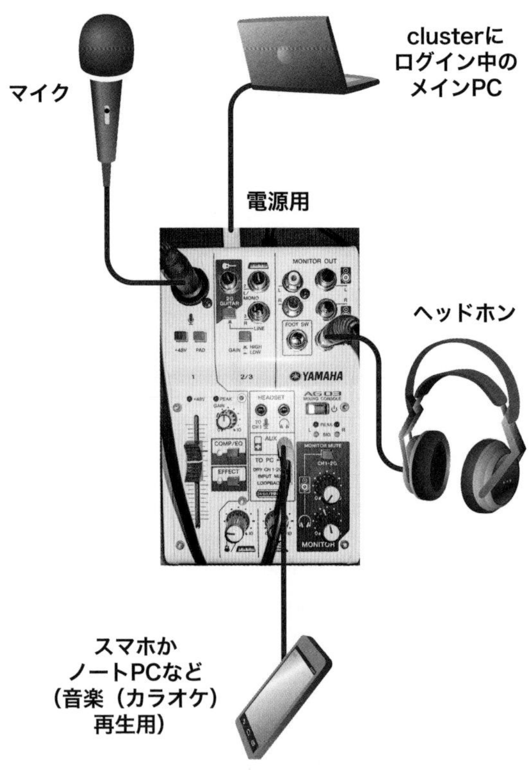

▲**図4.4.7：**INPUT MIXモードでAG03をつかい歌うときの接続イメージ。コンデンサマイクを接続した場合には「+48V」ボタンを押して点灯させオンにする。ダイナミックマイクの場合にはこの操作は不要

このようにステレオミニプラグでもステレオ標準プラグでもつかえるなど、初心者向けの配慮がなされているのがAG03のいいところですね。あとはclusterのアプリの「**設定**」から「サウンド」の「マイク」の「デバイス」で「Line(3-AG06/AG03)」を選べば準備完了です（図4.4.8）。

▲**図4.4.8：**clusterアプリでのマイクのデバイス選択

▲**図4.4.9**：clusterで行われた様々なイベントの例

COLUMN

コラム VTuberさんの紹介

ここではclusterで活躍されるVTuberさんを４人紹介します。YouTubeなどの動画サイト、配信サイトでしか活動されていない方はぜひこうした皆さんのようにclusterで活動してはいかがでしょうか？　きっと活動の幅が広がり、新しいファンも見つけられますよ！　いただいたメッセージも掲載しています！

L*aura バーチャル世界の歌姫ローラさん

▲図4.C.1：ローラさん。左の画像は「*nao*」さん、中央の画像は魔法少女シュネーさん撮影

L*auraさんはバーチャルシンガーソングライター、「未来の地球を救うため、時空を超えるガイノイド」です！　歌はもちろんのこと、バイオリンやハープ等の楽器、作詞作曲もこなすマルチな才能をVR空間で豊かに表現されています（図4.C.1）！ 全身をつかった躍動感のある演奏や歌、ぜひ一度見てみてください！

ハローラ★バーチャル世界の歌姫ローラです！
VRでの音楽ライブを中心に、作詞作曲や楽器の演奏、3DモデリングやVTuberさんのロゴデザイン等、手広く活動しています。
バーチャル空間でのデビュー前は、MUZIEやニコニコ動画で、ボーカロイドやインストゥルメンタルのオリジナル曲、ゲーム音楽のアレンジ曲などを発表していました。
2020年の6月頃、VR機器を入手し、9月にはじめてあこがれのVRステージで歌わせていただきました。その華やかなデビューの地が、そう！ clusterです！
clusterのいいところは大きく2点あります。
まずJASRAC・NexToneと包括契約を結んでいただいているところ。
著作権法に違反することなく、また個人でお金をかけて契約する必要もなく、安心して好きな歌を歌うことができます。オリジナル曲を持っていないシンガーさんも安心ですね。
もう1つは、WEBトリガーをつかって簡単にパーティクル演出が楽しめるところです。頑張ればワンオペでも、ド派手なパーティクルライブをお客様と一緒に楽しむことができますよ！

魔法少女シュネーさん

▲**図4.C.2**：魔法少女シュネーさんの活躍（左提供：紅花さん、右提供：エンペラー・地学系メタバースさん）

大人の魔法少女こと「魔法少女シュネー」さんは1,200日以上連続してライブ配信で歌うなど、カバー曲・オリジナル曲問わず歌いつづけるVTuberさんです（図4.C.2）！ 好きなものはプラネタリウム。clusterの幻想的なワールドによく似合う衣装で、その歌唱力を発揮していらっしゃいます！

魔法少女シュネーです！ clusterのよいところは、肌に熱気を感じるくらい視界いっぱいの皆さんと一緒に、ライブを楽しめるところだと思います！ ライブ配信でも歌っているので、ぜひ聴きにきてください。

halさん

▲**図4.C.3**：halさんと共演者の皆さんたち

「歌のおねにいさん」ことhalさん。いわゆる「両声類」で、男性の声と女性の声を両方出すことができる方です！ 本当に同じ方が歌っているとは信じられないような歌をメタバースでも披露されています（図4.C.3）！

COLUMN

halです。clusterはVRに限らずPCアプリ、スマートフォンなど様々な環境からアクセスできるので、演者・お客さん双方イベント参加へのハードルがとても低く、イベント開催に適したプラットフォームである点が大きな魅力の1つだと思います。使用楽曲の権利関係もJASRAC、NexToneとの包括契約によりしっかりしている点もとてもよいですね。不定期ながら「かえるの音楽会」という両声類の人を集めた音楽ライブを開催していますので、もしよかったらお越しくださいませ♪

マツリーさん

▲**図4.C.4**：多様な活躍をされるマツリーさん

4章で紹介したMeta Jack Bandさんのドラマーでもいらっしゃるマツリーさん。その声を活かし、clusterで朗読劇をされたり、各種イベントの司会なども務められたりしています（図4.C.4）。2023年にはVTuberとしてもデビューされ、動画サイトでも活動されると同時にclusterなどメタバースでの活動も精力的に継続されています！

「アルコールは裏切らない」が座右の銘。ヨッパライバー、マツリーです！
clusterのよさは、あきらめていたり勇気が出せなかったりした「夢」に気軽にチャレンジできることだと思います。そして不思議と仲間のつながりが増えていく場所でもあります。clusterでも色々なイベントに出ているんで、見に来てください！

CHAPTER

05 発展的な音楽系イベント

DJイベントのノウハウや、遠隔地で歌い合ったり演奏し合ったりできるSYNCROOMを活用しているVTuberさんの体験談など、より高度な音楽イベントについて見ていきます。DJイベントのノウハウはエフェクトを多くつかうワールドをつくりたい人にも役立ちますので、イベント作成にあまり興味がない方にもぜひ読んでいただきたい内容です。

5章 CHAPTER 05 発展的な音楽系イベント

5-1 熊猫土竜さんに聞くEJ（エフェクトジョッキー）

4章に引き続き、熊猫土竜さんにうかがいます。この節では**主にDJイベントについてお話をうかがいました。**熊猫土竜さんはDJイベントでリアルタイムの演出を行う人を「**エフェクトジョッキー(EJ)**」と呼ぶことを提唱された方でもあります。今回は熊猫土竜さんにいただいた資料や記事をベースに、音楽イベント・DJイベントの演出にしぼってまとめさせていただきました（図5.1.1）。

▲**図5.1.1：**熊猫土竜さんのイベント「パリピ銭湯2」画像より。熊猫土竜さんはイベンターとしても出演者としてもワールド作者としても有名。イラストはSora:nielLさん

EJをはじめてから、色々なスタイルのEJに挑戦

EJ（Effect Jockey）：clusterイベントにおいて、照明やパーティクルなど演出を操作する人。特に音楽イベントにおいてリアルタイムで演出全体の操作を担当。

熊猫土竜さんはこのようにEJの定義を説明されています。様々なイベントでパーティクルを出したりライトを操作したりする専門のスタッフがいることに2021年頃から謎部えむさん主催の幸甚亭イベントなどに参加する中で気付きはじめ、同年8月の「盆踊り」の会場に**ライトを出したり炎を出したりの演出**を入れたそうです（なおEJは熊猫土竜さん自身ではなかったとのこと）。

▲**図5.1.2**：WEBトリガー操作の画面の例。マウスですばやくEJをするのはムズかしい

この時期、熊猫土竜さんは「**WEBトリガー**」という手法によってEJをされていました（図5.1.2）。さらにEneko=Stingerさんの【人類よそ見しちゃいやだっちゃLive！】というイベントではMIDIPADという機器をつかってWEBトリガーを操作されていました（図5.1.3、Dolphiiiinさんという方が、当時MIDIPADで操作できるソフトを公開されていました）。それ以来、熊猫土竜さんはワールドに演出を仕込み、イベントでEJをする機会を増やしていきます。

▲**図5.1.3**：Eneko=Stingerさんのイベント

POINT

WEBトリガーは割とシンプルに演出をつくれるメリットがありますが、代わりにすばやい操作をするのはややムズかしいところもある手法です。劇イベントなどではつかいやすい手法なので、7章で改めて説明します。

ライトの動き、「パーティクル」によるキラキラした光線や光の粒の動き、画面全体の見た目を大きく変える演出など、clusterでは音楽ライブ・DJイベントなどで様々なエフェクトをリアルタイムに合わせていくことが可能です。もちろん**ワールドをつくる段階でそうしたエフェクトを仕込む必要はあります**が、熊猫土竜さんはワールド作成の知識をつかって自作のワールドに様々なエフェクトを入れています（図5.1.4）。さらに、そうしてつくられた**ワールドを他の人に「貸す」**こともされています。

▶**図5.1.4**：熊猫土竜さんの代表作の1つであるDJ用イベント会場、「パリピ銭湯」。スタッフが入れるエリアに「操作パネル」が置いてある（右下画像）

POINT

パリピ（パーティーピープル、パーティー好きな人々）に銭湯を組み合わせるというすごい発想は以下のように生まれたそうです。以下、熊猫土竜さんのX（旧Twitter）より。

> 4月に能登半島をドライブ中たまたま「青の洞窟」の看板を見つけ立ち寄る→日本3大パワースポットであることを知る→他は富士山と長野のゼロ磁場→GWにゼロ磁場に行く→近くの諏訪温泉に寄る→コロナでホテル日帰り温泉不可→片倉館に行く→和風なのにローマ風呂→そういえばローマ風呂ってclusterにないな→新ワールドか火星銭湯に追加かアンケート僅差で火星銭湯→テルマエ新設→なぜかレーザービームをつけてしまう→ここでパーティー面白そう→入浴イベントがなぜかパーティータイムに→パリピ銭湯開催

https://twitter.com/pandamogura2000より引用

柔軟な発想と色々な経験が、人にないアイデアにつながることがよくわかりますね。

主な2つのEJ操作方法

そして熊猫土竜さんは、「パリピ銭湯」などではWEBトリガーで演出を操作するのではなく**会場のスタッフエリア内に「操作パネル」を置く**スタイルにしています。この2つのやり方には一長一短があります。

	WEBトリガー方式	操作パネル方式
メリット	ワールドをつくるときの作業がやや少なくて済む	ボタン数が多くなっても対応が可能
メリット	スタッフでなければ操作できないので、他の人にさわられる恐れはない	cluster内で操作が完結できるので、VRで操作する場合も特殊なソフトがいらない
メリット		他の人に会場を貸し出したときにも操作を理解してもらいやすい
デメリット	「JSON」ファイルをつくる必要があり、演出の数が増えるとかなり準備も大変（7章で説明）	1個1個対応するボタンをつくり、ワールドに配置していく必要がある
デメリット	ブラウザから操作する必要があるので、clusterの画面と2つを見る必要がある	「スタッフコライダー」などでしっかり覆わないと、一般参加者に操作される危険もある
デメリット	すばやい操作はムズかしい	

▲WEBトリガーと操作パネルのメリット・デメリット

この表の中にも書いてありますが、荒らしに狙われても操作不可能なWEBトリガー方式は安全性が高いです。熊猫土竜さんは**用意周到な荒らしに狙われた苦い経験も経て、WEBトリガー方式のよさも見直されている**そうです（特殊な方法で名前が見えないようにして「追放」されるまでの時間を稼ぎ、同じく特殊な方法で「スタッフコライダー」の中のものを操作してメチャクチャに演出の操作を行われてしまったとのこと。**ワールドづくりの段階でこのような荒らしに対策する方法は、カンペキではないものの図5.1.5のような対策があります。くわしくは8章で解説します**）。

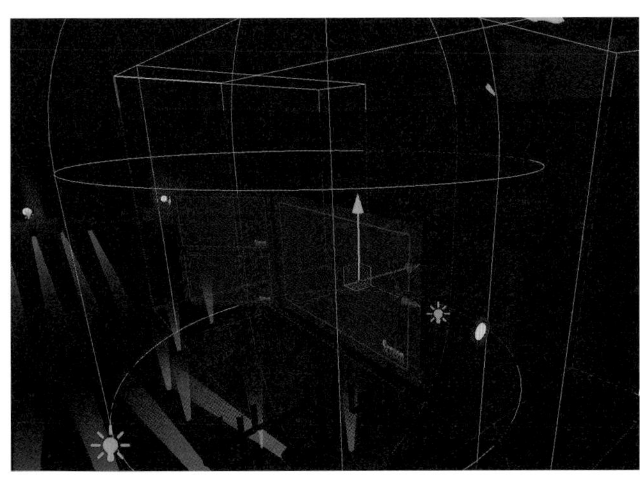

◀**図5.1.5**：本書のサンプルプロジェクトより、「スタッフコライダー」を設定している例。荒らし対策の第一歩。対策には限界があるとはいえ、ワールドづくりの段階で最低限押さえておくとよいポイントもある

熊猫土竜さんがEJとして気を付けていること

熊猫土竜さんがまず気を付けるのは、**「(音楽や歌の) テンポやリズム感を壊さないこと」**だそうです。もちろんどうしても押し間違いや押したつもりが押せていなかった、などのミスはありえますが、**「音をしっかり聞いていく」**ことでミスは減らせるとのこと。DJイベントなどの場合、事前に曲を流して練習するのもよいかもしれませんね。

そして同様に大事なのが、**「エフェクトが音楽や出演者を『くってしまっては』ならない」**ということだそうです。歌イベントならもちろんのこと、DJイベントで音楽を流すときも**エフェクトが音楽の雰囲気を壊してしまうことはありえます。**歌の中で少し静かなところが来ているのにハデな演出だと演出が歌を「くって」しまいますし、一番ドハデな演出を最も盛り上がる部分の前につかってしまえば最高の盛り上がりが来たときに「あれ?」となりかねません。**「演者と参加者の熱を見ながら、緩急を付け、音楽と演出がかけ合わさった最高な瞬間を生み出したい」**と熊猫土竜さんは言います(図5.1.6)。

さらに**「飽きさせないように同じエフェクトを連続でつかいすぎない」**であるとか、**「音楽や歌と関係があるエフェクトがあれば合わせていく**(図5.1.7のように宇宙に関する曲であれば星のようなエフェクトを出すなど)」のも基本テクニックとして大事だそうです。さらに、**パーティクル系のエフェクトなどを出しすぎるとスマホの人やMeta Quest2 (VR機器) をPCとつながずに参加している人などが「重い」と感じてしまうこともある**ため、ある程度ラインを見極めて演出することも考えられるようになれば上級者かもしれない、ということでした(曲の最高に盛り上がる部分なら、ある程度仕方ないところはありますが……)。

▲**図5.1.6**:曲の間の部分はあえてエフェクトを抑えたり、静かなものを選んだりするのもよい

▲**図5.1.7**:このようなエフェクトは宇宙に関する曲などがかかったときなどによく似合う(画像は、本書のサンプルプロジェクトより)

イメージを考えることの重要性

また、**どのようなイメージを表現したいのか**を考えることもとても大事だそうです。「**これは光の華が咲くみたいなイメージ**」など、感覚をベースに自分の見せたいエフェクトのイメージを考えておくようにすれば、動きやすくなり、よいエフェクトの組み合わせも探りやすくなるとのこと（図5.1.8）。

◀**図5.1.8**：エフェクトは組み合わせによって様々な雰囲気をつくることができる。他人のワールドを借りてEJをやるときは、事前にどんなエフェクトがあるか確認させてもらえるとよい（作例は本書のサンプルプロジェクトより）

「情熱的に燃え上がっていくイメージ」「水が流れていくようなイメージ」「飛んでいるようなイメージ」「暗く深いところに連れて行かれるようなイメージ」「気持ちが爆発して暴れ回るようなイメージ」など、色々なものが考えられると思います。さらに慣れてくれば、「**言葉にしなくても頭の中にイメージを描けるようになる**」と熊猫土竜さんは言います。

熊猫土竜さんはなぜイベントでのエフェクト・演出が大事だと思うのか

最後にそもそも、なぜイベントでのエフェクト・演出が大事だと思うのかについて、熊猫土竜さん自身の文章から引用します（太字部分は筆者による強調）。

> 我々が音楽イベントに求めているのは音楽だけなのでしょうか？ いや、**音楽が描き出す世界観の体験であり共有**だと思います。小さなライブハウスだって、大きなアリーナだって、そこにある演出が音楽の世界をさらに広げていることに違いはありません。例えば**ドラマだって芝居の舞台だって演技だけでなくBGMも効果音もいろんなものが積み重なってそこにある。歌舞伎などの伝統芸能だってそう**ですよね。これら全ては**見る側聞く側の感情、エモーションをいかに動かすかの総合的な技**なわけです。（中略）
> EJはただ演出を付けるわけではなく、**出演者、参加者、会場の熱意を読んだ呼吸をし、会話をしている**のではないかと思います。**本番の気の抜けなさも、バチっと決まった時の爽快感も、終わった後の達成感も**、これがオンラインで味わえるなんて驚き！ というモノばかり。**出演者にもスタッフにも参加者にもそれを感じてもらえた時、私たちの愛は成立するような気もしています**。愛と言ったら重いかな、固く難しく考えるものでもない。でもね、愛としか形容できないんですよ、これは。
> だから**EJはエモーションジョッキーなのかもしれないね**。

https://note.com/pandamogura/n/n9da6da936875より引用

「想月亭」「パリピ銭湯」などで様々なイベントを開かれ、EJ（エフェクトジョッキー）の世界を広げてきた熊猫土竜さん（図5.1.9）。これからもその活躍に期待です。

▲**図5.1.9**：熊猫土竜さんの音楽系イベントの中で、もう1つの代表作といえる「想月亭」。多くの出演者の方が昭和歌謡などを含めた曲を歌う。熊猫土竜さんによれば、「想月亭」は音楽を後ろから支えて追いかけるイメージであり、「パリピ銭湯」は音を光でつつみながら並走するイメージとのこと

5-2 W＠さんに聞くDJイベントの演出

W＠（ワット）さんはゲームワールドなども有名ですが、やはりclusterのイベントの枠でいえば**DJ系イベントの演出でとても有名な方**です（図5.2.1）。楽曲に乗せて多様な演出をつくり、ときには**「最初から最後まですべて演出を音に合わせてつくりあげ、当日は流すだけ」となるほどつくり込まれた形**でイベントをされることもあります。

今回はW＠さんがDJイベントで考えていらっしゃることや、演出のアイデアなどをうかがいました。この節は技術的な内容も増えてムズかしい部分も多いですが、ぜひイメージだけでもつかんでください。

◀**図5.2.1**：W@さんのDJイベントはとても印象的。プログラミング技術などをつかいこなす人でもある

W@さんがDJイベントをするとき音楽について考えること

W@さんといえばDJイベントの演出のテクニックが印象に残るのですが、まずはDJイベントの元となる音楽のことについてうかがいました。

好きなのは**「ハードコア」「ハードスタイル」**な音楽だそうです。実際、W@さんのDJイベントに行くとアップテンポでハードなリズム、特徴的なビートを刻む音楽をよく耳にします。一方で、W@さんのイベントでは**1曲目からハードな曲がガンガンにかかっていくパターンだけでなく、静かで迫力のある、ファンタジーゲームのクライマックスのあたりのような曲からスタートすることが多くあります**（図5.2.2）。この点をうかがうと、「最初から激しい曲ゴリゴリで行っちゃうと取り残されちゃうかもしれないんで。イベントによって変えると思いますが」との返事をいただけました。他にも激しい曲の間にちょっと面白い響きの曲が入ってくるなど、W@さんのイベントの**「セトリ（セットリスト、流す曲のリスト）」は工夫に富んだものになっている**と筆者vinsは感じます。

またDJイベントならではの「曲のつなぎ方」については基本的にフィーリングで行くとのことです。それで基本的には困らないそうですが、どうつなぐのかをかなり悩むことも時々あるとのことでした。

▲**図5.2.2**：W@さんのイベントは演出も魅力だが、色々な曲がうまく組み合わされているところも楽しい

タイムライン方式か、リアルタイム方式か

W@さんのイベントのうち、「OPENTHEWATBOX」などのシリーズは「**タイムライン方式**」という手法で演出をコントロールしています（図5.2.3）。ここでいう「タイムライン」はUnityの機能のことで、**音や演出のタイミング、モノの表示・非表示などを非常に細かくコントロールできる**機能です。最大の強みは、**「同期」に強い**ことです。

▲**図5.2.3**：タイムラインをUnityで編集している例

clusterはネットでつながるアプリであるため、常に「同期」が問題となります。自分のアバターはなめらかに動いていても、他のアバターは少しカクカクと動いているというのはclusterをプレイしているときによく経験するはずです。

「タイムライン」はどこのタイミングで音を出したりモノを動かしたりパーティクルを出したりするかの指定をする機能であり、「タイムライン」はそれぞれの端末でどう動くかが計算されるので、通信の遅れによってカクカクするようなことがありません。それでいて「タイムライン」のどこを再生しているのかはイベントの参加者同士でかなり一致するので、**曲の同じ場所、そして同じ演出を高い精度で体験できる**のです。

では**デメリットは何かといえば、Unityで作業をする大変さ**です。曲の配置程度はまだいいとしても、演出エフェクトの１つひとつを「タイムライン」に配置していくのは非常に時間がかかります。W@さんの場合**１時間以上、ときに２時間以上もある「タイムライン」に１つひとつ演出を考えながら配置**していくわけですから、並の時間では済みません。プログラミングの知識を活かし、効率よく演出を配置していくためにUnityの「Editor拡張」というプログラムを書いてどうにか対応しているそうです。**初心者には「タイムライン方式」はオススメできないとW@さんもおっしゃっています。**

POINT

さらに、演出をぴったりのタイミングで出すためには曲のテンポ（BPM）に合わせる必要なども出てきます。例えば、BPM120の曲ならば0.5秒ごとに演出を再生させる、BPM150の曲ならば0.4秒ごとに再生させる、といった点も考えたほうがキレイに見えるわけです。こうした点も、**タイムライン方式が上級者向け**である理由ですね（図5.2.4）。

▲**図5.2.4**：W@さんによる、曲のテンポ（BPM）とタイムラインのテンポを合わせるための記事

一方、「**リアルタイム方式**」は**clusterのワールドにボタンを置くなどして演出を出していく**方法です（図5.2.5）。前ページで説明したように「同期」の問題があるため、ボタンを押したあとに**参加者の目に実際のエフェクトが見えるまで多少のタイムラグ**が生じます。また、事前に全部つくっておける「タイムライン」と比べ、リアルタイムで操作しなければならないので**「操作ミス」などが生じる可能性も**あります。**「荒らし」にボタンを押されてしまった場合、意図しないエフェクトが会場に出てしまう**こともありえます。

▲**図5.2.5**：本書のサンプルプロジェクトより。スタッフ専用のボタンを押すことでエフェクトが出る

メリットはなんといっても**圧倒的に「タイムライン方式」よりラク**であることです。ボタンか「WEBトリガー（7章で説明）」と、それに対応するエフェクトさえ用意しておけば問題ありません。**W@さんも「リアルタイム方式」のイベントをされることがありますし、**本書のサンプルプロジェクトも「リアルタイム方式」をつかっています（サンプルプロジェクトのつかい方は7章から説明）。

POINT

最初はW@さんも「タイムライン方式」と「リアルタイム方式」を併用するところからスタートしたそうです。「タイムライン方式」に挑戦したい方は、まず併用から入ってみると作業量がやや減っていいかもしれませんね。

エフェクトの種類

ここではclusterのイベントでよくつかわれるエフェクトを挙げます。

ライトのアニメーション

光っている**ライトを前後左右に動かしたりまわしたり**することで会場を盛り上げます（図5.2.6）。注意が必要なのは、ほとんどの場合このライトは「見た目だけ」であって、例えばライトが当たった人のアバターが明るくなるといった効果を付けないことが多いということです。元々ライトで「照らす」というのはPCやスマホの計算能力をかなり大量に消費する処理であり、しかもclusterではリアルタイムでアバターなどを照らすライトは一度に2個しかつかえません。**半透明の明るい形が動いているだけで十分ハデな演出に見えます**から、うまく活用しましょう。

▲**図5.2.6**：ライトが激しく動いている例。このライトは「見た目だけ」であり、当たった場所のアバターが明るく見えるようなことはない

パーティクル

光の粒や光の線を動かして演出します（図5.2.7）。これも**光の表現によくつかわれるほか、設定次第で「煙」や「水しぶき」のように見せることも可能**です。パーティクルは多めに出してもPCやスマホの処理に負担をかけにくいようにつくられているのですが、それでもあまり大量に出すと（特に半透明なもの、後ろが透けて見えるもの）やはり負荷がかかってしまいます。次に説明するUVスクロールで表現できそうなものは、そちらで代用したほうが軽いこともあるかもしれません。

▲**図5.2.7**：エフェクトと言ったときにこのようなパーティクルを思い浮かべる人も多いはず

パーティクルの設定方法は前作『メタバースワールド作成入門』（翔泳社）でかなり説明しております。また、**サンプルプロジェクトにも色々なパーティクルが入っております**ので、その設定を参考にしてみてください（W@さんはあまりパーティクルはつかわれていないと、この2023年8月のインタビューでうかがいました。特に理由はなく、つかってみたいとも思っていらっしゃるそうですが）。

UVスクロール

3Dモデルには色々なテクスチャ（画像）を貼り付けることが多くあります。この**テクスチャを「スクロール」させることでエフェクトが動いているように見せかける**手法です。

例えば（図5.2.8）のパイプを見てみましょう。このパイプには、巻き付くような形でテクスチャ（画像）が貼り付けてあります。これをUVスクロールさせると、**パイプの上で模様が動きます。さらにこのテクスチャを一部透明なものにしてみると、まるで炎やSF作品のエネルギー転送のような雰囲気**を出すことができますし、右と左がうまくループしてずっと動きつづけているように見えます（図5.2.9）。

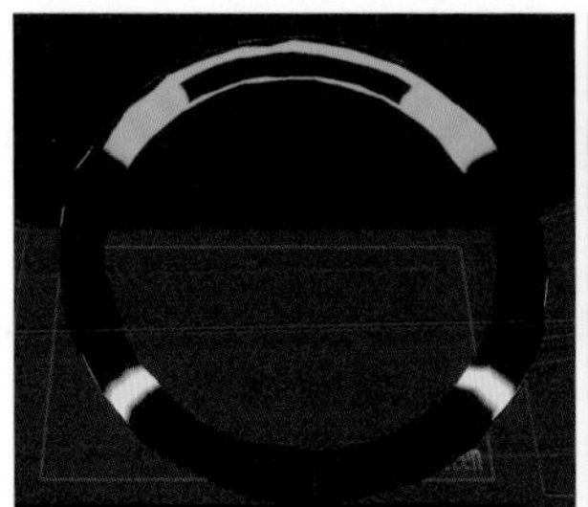
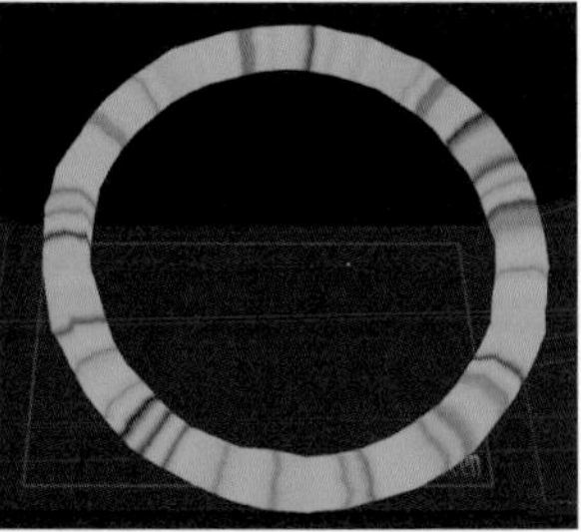

▲**図5.2.8**：パイプに画像が貼り付けられている。UVスクロールでクルクル動いて見える

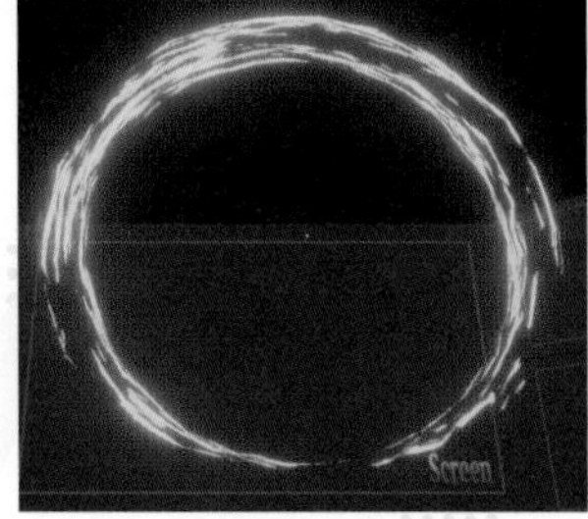
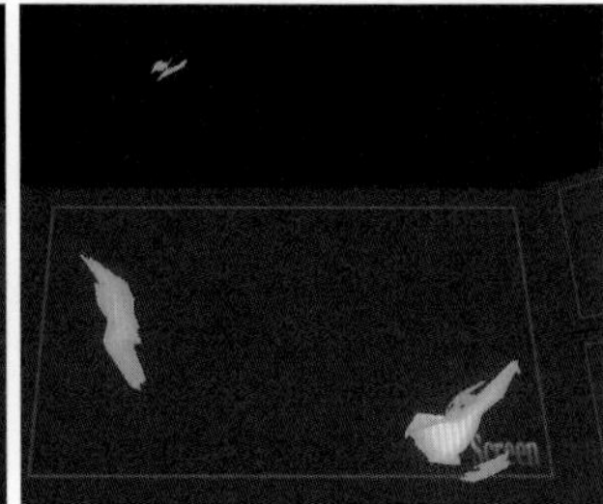

▲**図5.2.9**：透明がある例。（図5.2.8）と全く同じ3Dモデルだが、パイプとは違う雰囲気が出てくる

UVスクロールは結局のところ画像を動かしているだけであり、PCやスマホにとっても負荷が小さい処理なので、つかいこなすと非常に**応用の幅が広いテクニック**です。7章で説明する「アクセサリー」などでもUVスクロールをつかうことでアクセサリーを動かして見せることができます。**W@さんのイベントでも、UVスクロールを効果的につかい、巨大な物体がSF的に動い**

て見える演出をよく目にします。何より魅力的なのは、**無限にループしてリズミカルに見えるため、DJイベントなどの音楽イベントと相性がいい**ことです。UVスクロールについては実際に見てみたほうがその魅力と迫力を感じられるはずです。ぜひサンプルプロジェクトをつかってみてください。

アニメーション

ライトに限らず、モノを規則正しく動かすことでリズミカルな印象の演出をすることができます。このとき、**1つだけ動かすのではなく複数のものを少しだけズラして動かすことでカッコいい印象を与えることができます。**

Unityでアニメーションを扱うには「Animator」や「Animation Controller」の知識が必要です。音楽イベントなどでつかう例はサンプルプロジェクトを見ていただくのが一番よいと思います（図5.2.10）。

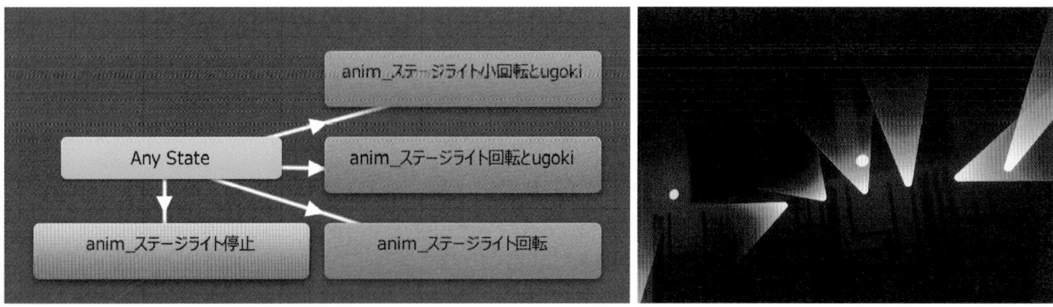

▲**図5.2.10**：Animatorで色々な動きへの移行を設定した例。上の画像を見てわかる通り、ライトたちが微妙にズレて動く設定にしてある

POINT

W@さんの場合、よくつかう動きを「**プリセット**」のようにして、色々な場所の動きにつかいまわしていくようにしているそうです。4つのモノをややタイミングをズラして1つずつ「上→下に動かす」など**演出の中でつかうアニメーションはある程度定番もあります**から、色々なイベントを経験する中で自分のパターンをつくりあげていきましょう（図5.2.11）。

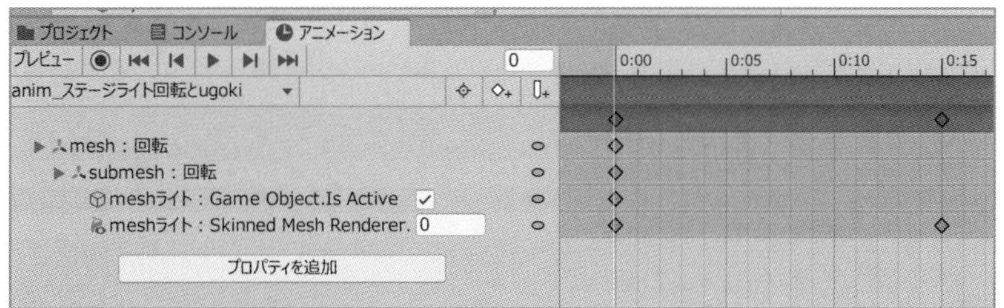

▲**図5.2.11**：Animationの設定例

なお、親となる「空（から）のオブジェクト」にAnimatorを付け、子のアイテムの名前を「child0」「child1」「child2」「child3」などパターン化しておくと、アニメーションをつかいまわしやすくなります。

アバターを暗くする

W@さんのイベントでもしばしば見かける効果的な演出の1つに、**アバターがほぼ真っ黒になってシルエットのように見える**というものがあります (図5.2.12)。これは**「環境光」や「環境リフレクション」を弱めた上で、**Animatorをつかって**「リアルタイムライト」も弱める**ことで実現できます (図5.2.13)。現実世界ならアバターが真っ黒になるほど暗くなればステージなども暗くなってしまうわけですが、clusterの世界 (メタバースの世界、Unityの世界) では**「ライトの影響を受けないマテリアル」でつくったものは明るいままです。暗くしたいものは暗く、明るいままにしたいものは明るくできます。**

▲**図5.2.12：**W@さんのイベントでアバターがほぼ真っ黒になった例。非常にカッコいい雰囲気になる。なお一部アクセサリーなど黒くならないものはある

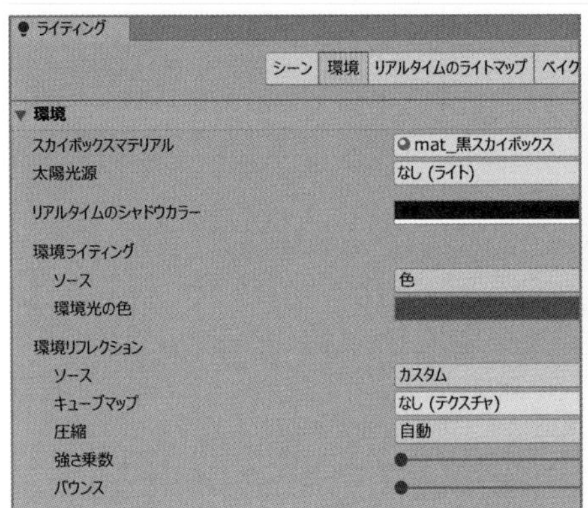

▲**図5.2.13：**参考として、環境光の明るさと環境リフレクションの強さを下げた例。「リアルタイムライト」が強ければ中画像のようにフツーに見えるが、「リアルタイムライト」を弱めると右画像のようにアバターがかなり暗くなる。サンプルプロジェクトのDJ用ワールドでは最初から設定済なのでそのままつかえばよい

POINT

「**マテリアル**」とは3Dモデルの色・貼り付ける画像の設定などから、光に対してどう見えるか、さらに前述の「UVスクロール」をどうするかなどの設定の集まりです[※1]。ライトの影響を受けない・受けにくいようにつくることもできるので、そうしたマテリアルをつかったアバターやアクセサリーは真っ黒にはなりません。(図5.2.12) では背中の剣のようなものがそうですね。

また、リアルタイムライト自体をなくしてしまい、**「環境光」だけのワールド**をつくることも可能です。アバターの照らし方をリアルタイムで変えるような表現はできなくなりますが、ワールドをさらに

※1　厳密に言えば、一部は「シェーダー」の役割です。どういう「シェーダー」をつかうのか、そのシェーダーにどんなパラメータを渡すかなどを「マテリアル」で設定します。

軽量に、そしてそこで行われるイベントを軽くできます。**W@さんはさらに軽量化されたイベントを実現するため、「環境光」だけのワールド・イベントにも挑戦したいそうです。**

視界ジャック

clusterで視界ジャックという場合、2つの意味があります。1つはワールド内に本来clusterのワールドでは置かないことになっている「カメラ」を置いておいて非表示にし、イベント中の特別な場面でカメラを表示させて「参加者の視界を強制的にカメラの位置にさせる（視界を奪う）」演出。ユーザーをビックリさせたり、最悪不愉快にさせてしまったりすることもあるので、この手法は**ホラー系のイベントやストーリー性の強いイベントなどの特別なときにだけ、Unityのつかい方に慣れた人がつかうべきもの**です。

もう1つは、**特別なマテリアルを付けたハコで会場全体をつつみ、そのハコの中に入った人の画面の色合いを強制的に変更**するものです（図5.2.14）。これもある意味「視界を奪う」ことなので、視界ジャックと呼ばれます。真っ赤な画面にしたりモノクロの画面にしたり少し黄色がかった画面にしたり、色々な演出をすることができます。高度なテクニックを学べば、画面を振動させるようなことも可能です。

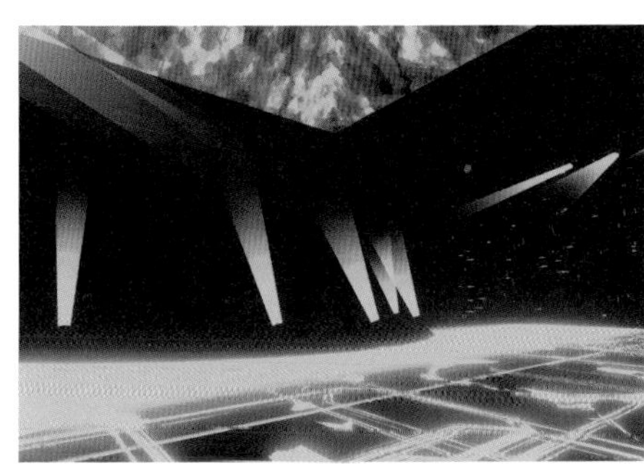

▲**図5.2.14**：左：視界ジャックで画面全体に青を混ぜた例。右：視界ジャックで画面を赤と黒の2種類だけにした例。過激な曲の盛り上がり部分などで1秒程度（長くて数秒程度）混ぜると効果的。ただし、このような強い効果はずっとつかいつづけると不自然

POINT

後者の視界ジャックはPPS（ポスト・プロセッシング・スタック）と呼ばれる機能でも多くが実現可能です（図5.2.15）。PPSはワールド内で明るいモノを光らせたり、全体の色合いを微妙に調整したりするなど、色々なワールドで幅広くつかわれています。ただ**PPSの値をイベント中に修正することはムズかしく**、DJイベントのような演出に活用する場合は視界ジャックのほうがより可能性が広く柔軟といえます。
本書のサンプルプロジェクトには最初からPPSが設定済で、しかも各ユーザーが自分でボタンによりオン／オフできます。

▲**図5.2.15**：視界ジャックを活用する場合、PPSはブルーム効果（光って見える）にしぼってつかうことが多い。このブルーム効果は他の手法で表現するのがムズかしい

05 音楽系（発展）

スクリーンに動画を流す

最も単純にして効果的なのが**スクリーンの活用**です（図5.2.16）。現在インターネット上には**VJ（ビデオジョッキー）用の動画が数多くあり、「VJ素材」**などの単語で検索すると**フリーで活用できるカッコいい動画が数多く見つかります。**それを動画ソフトでつなぎ、イベント中にスクリーンで流すだけで全体の雰囲気がとてもよくなります。W@さんも無料のVJ動画を多く活用されているそうです。

しかも、**スクリーンを複数置いても意外とPCやスマホへの負荷は大きくありません**（図5.2.17）。ワールドクラフト（7章で説明）でつくられたワールドでのイベントの場合、スクリーンを多数置くことで演出のカバーをしている例を多く見かけます。

▲**図5.2.16：**スクリーンは積極的につかっていくべき

▲**図5.2.17：**スクリーンを大量に置いてあるイベントの例。曲がったスクリーンなども置いてある

RenderTextureによる演出（上級者向け）

RenderTextureというのは、基本的に**ワールド内に置いた「カメラ」が見ている画像を別のところに表示するのにつかう**ものです。よくあるパターンとしては、ゲーム系のイベントなどでプレイ中の人の様子を観客席から見やすいように映していくときなどにつかわれます。

しかしW@さんはこれをDJイベントの演出に、それもUVスクロールに似た演出のために活用されています（図5.2.18）。ボタン操作やタイムラインによる指定でRenderTexture用のカメラの前にある画像を変化させ、そのカメラの撮った画像（RenderTexture）を色々なモノの「マテリアル」に割り当てることで事前の作業が少なくなるとのことです。**W@さんはこの手法を広めていきたいと思っている**とのことですが、やはり上級者向けなので、初心者の方は「いつか挑戦しよう」程度に思っていただければ大丈夫かと思います。

▲**図5.2.18：**QRコードから読めるW@さんの記事では、高度な演出方法が説明されている

> **POINT**
>
> その他、「BOOTH」などで有料の演出用の素材も配布されているので必要に応じて活用していきましょう。ライトのアニメーションをするとき、見た目を気軽に変えやすい「**ボリューメトリックライト**」などはW@さんも活用されているそうです。

荒らしを避けるためのテクニック

荒らしを避けるためのテクニックは色々ありますが、W@さんに教えていただいたものとして、「**入られて困るところは会場の真上ではなく、斜め上にしておく**」という手法があります。VR機器をつかっている荒らしが「裏技」的な方法をつかうと、かなり上のほうにも侵入される危険性があるということです。

サンプルプロジェクトでも、スタッフが入れる場所は会場の斜め上にしてあり、さらに遠く離れた**スタッフのスタート地点にあるボタンを押さない限り演出の操作パネルが表示されない**ようになっています（図5.2.19）。そこでつかっている**「ローカルギミック」の手法も、W@さんが以前提案していたものをそのまま採用させていただいています。**

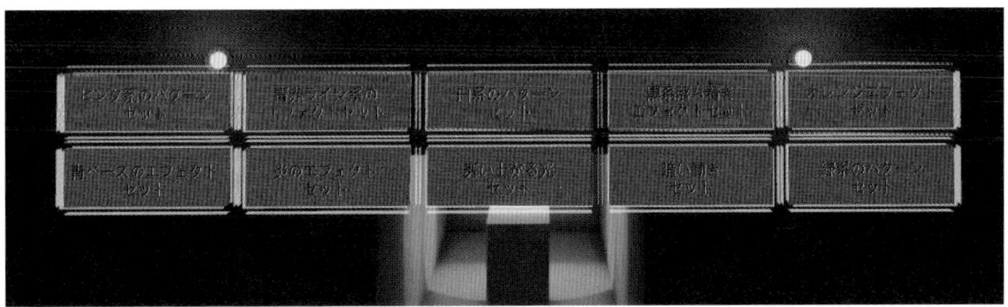

▲**図5.2.19：**サンプルプロジェクトにあるこの操作パネルはスタッフでないと表示されない

8章でも荒らし対策については再確認しますが、**W@さんをはじめ、技術力のあるclusterユーザーの方の試行錯誤によって様々な対策**が編み出されたことにはこの場を借りて改めて感謝をしたいと思います。

DJイベントの楽しさ

DJイベントで一番楽しいところとして、「めちゃくちゃシンプルなんですけど、**自分が好きな曲を流して参加者の皆と一緒に騒げる**ってことですかね。**楽しさを空間含めて共有できるっていうのはメタバースの醍醐味**だと思っていますし」とW@さんはおっしゃいます。まさにその通りだと筆者vinsも感じます。

あなたの好きな曲に合わせた演出を共有する。この他ではなかなか得られない体験をあなたもやってみませんか？　本書の**サンプルプロジェクトも、DJイベントをかなり意識したつくりに**なっていますよ（図5.2.20）。

▲**図5.2.20：**サンプルプロジェクトをつかって色々な演出を楽しんでみよう

5-3 Miliaさんに聞く音楽イベントの活用例

Miliaさんは現代的なメタバース空間が登場するもっと前から、さらにはネットでの音楽活動が一般化する**20年以上前からシンガーソングライターとして活動されてきた**方です（図5.3.1）。**「歌い手」**としての活動も15年以上されてきています。さらには6章で紹介する「ぱんだ歌劇団」さんでも役者として活動されるなど、歌イベント・劇イベントなど多彩な才能を示していらっしゃいます。

実はMiliaさんは、**離れた場所でも一緒に歌ったり楽器を演奏してセッションしたりできるYAMAHAの「SYNCROOM」**というサービスについて、その前身のサービスの時代からテスト演奏を頼まれた経験もお持ちです。もちろん**今でもSYNCROOMを活用した音楽活動をしばしば行われています。**今回はMiliaさんにそういった音楽活動の活用例・その魅力についてうかがいました。

図5.3.1：Miliaさんは音楽イベントに、劇イベントに活躍中

SYNCROOMについて

Miliaさんの活動はclusterが生まれるよりはるか前から行われていたわけですが、SYNCROOMも（前身のサービスも含めると）2011年からという長い歴史を持っています。

当時からボーカロイド系の「歌い手」として活躍されていたMiliaさんたちのグループはYAMAHAの開発者の方から依頼を受け、遠隔地で音楽のセッションをしてみたこともあったそうです。ただ当時は光回線を導入していない人が多かったこともあってかなり遅延が大きく、歌や演奏を合わせるのがムズかしい状態だったとのこと。しかしそこからソフトの開発が進み、高速でレスポンスのよい光回線が普及し、今では**機材・回線・PCなどのスペックをしっかり意識すればほぼ遅延を意識せずにセッションできる**ようになっています。

POINT

SYNCROOMではサーバーを介さないP2P接続の技術をつかって、セッション仲間同士がつながっています。高速でレスポンスのよい光回線、特にＮＴＴ東日本・西日本の「フレッツ光」回線同士であればほぼ遅延は感じないとのことです。Miliaさんは北海道在住とのことですが、東京の方とセッションしても全く問題ないということでした。

またWi-Fiでつなぐのも遅延の問題が生じやすいので、有線LANでつなぎましょう（図5.3.2）。もし携帯電話の回線しかない場合は、SYNCROOMなどよりも家で録音した歌や演奏をイベントで流す形のほうが無難かもしれません。

https://webapi.syncroom.appservice.yamaha.com/comm/static/calc_condition.html

こちらはSYNCROOM導入前に試せる回線チェッカーですので、活用してみてください。

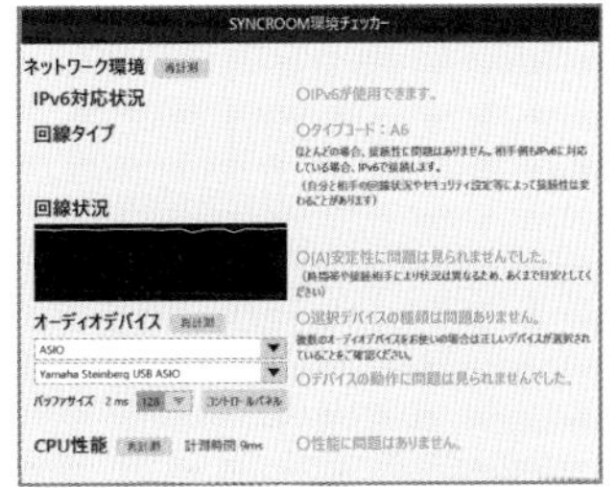

▲**図5.3.2**：SYNCROOMの「環境チェッカー」の表示例。無線は便利だが、SYNCROOMをつかうなら有線で

歌・演奏をメタバースやYouTubeで配信するには回線の質、そして一定のPCスペックも必要ですが、４章でも見た通り遅延の少ない（バッファサイズを小さめに調整できる）「**ASIOドライバ対応**」の機器をつかうとよいです。そうでないとイメージとしては0.3〜0.5秒程度の遅延が出ると思ってください。

0.3〜0.5秒くらいならいいじゃないか、と思うかもしれません。もちろん、ただ**会話をするときにはさほど問題になりません。**ただ、歌や楽器を合わせていくときに0.3〜0.5秒はかなり致命的です。**まして SYNCROOMなら遠くにいる人の音と合わせる必要がある**わけですから、0.3〜0.5秒以上の遅延になることは確実であり、まともに合わせられない状態になる可能性が高いです。

POINT

まずはASIO対応のオーディオインターフェースの準備を優先しましょう。あとは、マイクの品質へのこだわりは人それぞれということになると思います。**リバーブ機能があればより豊かな表現ができる**というメリットもありますし、もし歌うのではなく楽器を直接AG03などのオーディオインターフェースに接続するのであればマイクの音質は曲の前や間に会話するときにしか問題になりません。

なお音楽用ダイナミックマイクは、１万円を切った安価なモデルも見かけますので検討してみるとよいでしょう。ダイナミックマイクはカラオケボックスやライブのPAで最もよく見かけるマイクで、配信のボーカル収録では扱いやすくおすすめです。ロックやポップスのボーカルでつかうと、迫力のある声が収録できます。

コンデンサマイクは、やや高価で収録時に振動や落下に注意したり、ファンタム電源（+48V）をオンにする必要などもあり、扱いが面倒なので、ボーカルやアコースティック楽器の録音にこだわりたい人のみ選ぶようにします。強みは、繊細な小さな音まで収録できることです。

楽器演奏について

Miliaさんは**ベースとピアノ**を弾かれます。音声に関しては、ベースやピアノといった楽器ならばAG03などのオーディオインターフェースに接続すればよいのですが、**見た目の部分については準備が必要**になります。ベースについては4章のMeta Jack Bandさんのように「ベースを持ったアバター」をつかわれているそうですが、ピアノの場合は**ワールド制作者に頼んでワールドの中にピアノとイスを置いてもらい、そのイスにすわってピアノを弾く**という形にしていらっしゃいます（図5.3.3、図5.3.4）。

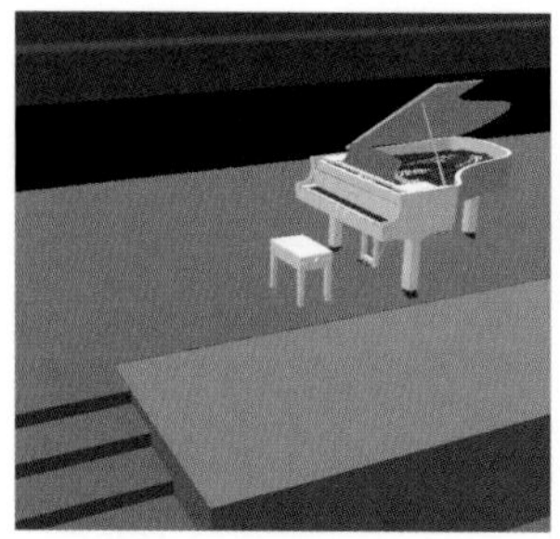

▲**図5.3.3**：BOOTHで購入したピアノモデルを置いたワールドの例。Miliaさんのアバターはこのイスにすわって演奏することになる

▲**図5.3.4**：Miliaさんが実際にワールドに置かれたピアノの前にすわり、イベントで弾いている例。SYNCROOMを活用し、L*auraさんと同時に演奏している

Miliaさんが体の向きを変えるたびにピアノが動くのは不自然ですから、この形にするのは合理的ですね（4章のMeta Jack Bandさんのドラマーであるマツリーさんがされていたように、ロックバンドのドラムであれば楽器の向きが変わるのも面白い演出になり得ます）。

なお、**ピアノについては「BOOTH」などのサイトで検索すると有料ながらつかいやすいモデルが見つかります。**探してみましょう。

POINT

もちろん（図5.3.4）などに見える楽器は**見た目だけのもの**です。**ワールド内に置かれたピアノやアバターに付けられた楽器が音を出しているわけではありません。**音は演者の方が自分の家などで実際に弾いて出しています。

ちなみにMiliaさんがベースでイベントに出るときにつかうアバターは、**Miliaさんが実際に持っているオリジナルのベースを元に、モデラーさんが3Dでつくってくれたものを持っている**とのこと（図5.3.5）。こだわりが感じられますね。

▲**図5.3.5**：Miliaさんがベースを弾くときにつかうアバター

SYNCROOMの基本

SYNCROOMはYAMAHAのサイト（https://syncroom.yamaha.com/play/dl/）から**無料でダウンロードし**、インストールできます。インストールが終わったあとにYAMAHA MUSIC IDを作成してログインするとはじまる「設定チュートリアル」で、音楽を再生したり録音（相手に送信）したりするための機器の設定を求められます。このとき**ASIO対応のもの（Windowsの場合）を選べば**、あとはそれほどムズかしい設定はありません。ただ、ASIOバッファサイズの設定のときはオーディオデバイスの設定ツールでブロックサイズを小さくすることをオススメします（図5.3.6）。

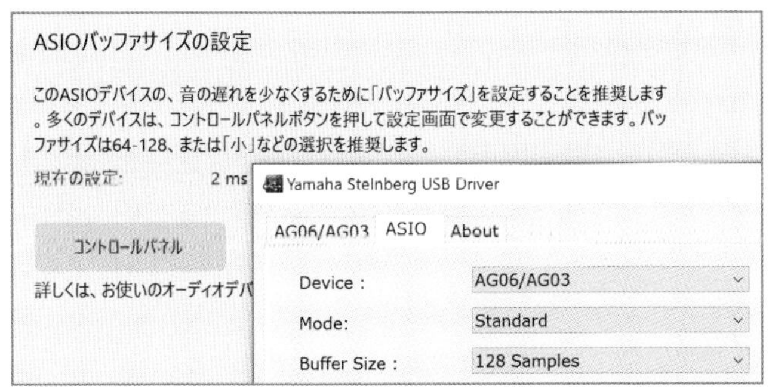

◀**図5.3.6**：AG03を接続したPCでの、ASIOバッファサイズの設定画面。画面に指示が出ている通り、64～128Samples程度にする

SYNCROOMの画面で「ルーム一覧」をクリックすると、ブラウザで接続中のルーム一覧ページが表示されます。そして一番下までスクロールすると接続テスト用の「Official Test Room」があり、自分がしゃべったり音を出したりすると、3秒後に音が返ってくるので設定に問題ないか確認できます（図5.3.7）。**「Official Test Room」には他のユーザーがいることもあるので**、変なことをしゃべらないように注意です。確認できたら右下の「**退室**」ボタンを押しましょう。

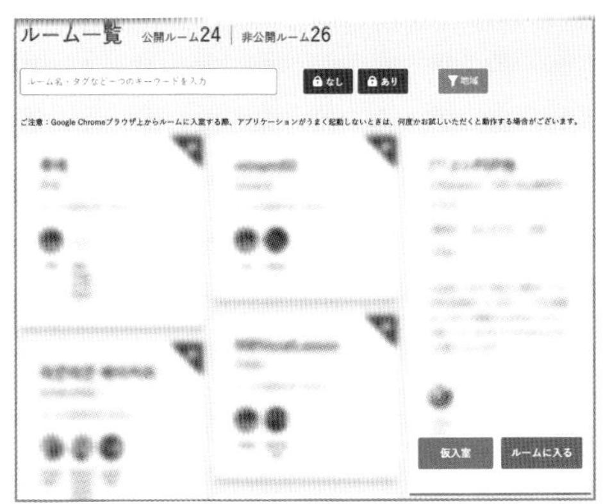

▲**図5.3.7**：SYNCROOMの「ルーム一覧」と「接続テストルーム」

あとは「**ルーム名**」を適当に決め、「**パスワード**」も好きに設定し（図5.3.8❶）、「**非公開**」にチェックを入れて❷「**ルームをつくる**」ボタンを押します❸。そして**書類のようなボタン**を押すとURLがコピーされる（図5.3.9）ので、一緒に演奏したい仲間にメールやX（旧Twitter）のメッセージなどをつかって送りましょう。このとき、設定した**パスワードも同時に教えるのを忘れないでください。**

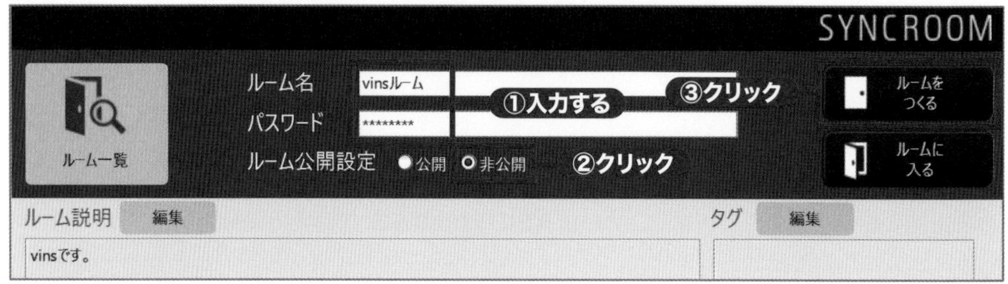

▲**図5.3.8：**SYNCROOMの「ルーム」をつくっているところ

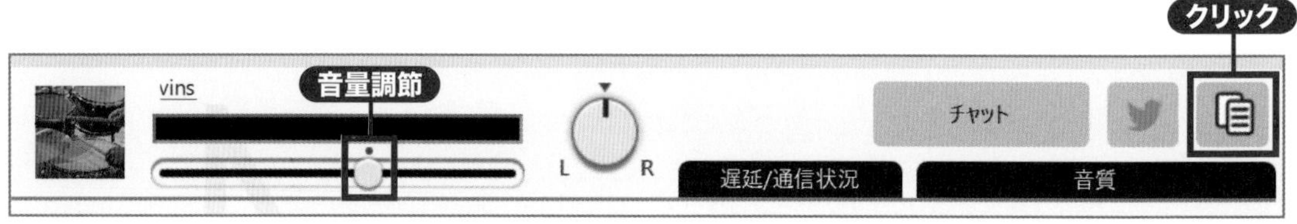

▲**図5.3.9：**ルームをつくるとこのような表示が出る。右端のボタンでURLをコピー可能

URLが送られてきた仲間は、その**URLをクリックすれば自動でSYNCROOMが起動**し、「ルーム」に入ることができます。(図5.3.9) の表示は各ユーザーごとに表示されるので、スライダーで歌や楽器の音量を調整しましょう。「インプット」で自分の出す歌や楽器の音量を調整することもできます（図5.3.10)。

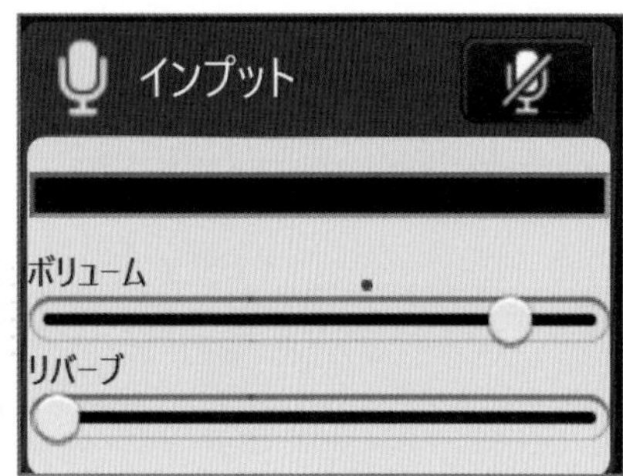

▲**図5.3.10：**インプットで音量などを調節

あとは**clusterのマイク選択画面で、「ライン (Yamaha SYNCROOM Driver)」**を選んでください (図5.3.11)。あなたの声を含め、遠くで演奏したり歌ったりしている仲間の音も混ざったものがclusterで流れます。

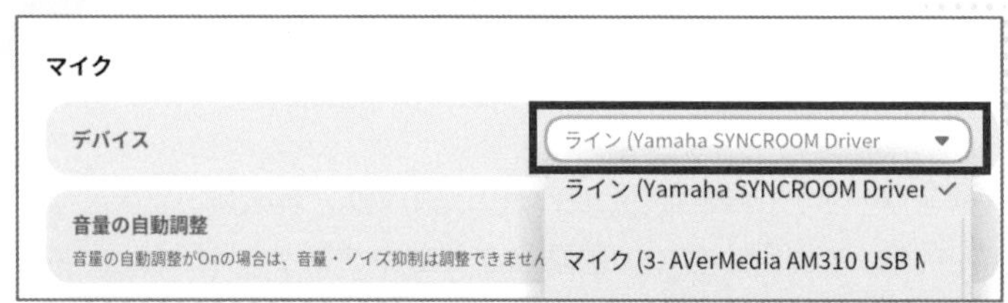

▲**図5.3.11：**clusterからマイクを選ぶのを忘れないように

POINT

SYNCROOMは基本的な設定でも5人が参加できます。通常のバンドやセッションであればこれで問題ないでしょう。その枠を超える規模であっても、5人の「ルーム」を2つ連結することで10人までが歌や演奏を共にすることができます（ちょっと音が大きいと感じる方の音量を下げる機能などがつかえなくなる、などの細かい制限はあります）。また「オーディオプレイヤー」にカラオケ音源を読み込めば、一人でもカラオケを配信できます。これは覚えておくとよいでしょう。

clusterで音楽イベントをする魅力について

Miliaさんは「数々のプラットフォームで音楽イベントをやってきた中で、とりわけ**たくさんのお客さんと触れあえるのがclusterの魅力**」と言います（図5.3.12）。「空間を分かちあえるのは他のプラットフォームでも同じだけれども、**イベントで100人まで参加者の方が見えるなどその規模がすごい**」「リアクションの機能が充実していて、お互いの姿を見ながら**エモートやコメントで参加者の方と盛り上がれる**」のが大きいとのこと。また動画配信による音楽活動などではできない点として、イベントのメイン部分が終了したあとなどに**「マイクを一般参加者に開放」**できる点を挙げられます。**互いに見ながらマイクでコミュニケーションできる、実際に会えている感があるの**は配信ではできない点だとMiliaさんは感じているそうです。

またスタッフが色々な機能をつかえるので、**みんなでイベントをつくりあげている感**があるのも嬉しい点だといいます。演者としてのMiliaさんを演出担当の方や警備担当の方などがサポートしてイベントの形になっていくのはとても充実感があるということです。

バーチャルで活動する魅力としては、やはり**演出、姿、会場の自由さ**を挙げられています。リアルではなかなかできない衣装替えもすぐにでき、しかもどんな場所でも歌えます（図5.3.13）。やはり**ミュージシャンをやっている方の中には大きな会場でやる夢を持っている方がいるそうですが、「スタジアムに立ちたい」「野外フェスに出たい」のような夢をすぐかなえられるのがバーチャルの場**です。ときには飛行機の上や宇宙空間で歌うなど、物理的な制約からカンタンに解放されるのが魅力だとMiliaさんは言われます。

Miliaさんはフルトラ（フルトラッキング。VR機器をつかうとき、頭と両手の3点だけでなく腰や脚の動きも反映したもの。Miliaさんの場合は6点トラッキング）でパフォーマンスをするため、動きの制限も比較的少ないとのことです。

▲**図5.3.12：**Miliaさんは数多くの音楽イベントに参加されている

▲図5.3.13：宇宙空間や飛行機の上で歌うことすら可能

そして**離れていても一緒にできる**点も魅力として改めて挙げられています（図5.3.14）。参加者はもちろん、SYNCROOMをつかえば演者が離れた場所にいても同時にパフォーマンスができるわけです。そして**体が不自由な方、長時間立っていられないような方、未成年の方や女性など深夜まであるリアルのイベントに参加されるのがムズかしい方などにも可能性が開かれている（一般参加者としても演者としても）**のは素晴らしい点だとMiliaさんはおっしゃいます。

▲図5.3.14：時間と場所の制約を超えて同じ空間を分かちあえる

ぜひ皆さんも、clusterで歌や楽器などの音楽イベントに参加してみませんか。そしてもし仲間がいれば、SYNCROOMに挑戦してセッションをしてみましょう。

余談ですが、Miliaさんの場合北海道に在住されているとのことで、二重窓などの防寒構造によりかなり外に音が漏れにくいとのことです。集合住宅の1階の端の部屋ということもあり、あまり防音は気にしなくても大丈夫とのこと（「リフレクションフィルター」というものはつかっているそうですが、これは音が変な反響をするのを防ぐほうが主眼だそうです）。北海道のうらやましい点ですね。

CHAPTER

06 アバターで行う劇イベント

劇イベントでは、イベントの中でもアバターがつかえるメタバースの強みが最もわかりやすく出るかもしれません。色々なアバターで様々な役を演じ、さらには演出も活用していくメタバースの劇のスタイルをぜひ一度見てみてください。

6章

CHAPTER 06

アバターで行う劇イベント

6-1 メタバースでの劇イベントの種類

劇イベントはどうしても2人以上でないとやりづらく、その劇に応じた練習も必要になるため音楽イベントと比べるとハードルは上がる傾向にあります。そのためclusterでも音楽イベントほど多くありませんが、**現実世界で行う劇と比べればはるかにハードルが低い**のも事実。そして**メタバースならではの演出や、アバターによる表現も魅力的**です（図6.1.1）。**演じることに興味がある方や、学校で演劇部・演劇サークルなどに関係している方**はぜひ挑戦していただきたいイベントです。

▲**図6.1.1**：clusterで行われている劇イベントの例

劇イベントの種類

clusterで行われている劇イベントには、いくつかの種類があります。

朗読劇イベント

朗読劇イベントは劇イベントの中でも**比較的ハードルが低い**ものです。声で演じることを武器にしていらっしゃる出演者の方がメインとなります。シンプルに台本を読めばいいため、**PC・スマホなどVR機器をつかわない形での参加でも何ら問題はなく、目の前に台本を置いておけば暗記する必要もありません。**

ただ、その朗読劇の中でもシーンによって**アバターを変更したり、VR機器をつかって朗読する中にも体の動きによる表現を取り入れたり、スクリーンに表示する画像を切りかえて場面転換**を示したりなどの工夫をしている場合もあります（図6.1.2）。

POINT 画像をスクリーンに表示して順番に切りかえていきたいときは、3章の勉強会イベントで見たように**PDFを表示すると操作しやすい**です。

▲**図6.1.2**：朗読劇イベント「historia」より。主催・主演マツリーさん。VR機器もつかって体の動きも表現しており、舞台となるバーのワールドも作成されている。朗読劇と言いつつもかなり本格的な劇に近いもの

通常の劇イベント

▲**図6.1.3**：clusterで行われている劇イベントでの演出の例

通常の劇イベントはおそらく皆さんが最も想像しやすい、複数人の出演者が声や動きによる演技を通じてストーリーを展開するイベントです。当然**練習も必要で、場合によっては出演者集めなどもしなければならず、劇イベントの中では最も準備が大変**なものと言えるでしょう。**動きをしっかりと表現するならばPCやスマホではなくVR機器**をつかって演じることが望ましく、理想を求めるならばどこまでもハードルが上がると言えます。

とはいえ、**リアルの世界で劇をやる大変さと比べればむしろ手軽**だという考え方もあります。**衣装をつくるのとアバターづくりを比べれば、多くの場合はアバターづくりのほうがはるかにカンタン**です。練習も本番も実際に集まってやる必要はなく、**各自が家にいながら行うことができます。**

さらに雨が降ってくる演出やキラキラした光が舞台を覆う演出、怪物が現れる演出など、リアルの舞台で**アマチュアが表現しようとしたらいくらお金があっても足りないような演出をメタバースの世界では気軽に実現**することができます（図6.1.3）。そもそも**自分の顔や体を人前に見せず、アバターで演じること自体がグッと劇に出るハードルを下げてくれる**点でも魅力があります。メタバースでの表現を追求するためにも、逆に**リアルの劇をはじめる前の練習台としても**、劇イベントは魅力的な存在です。

この章に出てくる「6-2 ききょうぱんださんに聞くVR劇」「6-3 えるさんに聞く劇演出とアイデア」などの説明を読み、ぜひ挑戦してみてください。

TRPGイベント

これは厳密には劇イベントではなく、**RPG、つまりゲームのイベント**です。コンピュータをつかうRPGの原点は参加者がテーブルを囲んで物語の舞台を想像し、会話や演技を通して即興劇的に物語をつむぐものでした。clusterでは、決められた通りに物語を進めるコンピュータの代わりに、進行役を設けて参加者が自由に物語をつくっていくTRPGイベントが数少ないながら存在します（図6.1.4）。TRPGの場合は公開イベントで行うというより、数名のプレイヤーと進行役が非公開の形でプレイするケースが多いようです。

しかしながら物語の舞台が再現されたワールドで**参加者が役にあったアバターをつかい、役になりきったセリフを言う部分はとてもメタバース劇的**です。劇とゲームが混ざることで、自分が見つけた隠し要素が物語の展開を大きく動かすような、独自の面白さが生まれています。

またTRPGに近いものとして、DETECTさん主催の「**Break the JINX -絶望の廃倉庫-**」のような、**プレイヤー以外の登場人物を専門の出演者が演じてくれる「脱出ゲーム」**的なイベントもclusterで開かれたことがあります（図6.1.5）。メタバース劇的でありつつ、その枠を超えた非常に挑戦的な試みで大きな反響がありました。前述した（図6.1.4）のぐだぐだぶとんさんもこのイベントに協力されています。初心者が実際にこうしたイベントを開くのはムズかしいとしても、**メタバース劇の可能性の1つとしてぜひ読者の皆様に知っていただきたい斬新な試み**です。

▲**図6.1.4**：ぐだぐだぶとんさんは学生サークルでありながら、clusterでTRPGイベントを引っ張ってきた第一人者。いわゆるクトゥルフ神話系の設定を日本を舞台に展開するのを得意としている

▲**図6.1.5**：「Break the JINX -絶望の廃倉庫-」は1925年、アメリカ・ロサンゼルスのギャングたちがテーマ。ギャングの一員として他の登場人物と会話しつつ、ヒントを得て倉庫から脱出しなければならない。プレイヤー以外のギャングは専門の出演者が演じており、会話にきちんと返答してくれる

即興劇

その場で決まったテーマに従い、その場でセリフや展開を考えながら行うのが即興劇です。しかもそれを基本的に2人以上でやらなければならないので、**誰かが考えたセリフなどにリアルタイムでうまく応答していかなくてはなりません。**大変ムズかしい劇ではありますが、元々カンペキに進行するわけがないイベントであるがゆえに出演者の悪戦苦闘が面白く、笑いと感心の混じった反応が観客から生まれます。

1章のイベント紹介ページにも出てきた「白紙座」さんは、その名の通り台本が白紙、その場で決まったテーマ（観客のコメントによって決まる）で即興劇を行うイベントを行われています。しかも**観客から5点満点の採点が行われ、勝ち抜**

▲**図6.1.6**：めどうさん主催、「白紙座」のイベント。ハート形のアイテムの色で観客のつけた得点がわかる。ITI（国際シアタースポーツ協会）がライセンス管理するフォーマット「Maestro Impro™（マエストロ）」を採用しているとのこと

き方式で行われるというもの（図6.1.6）。バタバタする展開もあれば「これはすごい」と感心させられる見事なテーマへの回答もあり、**先進的でありながらエンタメ性も高いイベント**となっていました。

エンタメ系劇

演じるというよりも変わった企画で観客を楽しませる、**エンターテインメント性が高い劇**です。例えば、てつじんさんが企画された「**にゃおんっ！ガチ恋イベント**」では、４人の出演者の方たちが人間のような頭身の猫アバターとなり、それぞれストーリーを展開しながら参加者の前に迫ってきます。

この「にゃおんっ！ガチ恋イベント」では、開始前にclusterの「**パーソナルエリア**」機能をつかうように参加者に頼んでいます（図6.1.7）。clusterアプリの設定から「表示」タブを選ぶと表示される「パーソナルエリアの表示」機能は、**混んでいるイベントなどで前が見えないとき周辺の一般参加者を見えなくする機能**です（図6.1.8）。スタッフやゲストの人以外は見えなくなってしまいます。つまり**出演者と「二人きり」**の状態になるわけです。この「ガチ恋」系のイベントはアイドル系のVTuberさんなどが活用されることが多かったのですが、てつじんさんはこれをエンタメ系の劇に活用されるアイデアを思いつかれたわけです……。

▲**図6.1.7：**妙にリアルで筋肉質な猫アバターが2人きりの状況で迫ってくる。愛を語られたり、他に恋人がいないか嫉妬されたり、猫になってしまったというコメディ展開からキレイな歌につながって最後は人間の姿に戻ったり。猫アバターの作成は歩留マリ（ぶど・まり）さん

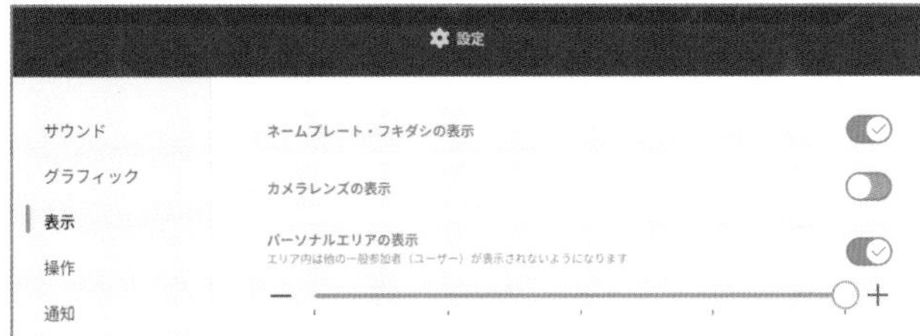

◀**図6.1.8：**「パーソナルエリアの表示」の設定。このように「オン」にして数値を上げるとまわりには、スタッフやゲストしか表示されなくなる。イベントが終わったら元に戻すのを忘れないでおこう

エンタメイベントでも気を抜かず、凝った設定を考えて全力で演じたり歌を歌ったり、それがclusterの出演者の方たちの魅力的なところですね。

6-2 ききょうぱんださんに聞くVR劇

ききょうぱんださんは、**「ぱんだ歌劇団」**の主催者として、clusterで劇系をはじめとして様々なイベントを開いてきた方です（図6.2.1）。

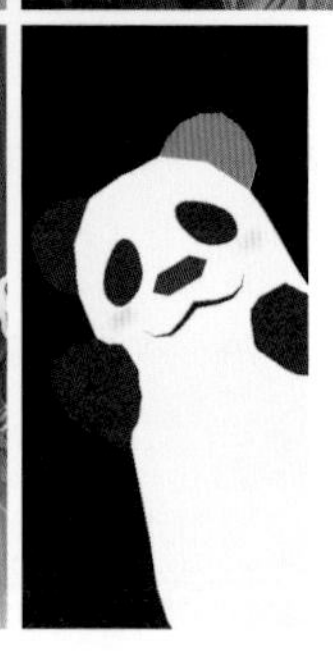

◀**図6.2.1：**ききょうぱんださんがこれまで開かれてきたイベント。歌イベントなどに参加されることも

ききょうぱんださんは高校のときに演劇部に少し参加していた程度で、劇の活動を本格的にされていたというわけではありませんでした。

元々小説『恋するプリンセス』などを書く活動をしていたききょうぱんださんがメタバース劇をはじめるきっかけになったのは、「もちはむ」さんというVTuberさんとのコラボから。**画像を出しながら互いにセリフを読み合う「シチュエーションボイス」の企画を行ったとき、ただ画像を出すだけではなく、VRをつかった動きを見せられればいいのでは**、と考えたことがはじまりでした。

そこでききょうぱんださんは、まず「お遊戯会」のような形でVR劇をスタートさせようと考えました。題材は**「シンデレラ」**（図6.2.2）。ききょうぱんださんは脚本をイメージする中でYUIさん、甘野氷さん、Miliaさんなどのメンバーを誘っていき、ここに先ほどの「もちはむ」さんを加えたメンバーは多くが今でも「ぱんだ歌劇団」に所属していらっしゃいます。

甘野氷さんはワールド作成の技術なども持っていらっしゃったこともあり、**場面転換のときは単に背景画像を入れ替えるだけでなく、スライドして変わる**ようにすることなども提

▲**図6.2.2：**ぱんだ歌劇団「シンデレラ」

案。そうこうするうちにどんどん**ワールドが劇場のようになり、配信スタッフや演出操作のスタッフが加わり、仲のよかった漫画家の方の絵をキービジュアルにポスター画像などもつくられ、劇イベントとして本格的に**なっていきます。

そうした形ではじまった「ぱんだ歌劇団」としての活動はすでに3年（図6.2.3）。元々歌手になる夢もあったというききょうぱんださんは歌イベントに呼ばれて歌うことなども増え、VRをつかったVTuberとして幅広く活動されています。

▲**図6.2.3：**ぱんだ歌劇団のメンバーの皆さん。上段は演者、下段はスタッフ。ここに客演メンバーが加わることも

VR劇の演出の考え方

clusterで**劇イベントに演出を入れたい場合、基本的にはワールドをつくる段階でその演出をつくっておく必要があります。**その場合Unityの知識が必要です。

ワールドクラフトのワールドでも可能ですが、その場合も「演出」と言えるような動きのあるもの、出たり消えたりするもの、音声の再生などを考えると**結局「スクリプト」の知識が必要**になるので、かえって**Unityでシンプルなワールドをつくるよりも難易度が上がる可能性が高い**です。

POINT

ききょうぱんださんが最初に計画していたような「スクリーンに出された画像が場面ごとに順番に切りかわる」タイプの劇なら、ワールドクラフトで「スクリーン」のアイテムを置いておくだけでも可能です（図6.2.4）。BGMも流せます。clusterの操作に自信がない場合、こういうものからはじめるのもよいでしょう。

▲**図6.2.4：**ワールドクラフトでもスクリーンに画像を出せて、手軽な舞台の背景にできる

ききょうぱんださんの場合、甘野氷さん（図6.2.5）などワールド作成の知識があるスタッフが劇団の中にいるため、基本的に演出はワールド作成担当のスタッフにお願いしているそうです（図6.2.6）。脚本を書き進めつつ、VRらしさ、VRならではの演出を考えて**「こんな演出はできる？」**とスタッフさんに頼んでワールド作成をお願いしていくのだとか。場合によってはスタッフさんから**「こういうことができるよ」**と提案されることもあるそうです。

しかし、本書を読んでいる方にワールド作成の強力なスタッフがいるとは限りません。その場合、**本書のサンプルプロジェクトなどを参考に、比較的カンタンに実現できる演出をうまくつかっていく**とよいでしょう。

▲**図6.2.5：**甘野氷さん

▲**図6.2.6：**DJイベントなどでつかわれるような演出などを劇につかうことも、当然可能です。ぱんだ歌劇団所属の甘野氷さんが作詞、Kento Mizunoさんが作曲し、自らclusterでパーティクルライブワールドとして公開された「おいでよメタバース！」より

VR劇が通常の劇と違うところ

ききょうぱんださんがVR劇のフツーの劇とは異なる点として挙げる、シンプルで面白い特徴があります。それは、**「台本を覚えなくてもいい」**ところ。

「XS Overlay（図6.2.7）」など、VR機器をつかっているときに「画面に他の情報を出す」アプリを準備すれば、cluster内で演技しながら台本を画面に出しておくことも可能なわけです。Meta Quest2や3などのVR機器をパソコンとつないだ形※1でないとつかえない点は面倒ですが、**VRで劇をしていようと、歌を歌っていようと、VRのウィンドウ内に台本や歌詞を出すことが可能**です。それどころかパソコンの画面そのものを出すことができるので、VR機器をつかいながらイベントの主催者をやるときはとても重要なアプリになります。

◀**図6.2.7：**XSOverlayなどのソフトをつかえば、VR機器をつかいながら他の画面も見られる

※1　Wi-Fiによる接続でもかまいません。ただし、有線と比べると少し難易度は上がります。

POINT

もちろん、VR劇でなくデスクトップやスマホでclusterに入って劇をする場合は、特別なソフトなどつかわなくてもシンプルに目の前に台本を置いておくこともできます。どうしても台本が覚えられなくて劇に挑戦できなかった方や、「本格的に劇に挑戦するわけではないが、少しやってみたい」という方のハードルを大きく下げてくれるはずです。

また動きにおいて違う点としては**「歩けるスペースの限界」**を挙げていらっしゃいます。よほど自宅が広い人であったりスペースを確保できたりする人でない限り、**VRで歩いて行っても壁や家具にぶつかってしまう**ことが多いはずです。**VRコントローラーのスティックをつかった移動ならばその問題はなくなりますが、やはりVRで実際に歩いているのと比べると不自然さが出てしまう**ことも。こうした点はリアルの劇と違う点として、脚本の段階で意識する必要があります。

さらに見る人の体験の差異も挙げられています。劇などのYouTube配信をしていても、キレイなパーティクルなどの演出が出ているシーンなどがあると**「メタバースの中に入って見てみたい」**というコメントをもらうことが多くあるそうです。デスクトップやスマホで入ったとしても好きな角度から見られる違いは大きいですし、まして**VRの観劇ならYouTubeで配信を見るのと全く違う体験が得られます**（図6.2.8、図6.2.9）。

ききょうぱんださんがまさに大事にしているのも、この**「劇を体験してもらいたい」**という点だそうです。**「見ている人も中に入って、その世界にいる感じを味わってもらいたい」**と考えながら脚本や演出を考えるとのことです。リアルではムズかしい、客席まで演出が飛んでくるようなものをメタバースの劇では容易に実現できます。そういう工夫や演出で、「その世界に入っている」とお客さんに感じてもらいたい、とききょうぱんださんは言います（図6.2.10）。

▲**図6.2.8：**こんな演出のある劇をVRで見る経験はとても印象的

▲**図6.2.9：**『鶴の恩返し』では客席のところまで水が来るような演出も

▲図6.2.10：ぱんだ歌劇団さんがこれまでに行われてきた劇や、その演出の数々

6-3 えるさんに聞く劇演出とアイデア

えるさん（ぽっちゃりL女さん）は、clusterでお笑い系・劇系・歌系など様々なイベントを開いてきた方です（図6.3.1）。**「劇団四頭筋」**の座長さんでもあります。

▲**図6.3.1**：えるさんがこれまで開かれてきたイベントには色々なものがある

今回は特に劇系イベント中心に※2、イベントのコツや考え方、心がまえなどをうかがいました。

メタバース劇は何が違うのか？

メタバース劇のポイントとして、えるさんは「（来場者を）**舞台のセカイの中にグイっと引きずり込み**、最後まで“自分事”として体験してもらえるよう**イマーシブ**な演出」があると言われています。イマーシブというのは没入的な、つまり「思わず入りこんでしまうような」ものですね。**「劇のセカイに取り込まれ、その中の一人として体験**する」**「主体的・主人公的な立場**に立ってもらえる可能性を秘めている」のがメタバース劇だ、ということも説明されています。

例えば、えるさんの劇である「アイのぬくもり」を見てみましょう（図6.3.2）。

※2　節の最後で改めて説明しますが、えるさんは劇に限らず、様々な形で「セカイをつくること」が根本にあるイベンターさんです。今回は本書の構成の都合上、劇について多めにうかがいました。

▲**図6.3.2：**メタバース劇イベント「アイのぬくもり」より（アイ役アバター「kozono」の制作：メシエナンバー様）

この劇イベントでは、気温や体温を舞台で表現することで、「命のぬくもり」をテーマとしています。ガス灯から電灯へと変化していく時代を背景にした、気温の低い町が舞台です。水から生まれ、自分では体温を上げられないアイが、ガス灯の精であるネツと出会い、ネツや街灯のぬくもり、ひいては人々の優しさやぬくもりで新しい命の美しさが生まれる物語です。

そこで、来場者は広い町の中で舞台を鑑賞するのですが、ただの「舞台を見ている人」ではなく、クライマックスでは「同じ町で生きている一人の存在」として、共に手をつないで体温という熱を伝えるかけがえのない存在となります。

傍観者として他人事として観ているだけではなく、共に手を取り、体温と熱を伝え、命にぬくもりを届ける一人の主人公として、舞台に参加できる体験をえるさんはつくってみたのです（図6.3.3）。

「手をつなぐ舞台上の演者と、町の人たち。来場者一人ひとりが主役であり、主人公である体験になったと確信できた名場面です」と説明してくださいました。

▲**図6.3.3：**劇団四頭筋舞台「アイのぬくもり」より。演者と来場者が手をつなぎ、体温を送ることで命を救おうとしている場面

いわゆる**「劇場＝ハコ」という考え方をはじめから捨て**、自由な発想で観客を劇の世界に引きずり込んでいく。観客が普通の観客として観ている場面と、**「何かされちゃうかも」というドキドキ感や緊迫感**を適度につかい分ける。それにより「**自分事としてのリアリティ**」が生まれるという確信がえるさんにはあるそうです（図6.3.4、図6.3.5）。

▲**図6.3.4**：フツーの劇なら絶対できないような特別な演出が、メタバースならカンタンにできる。左：「ロマンティック☆ガンダーラ～欲望という名の希望～」より。演者がハスの花に乗って空を縦横無尽に移動する演出。右：「真夏のDaydream～ミラクル☆スターライトパレード～」より。空飛ぶクジラに乗ってパレードをする演出

▲**図6.3.5**：演者が観客席とステージを行き来したり、来場者の動きや反応を受けて劇を進めたりもしやすい。左：「ロマンティック☆ガンダーラ～欲望という名の希望～」より。クジラの背中から降り、皆で新しいセカイへ向けて演者と共に同じ方向に冒険へ出るエンディングシーン。右：「小さな星のアイ」より。魔王に追われ、来場者の中にアイが逃げ込むシーン

もちろん、演者が観客席に入りこむような演出はリアルの劇でも可能です。実際にされているケースもあると思います。ただメタバースには、**「こんなことを今自分がしたら、まわりの人にどう思われるだろう？　というのを気にしすぎなくてもいい**ムードがあるように思う」、とえるさんは言います。お互いの視線を気にしすぎず、自由に動ける雰囲気が自然とつくられている。だから演者が大胆に観客席とステージの間を行き来したり、それに観客が応じたり、さらに演者がアドリブで応じたりする流れがつくりやすい。脚本や演出を考えるときも、そういうムードを前提に考えられるわけですね。

また脚本を書くときには、リアルの劇では常識とされる**「演者の声をよく通らせるため、観客に正対するように立つ」はメタバース劇ではあまり気にしすぎなくてもよい**（体の向きや位置による声の聞こえ方の違いは、リアルの劇ほど大きくない）点など、**メタバースの特徴をよく理解してから書く**とよいでしょう。

COLUMN

コラム トラブル時の対応

このようなゆったりしたムード、ゆるめの余裕あるムードの大切さはトラブル時の対応にもそのまま生きてきます。以下、えるさんへのインタビューより。

舞台「走れ！ 42.195km」（図6.C.1）をはじめる際、ブザーを鳴らそうとした瞬間、**メインPCのWindowsアップデートが強制的にはじまり、全く身動きが取れなくなった**ことがありました。一度更新が100%まで進むも、さらに0%に戻ってアップデートはつづきます。これでは15分くらいかかりそうです。

▲**図6.C.1**：舞台「走れ！ 42.195km」

そんな非常事態も、**演者の皆様が場を楽しくつないでくれていました。仲間ってありがたい。**私はメインPCからVRで入るのをあきらめ、サブPCのデスクトップモードで舞台をやりきることを覚悟しました。**イベントにトラブルや予期せぬ事態は付きものなので、トラブルも含めて楽しめる余裕が生まれるくらい、事前に準備しておくと吉。**

メタバースイベントでは回線の問題、パソコンやスマホの問題、VR機器の問題、サーバーの問題などで演者やスタッフが「落ちて（いなくなって）」しまうことが時々あります。えるさんは劇などの途中で誰かが「落ちて」しまった場合、**「その人がその場にいるかのように」進行してください**と演者やスタッフの方に伝えているそうです。

実際**トラブルが起きたとき、観客がむしろその状況を楽しんでいるパターンをメタバースイベントではよく見かけます。**あわてて観客に謝ったり中断したりせず、状況を楽しみ、スタッフや演者を信じ、前に進んでいく余裕が大事ですね（特に中高生などがメタバース劇に挑戦する場合、誰かが「落ちた」ことをイメージした練習を事前にしておくのもよいかもしれません）。

VR劇での動き方について

メタバース劇では、**スマホやPCの操作だけで演者が動くことも確かに可能**です。特に中高生など劇を演じることにまだ自信がない場合、VR機器を人数ぶんそろえることがムズかしい場合などはスマホやPCだけで動くのもよい選択だと思われます（主役だけVR機器をつかうのも選択肢の1つです）。

ただ、体をつかった演技や直感的な演技をするためにはVR機器をつかったほうがよいのは間違いありません。**何より、演じている人自身が楽しい。**観客に見られて演技をしている、という実感が違います（図6.3.6）。

▲**図6.3.6：**イベントで舞台に立てば、多くの観客に見てもらっていることを実感できる

そのVRでの動き方のコツとして、えるさんは「**速い動きよりも、ゆっくりした動きにリアリティ**が生まれて注目が集まる」ように思われることを挙げています。実際に**VR機器を身に付けると、どうしてもコントローラーを振りまわすような大胆な動き、「スティック移動」をつかって走りまわるような動きをしがち**ですが、VR劇の演者となる場合はゆっくりした動きでどんな表現ができるか一度考えてみるとよいでしょう。

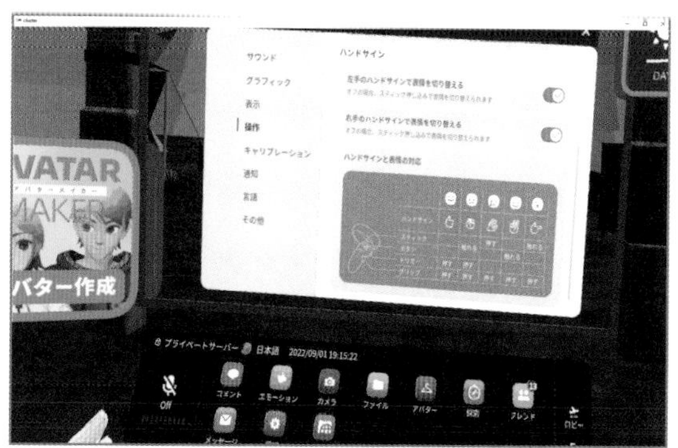

▲**図6.3.7：**VRでの表情変更方法の設定画面。スティック押し込みなどによる操作と、手の形で表情を操作する方法がある。活用したい場合は事前に慣れておこう。詳細はQRコードからcluster公式サイトにて

©Cluster, Inc.

また、**メタバース劇の場合は本来ならありえない動き、例えば「飛ぶ」「浮く」「魔法をつかう」「瞬間移動する」といった動きも十分可能**です※3。こうした動きを演じるときにどうすると魅力的なのかは、その場で他の仲間から意見をもらったり、あるいは録画してあとで見直したりするのが効果的でしょう。ここは通常の劇と同じですね。

そして**現在のメタバースがニガテとしている点に、「表情での演技」があります。**clusterでも表情の変更はできますが、**事前に決められた「笑み」「怒り」などの顔に切りかえることしかできません。**Unityなどのソフトでアバターを編集できる人は表情の微調整もできますが、結局限られた表情から1つを選ぶしかないという点は変わりません（図6.3.7）。

※3　clusterの通常の移動だけでは実現できません。イベントでつかうワールドに、飛んだり魔法をつかったり瞬間移動したりするためのアイテムなどを仕込んでおく必要があります。ただ、**「飛ぶ」「浮く」というだけなら透明な坂道をワールド内に設置しておくなど発想によってカンタンに実現できる**部分もありますから、想像力と技術をうまく組み合わせて頑張りましょう。

この弱点をカバーするには、まずVRによる動きの表現に力を入れることが大事です。そして普通の劇（特に小規模な劇）ではムズかしい**「大胆な演出」の部分で勝負を**するのも重要になります。**脚本スタッフや演者と、ワールドの背景や演出をつくる人の協力**を大切にしてください。**「目に見えるセカイの『向こう側』を想像してもらえるような演技や演出**が必要不可欠」とえるさんは言います（図6.3.8）。

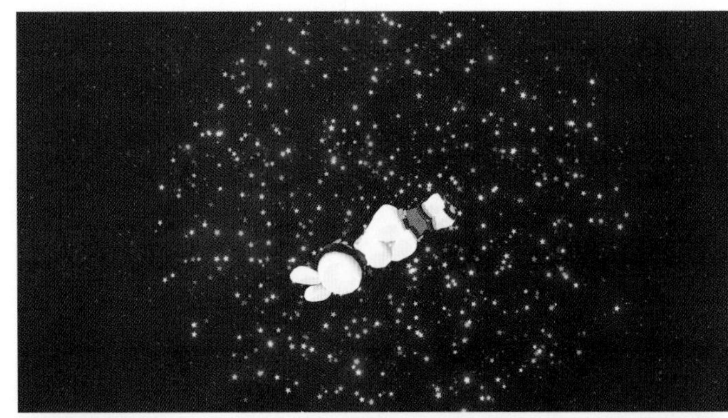

▶**図6.3.8**：メタバース劇ではこのような本来ありえない動きや演出も可能。事前にワールドに「仕込み」をしておけば飛んだり浮いたりもできる。上：宙からゆっくり降りてくる演出。下：虹の上に乗る演出

COLUMN

コラム リアルの劇が強いところ

メタバース劇の様々な可能性を見ていると、リアルな劇よりメタバース劇のほうがあらゆる点で魅力的だと思えてくる人もいるかもしれません。しかし**えるさんは最近、「リアルの劇はすごい！」と感じることも増えたそうです。**

例えばリアルの劇で一瞬の早着替え演出などを見ると、圧倒されることがあります。メタバース劇でこれをやると、「ボタンを押してメニューを開けて、いそいで次のアバターを選び、変更中はしばらく青い球体として表示され、数秒後に新しいアバターとして登場……」のようなことになるはずです。

「メタバースではアバターや衣装が変えられるのが当たり前」という安心感も、逆に緊迫感やリアリティを薄くしてしまっているのかもしれません。

他にもメタバースがニガテとする表情での演技の豊かさ、まさにその場で人が演じているという臨場感など、リアルの劇の強みもたくさんあります。メタバース劇に挑戦する場合は、その強みと弱みをよく理解した上でやっていくとよいでしょう。

メタバース劇の練習法

メタバース劇でも、当然練習は必要です。えるさんの場合、演者・スタッフの方に社会人が多いこともあり「**スケジュール管理が肝**」とおっしゃっています。

週3日で練習する週は、各場面をパズルのピースのように完成に向けて組みあげていく。そして、練習が比較的少ない週2日でやる週は、その空いた時間を動画制作などにあてるという形を基本にしていらっしゃるそうです。その上で、「一人ひとりの活動スタイルやスケジュールをわかった上で、**参加できる日時を事前に聞いておき調整**。そして早めの時間帯や遅めの時間帯など、**各1コマ45分で集中して行う**スタイル」にされているそうです。ただ、その上で**えるさん自身は全日程参加**されているとのこと。

「AさんとBさんが参加できるから今日はシーン3と5を練習しよう」のような形にしつつ、主催者は全体を見られるようすべて参加するということですね。その上でえるさんはイベント宣伝用の動画制作などもされているということなので、本格的な劇をつくるにはかなりエネルギッシュに動かないといけないことがわかります。

もっとも、**練習で集まるといっても「家の中でPCやVR機器を起動するだけでいい」というのは全体練習のハードルをかなり低くしてくれます。**物理的な舞台に出演したり、主催したりするよりも負担が小さいと感じる方も多いと思われます。

人の集め方、イベント運営について（音楽イベントを例に）

ここからは音楽イベントを例にした説明ですが、劇イベントにも通じる部分が大いにあると思われます。

えるさんは「**大切なゲストの方々お一人お一人をリスペクトする気持ちをベースに、ラブレターのようなお誘い文**を送っています」と言われています。スタッフや出演者を集める必要があるイベントのとき、まず相手を大切にすること、その気持ちをしっかり前に出していくことが大事なわけですね。

例えば音楽イベント「**Muscle Music Station**」（図6.3.9）において、どうしてもオープニング曲をsakさんというギタリストの方に頼みたくなったとき、えるさんは**「熱烈なラブレター」のような依頼文**を送り、引き受けていただくことができたそうです。これによってイベントの演出の大きな柱がで

▲**図6.3.9**：パワフルな本格音楽イベント、Muscle Music Station。このようなイベントでは、カメラマンの方に歌番組を意識したカメラワークを依頼しているとのこと

きたとのこと。そして誰かに声をかけるときは**「その人でなければならない必然性」**を最重要に考えてメッセージを送るのだと、えるさんは言います（だから、依頼文が長くなってしまうこともあるようです）。

さらにsakさんはちょうどバーチャルの世界に興味を強めていた時期ということもあり、えるさんはsakさんにVR機器を送ってメタバースの世界に引き込んだとのこと。そして「Muscle Music Station」以後もえるさんは定期的にsakさんからイベントへの協力などをいただいているということです。

イベントのために人を集めるときは、愛を告白するくらいの熱意、特に**「あなたでなくてはダメなんです」**という気持ちを全力で伝えることを大事にしましょう。ただし筆者からの**注意点として、まだほとんどclusterで活動していない人が、交友関係があまりない人にムリなお願いをするのは避けたほうがいい**と思われます。1人でもイベントはできますし、あるいは友人や家族など、メタバース以外の知り合いに頼んでイベントをすることもできます。cluster以外の場所で活動してきた人は、その場所の知り合いを巻き込むのもアリでしょう。そうして「なるほど、この人はこういうイベント・活動をやっているんだな」ということがよくclusterのユーザーに知られ、協力を得られるようになってから徐々に大きなイベントに挑戦していくといいでしょう。

えるさんのイベントの出発点

えるさんが最初にclusterで行ったイベントは、劇イベントではなく**「バーチャル卒業式 ～失われた卒業式を取り戻せ！～」**というイベントでした（図6.3.10）。ちょうどコロナ禍で、えるさんはお子さんの小学校の卒業式に参加できませんでした。そして「なければつくる」の精神で一念発起。当時スマホに対応した直後だったこともあり、clusterで開催することを決意されたそうです。

この節の最初にも書きましたが、えるさんは劇イベントや音楽イベントをやりたい、という気持ちでclusterをはじめたわけではなく、より広い**「セカイをつくること」**が根本のモチベーションにあるのです。あなたがイベントをはじめたいと思ったとき、根本のところにある理由は何か一度考えてみるのもよいかもしれませんね。意外なところに、あなたによく合うイベントのスタイルがあるかもしれませんよ。

▲**図6.3.10**：えるさんの最初のイベントとなった「バーチャル卒業式」

CHAPTER

07 イベント向けワールドやアイテムの基本

ここからはUnityをつかい、イベントのためのワールドやクラフトアイテム・アクセサリーなどを実際につくっていきます。技術的にこれまでよりさらに高度な話が出てきますが、イベントの参加者に独自のアクセサリーを買ってもらったり自分でつくったワールドでのイベントに来てもらったりすると世界が変わります。サンプルプロジェクトをダウンロードし、ぜひ挑戦してみてください。

7章 CHAPTER 07 イベント向けワールドやアイテムの基本

7-1 Unityのインストールと操作の基本

さて、いよいよUnityでワールドをつくるわけですが、その前にパソコンの性能（スペック）をチェックしておきましょう (図7.1.1)。

▲**図7.1.1**：フクザツなワールドをつくるには高性能なPCが必要

できればメモリは8GBより多めに……

まず当然ですが、clusterが動かないパソコンでワールドをつくろうとしてもうまくいきません。clusterをただプレイするだけならメモリは8GBあればいいのですが、**ワールドの作成には16GBはないと安心できません。**

もし**メモリが8GBしかない場合は、できるだけ他のソフトを終わらせてからワールドづくり**をしたほうがよいでしょう。特にワールドの**アップロードのときには気をつけて**ください。

CPU・グラフィックボードなどはそこそこでも

CPUというのはパソコンの心臓ともいわれる、メインの計算をするところです。ワールドを**アップロードするときなどは高速なCPUがあることで時間が短くなります**が、ワールドを作成している作業の間はそこそこ（いわゆるミドルクラス）のCPUでもなんとかなります。画像を表示するときにつかう「グラフィックボード」も、そこそこでいいでしょう。

とはいえ**clusterプレイ中に、ちょっとでも重いワールドだとカクカクするようなスペックだと……Unityでは、ストレスを感じる場面も多い**かもしれません。ここは予算との戦いなので、特に中高生の人などはガマンしながら取り組んでみてください（ゲームをするためのPCは、そのままUnityの開発が快適なパソコンだったりします。学生の方はメタバースの勉強をするからと親御さんに必死に頼み込むのも手かもしれません……ね!?）。

データを保存するハードディスク・SSDは？

最近はデータを保存するハードディスク・SSDも大容量になってきていますから、空き容量が全く足りない……ということはあまりないと思います。

ただ、**1つのワールドをつくるときに1GBくらいのデータは普通につかいます。**大きいワールドなら3GBくらいつかうこともありえます。空きが少ないハードディスク・SSDにたくさんワールドをつくると保存しきれなくなることもあるので、いちおう注意しておきましょう（特にハードディスク・SSDの**容量が少ないことが多いノートパソコンで注意**）。キビシイ場合は**外付けハードディスク、ネットで保存できるサービスなど**をつかい、古いデータを退避しておきましょう。

ノートパソコンでもマウスの用意を

ノートパソコンの「トラックパッド」でもいちおう操作できますが、**Unityでの開発にはホイール（中ボタン）をよくつかいます**（図7.1.2）。

細かい操作にも便利なので、**ノートパソコンでもきちんとマウスを用意**したほうがいいでしょう。1000円もしないマウスもありますよ。

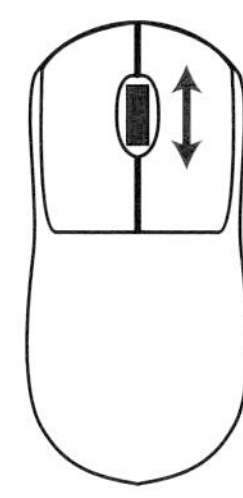

▲**図7.1.2：**このホイール（中ボタン）が大事

ワールドとアイテム 07

Unity IDをつくろう

まずはUnityのIDをつくりましょう。Unityの公式サイトにアクセスし、右上の丸いボタンをクリック(図7.1.3❶)。そして「**Unity IDを作成**」をクリックします❷。

▲**図7.1.3**：Unityの公式サイト

この章は「**PCで○○をダウンロードする**」部分が多くあります。PCからQRコードを読み込むのは難しいのでURLをそのまま書いていますが、翔泳社のサイトからダウンロードできる**「会員用特典」には主なURLがリストとして入っています。**なので、先にそちらをダウンロードしていただくのもよいかもしれません。
https://www.shoeisha.co.jp/book/download/9784798183879

Unityのアカウントをつくります。clusterのアカウントをつくったときと同じように、Google・Apple・Facebookなどと連携してアカウントをつくるほうがカンタンです。アカウントを連携し、利用規約を承諾してボタンをクリックするだけです(図7.1.4❶❷❸)。

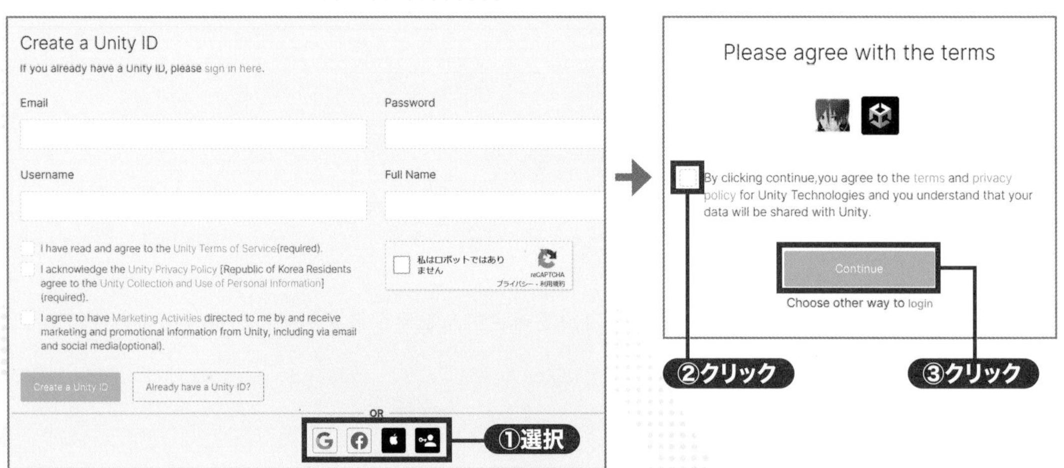

▲**図7.1.4**：Google・Apple・Facebookなどのアカウントと連携してUnityのアカウントを作成

あとは、いちおう**Unityのアカウントを日本語設定に**しておきましょう(図7.1.5)。アカウントをつくったら表示される画面から、❶の「**Preferred language**」の右にあるボタンをクリックし、❷で「**日本語**」を選び、「**Save**」ボタンを押せば日本語になります❸。

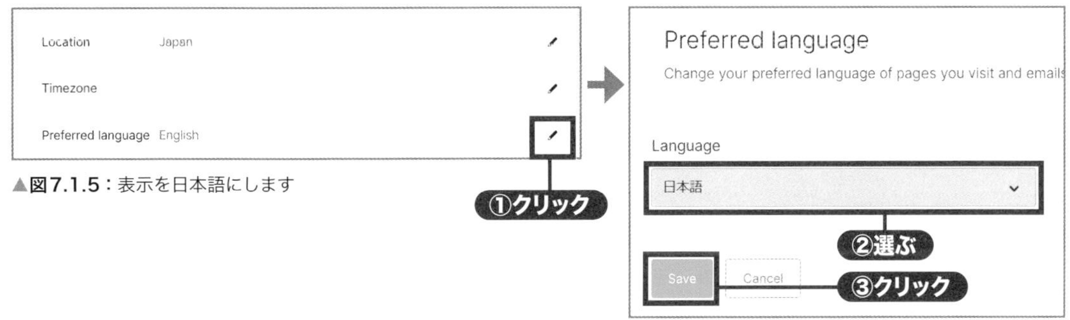

▲**図7.1.5**：表示を日本語にします

まずはUnity Hubをインストール

さて、Unityをインストールしたいところですが……その前に、**Unity Hub**をインストールします。Unity関係の**色々を管理してくれるソフト**です。

https://unity.com/ja/download

このURLのページから「**Windows用ダウンロード**」のボタンを押します（図7.1.6）。**ダウンロードされたファイルを実行**し（図7.1.7）、インストールを完了させてください。

▲**図7.1.6**：Unity Hubをダウンロードする

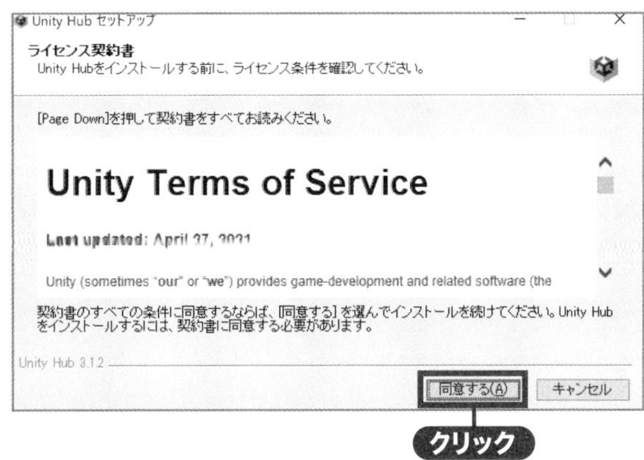

▲**図7.1.7**：Windowsではこんな感じで進んでいく。利用規約を確認して「同意する」を押す

Unity Hubの起動と日本語化

では**Unity Hub**を起動します。Windowsなら「スタート」メニューから「すべてのアプリ」を選び、「U」のところを探すといいですね。最初は「Sign in」ボタンをクリックしてください（図7.1.8❶）。するとブラウザが起ち上がります。ここでUnity Hubとの連携の許可を求められた場合は「Unity Hubを開く」をクリックしてください。Unity Hubに戻るので、「Got it」をクリックします❷。このあと、Unity本体のインストールを行う画面（Install Unity Editor）が出ますが、右下の「Skip installation」を押してスキップします❸。clusterでつかうバージョンと異なる場合があるためです。

Unityのアカウントをつくってからしばらく経ったあとの場合、(図7.1.8❶) のあとで再度ログインを求められることもあります。Google・Apple・Facebookなど、先ほどUnity IDをつくったときに連携したサービス名を選んで、ログインします（メールで登録した人はメールアドレスとパスワードを入れてください)。

▲図7.1.8：Unity Hubを起動する

つづけてUnity Hubの表示を日本語にしておきましょう（最初から日本語になっていたら、以下の操作は必要ありません)。

歯車アイコンをクリック（図7.1.9❶）してから「Appearance」をクリックしてください❷。そしてLanguageで「English」となっているところをクリックし、「日本語」を選べばOKです❸。

▲図7.1.9：Unity Hubを日本語化する

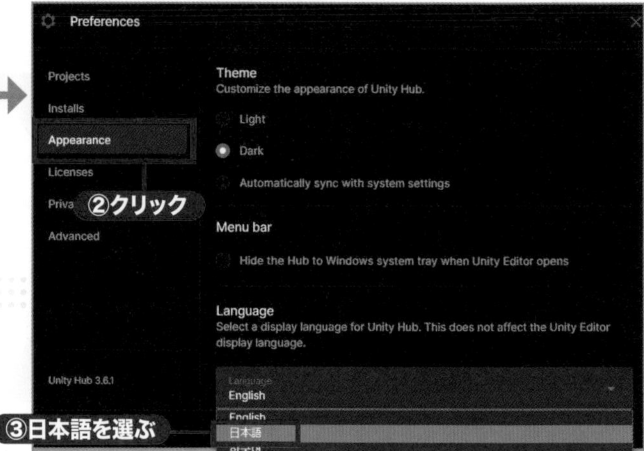

ライセンスを取得・追加する

次に**「個人ライセンス」**を取得します。Unity Hubの上に出ている「ライセンスを管理」ボタンをクリックし（図7.1.10❶)、出てきた画面で「ライセンスを加える」をクリック❷、「無料のPersonalライセンスを取得」をクリックします❸。そして「同意してPersonalのライセンスを取得」をクリックするだけです❹。あとは「×」をクリックしましょう❺。

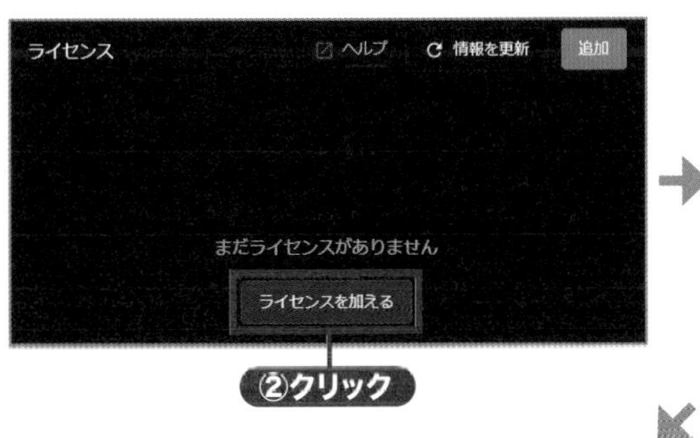

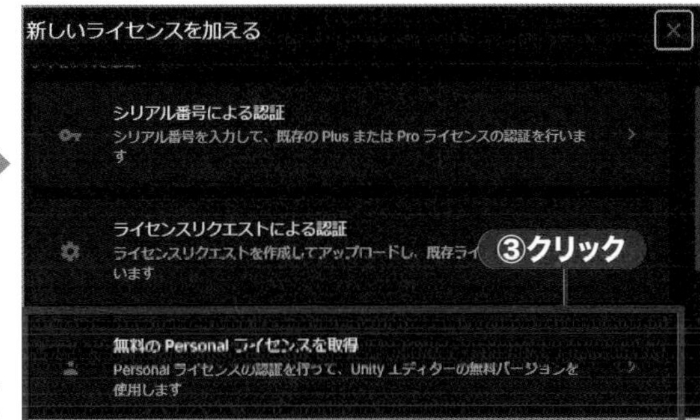

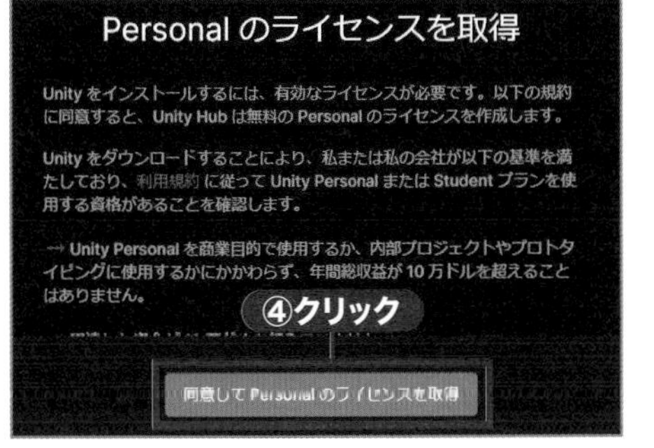

ライセンス　ヘルプ　情報を更新　追加
PE　Personal
アクティベーション日: 2023年11月20日(月)
ライセンスを返却
⑤クリック

▲図7.1.10：Unityの個人ライセンスを取得・追加する

ダウンロードページを開く

では、いよいよUnity本体をダウンロードしに行きましょう。Unity ダウンロード アーカイブ（図7.1.11）にアクセスします。

MEMO

clusterでワールドをつくるときは、**Unityのバージョンがハッキリ指定**されています。「最新版をつかえばOKでしょ？」ではないので注意。

https://unity.com/releases/editor/archive

Unity 2023.X　Unity 2022.X　Unity 2021.X　Unity 2020.X

Unity 2021.3.5　June 22, 2022　Unity Hub　Downloads (Win)
Unity 2021.3.4　May 31, 2022　Unity Hub　Downloads (Win)
Unity 2021.3.3　May 19, 2022　Unity Hub　Downloads (Win)

▲図7.1.11：このページには、過去に出されたUnityの色々なバージョンが置かれている

Unityのバージョンについて

▲図7.1.12：cluster公式サイト「Unityの導入」

2023年8月現在では「Unity2021.3.4f1（Unity2021.3.4と表記されることもあります）」をつかうことになっています（https://docs.cluster.mu/creatorkit/installation/install-unity/）。ただ、**clusterでつかうUnityのバージョンは、本書が出たときに変わっている可能性もあります。**

上記URLにアクセスするか、（図7.1.12）のQRコードを読み込んでください。clusterでつかうUnityのバージョンがわかります。

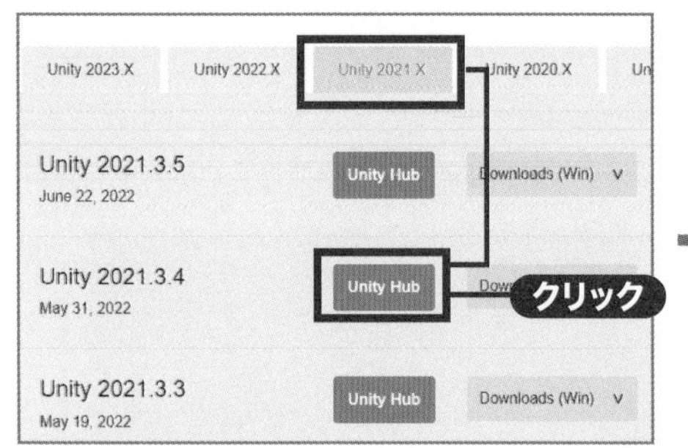

▲図7.1.13：本書執筆時点（2023年8月）でつかう「Unity 2021.3.4f1」を選ぶとインストール画面が表示される

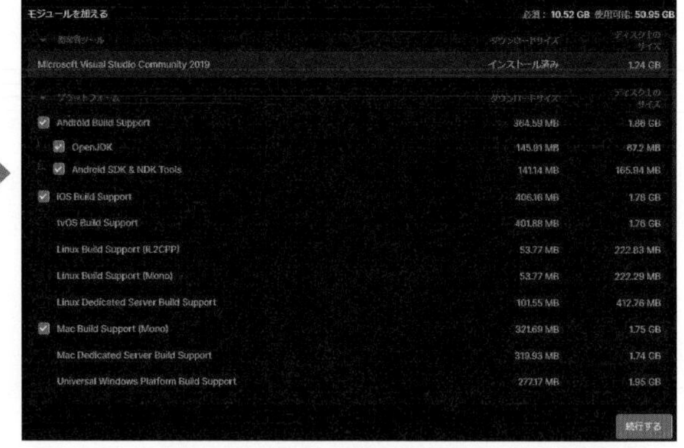

バージョンがわかったら、Unityダウンロードアーカイブでバージョンの右側にある**「Unity Hub」**ボタンをクリックしましょう（図7.1.13）。つづけて、ブラウザで「Unity Hubを開く」ボタンを押すと、Unity Hubが自動で起動し、インストール画面が表示されます。

入れなければならない機能

clusterは**スマホでもPCでもVRでもプレイできる**サービスです。多くの環境でプレイできるようにするため、Unityの「Windows」「Mac」「Android」「iOS（iPhone・iPad）」これらの**開発機能を全部Unityに入れないとワールドはつくれません。**ですからインストール中に（図7.1.14）の画面が出てきたら、その下の表にあるように、元々チェックが入っている開発者ツールに加えて、Android、iOS、2つのプラットフォームに必ずチェックを入れます❶。表示されていない場合は下にスクロールしてください❷。

さらにWindows／macOSのBuild Supportにもチェックを入れてください。ややこしいですが、WindowsならMacを追加、MacならWindowsを追加します❸。

そしてもう1つ、言語パック（プレビュー）の日本語にもチェックを入れます❹。Unityを日本語化するときに必要になります。あとは右下の**「続行する」**をクリックすればインストールが進んでいきます❺。インストールが終わったら、いよいよUnityを起動しましょう。

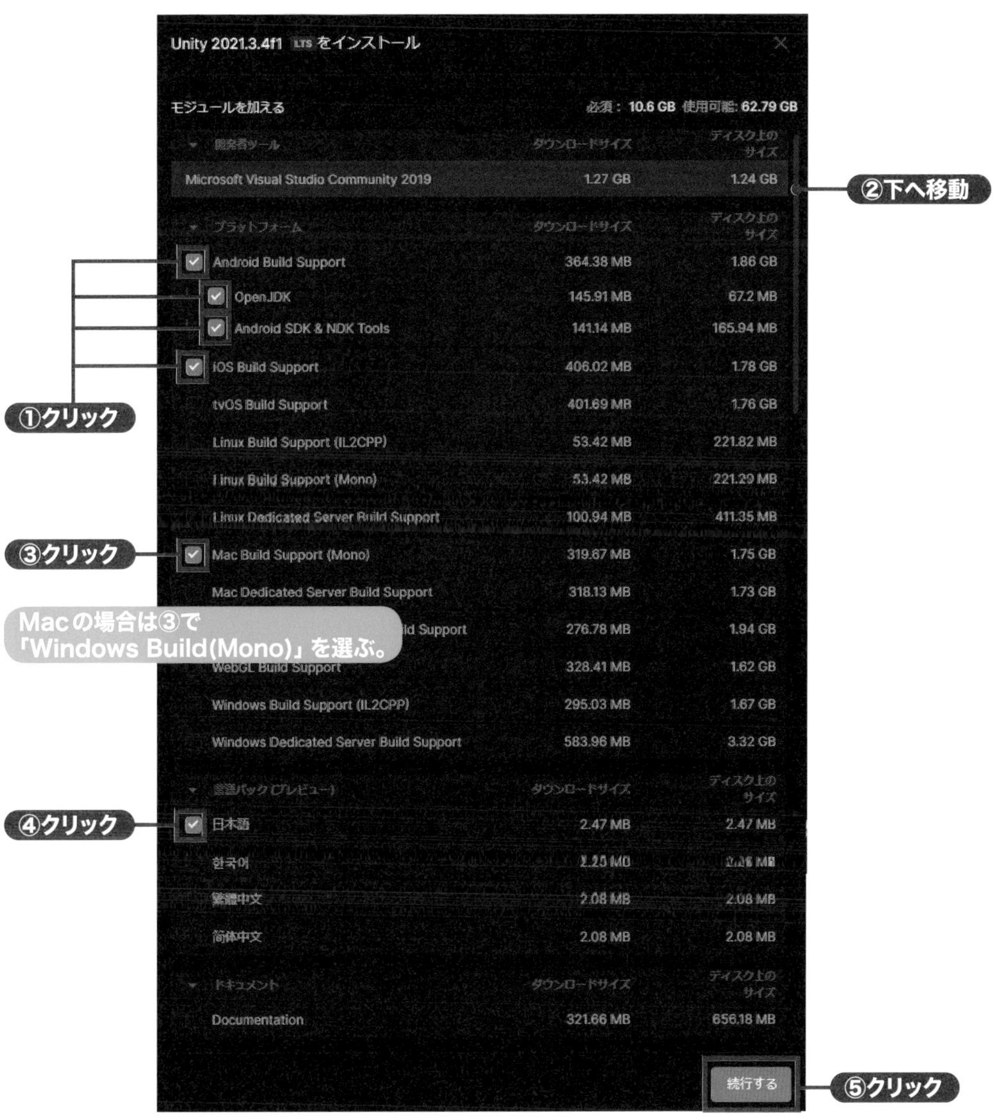

▲図7.1.14：各項目にチェックを入れる

開発者ツール	Microsoft Visual Studio Community 2019（Windowsでつくる場合）
	Visual Studio for Mac（macOSでつくる場合）
プラットフォーム	Android Build Support（OpenJDKとAndroid SDK & NDK Toolsも）
	iOS Build Support
	Mac Build Support（Mono）（Windowsでつくる場合）
	Windows Build Support（Mono）（macOSでつくる場合）
言語パック（プレビュー）	日本語
ドキュメント	Documentation

▲Unityのインストール時に加えるモジュール

あとは2つの利用規約の同意にチェックし、「インストール」をクリックします（図7.1.15❶❷❸❹）。途中でVisual Studioのインストールを求められた場合、「Unityによるゲーム開発」にチェックを入れて❺、「インストール」をクリックしてください❻。

インストールにはかなりの時間がかかります。また、パソコンの再起動をうながされた場合はそれに従ってください。

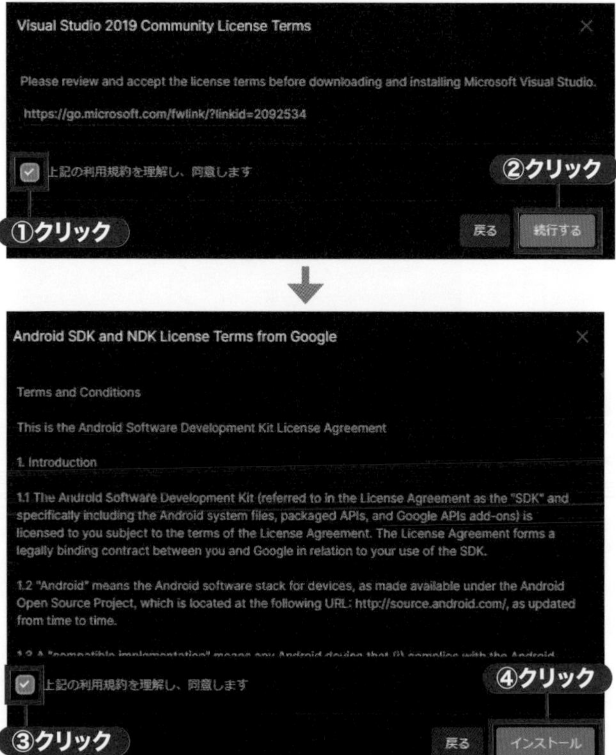

▲**図7.1.15**：利用規約に同意し、Visual Studioもインストールしていく

Unityのインストールは、各種バグやサーバーの不調などによって失敗することがあります。途中から進まなくなってしまったり、このあとで説明していくサンプルプロジェクトに入っているワールドをどうしてもアップロードできなかったりした場合は、パソコンの再起動やUnityの再インストールを試みてください。

サンプルプロジェクトを入れる

本書のサンプルプロジェクトは翔泳社のサイト、

https://www.shoeisha.co.jp/book/download/9784798183879

からダウンロードし、解凍してください。なお、**デスクトップにあるプロジェクトをUnityで開くとトラブルが起きやすいという報告**がありますので、解凍するのはデスクトップ以外にしてください。

Unityで開こう

では、展開した「**サンプルプロジェクト**」をUnityで開きましょう。

▲**図7.1.16**：Unity Hubへのサンプルプロジェクトの追加方法

まずは**Unity Hub**を開きます。そして「プロジェクト」を選び（図7.1.16❶）、右上の「追加」のヨコの三角形マークをクリックし❷、「ディスクから加える」を選択❸。先ほど解凍したサンプルプロジェクトがあるフォルダから「CEW_Project」を指定してください。あとは加わった「CEW_Project」をクリックします❹。

なお「サンプルプロジェクト」を開くと、初回は自動的にclusterのワールド開発に必要な**「CCK（Cluster Creators Kit）」がネットからダウンロードされる**ようになっています。このときに少し時間がかかるので、お待ちください。

サンプルプロジェクトの中身

さあ、サンプルプロジェクトが開いたでしょうか？　もし通信許可を求められた場合は許可してください。一方、Unityのバージョンアップを求められた場合は「Skip new version」をクリックします。2023年8月現在、clusterではUnityのバージョンが2021.3.4f1と決まっているからですね。

とりあえず**英語ばっかりですが、これは次の項ですぐに日本語に変えます**から安心してください。

なお、「**Project（プロジェクト）**」には「**あなたの素材**」と「**アセット**」というフォルダがあります（図7.1.17）。このうち、**「アセット」の中に色々とデータが入っています。**

最初は「**アセット**」フォルダ内の「**シーン**」というフォルダが大事です。この章からの説明は、このフォルダに入っているシーンデータを開くことからスタートしていきます。他のところに何が入っているかは、これからゆっくり見ていきましょう。

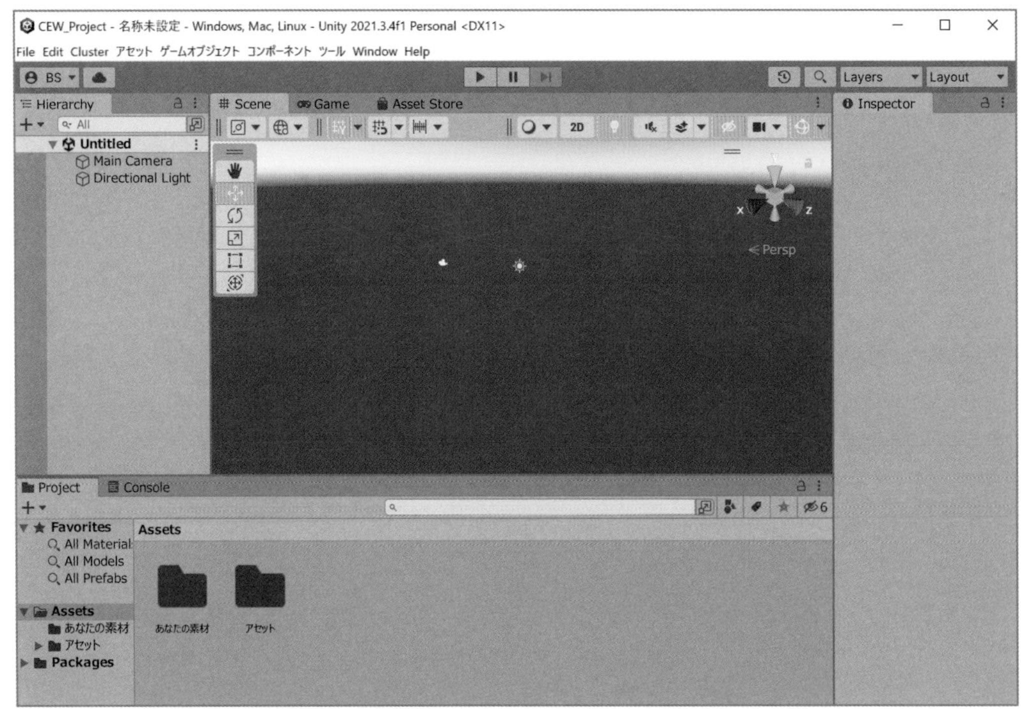

▲**図7.1.17：**サンプルプロジェクトを開いたところ

Unityを日本語表示にする

さて、無事Unityは起動したでしょうか？　たぶん、（図7.1.18）のように**英語だらけの状態ですよね……**（日本語で表示されていたら、この項の作業は必要ありません）。

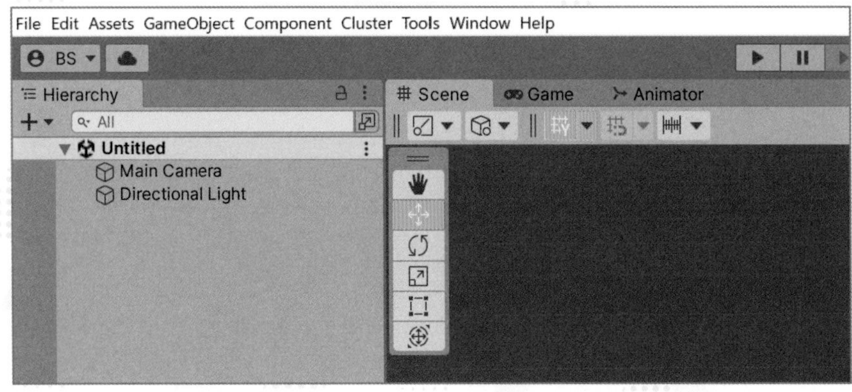

▲**図7.1.18：**英語ばかりのUnity

でもUnityは**カンペキではないですが、日本語表示に対応**しています。かなりの部分が日本語になるので、特に英語がニガテな人にとっては助けになるはずです。

まず、メニューから**Edit**をクリックし、**Preferences**をクリックします（図7.1.19❶❷）。そして**Languages**をクリックしましょう❸。つづけて、**Editor Languages (Experimental)** を選び、「**日本語 (Experimental)**」をクリックします❹。

Macでは「Edit（編集）」ではなくメニューの「Unity」のところに「Preferences（環境設定）」があります。

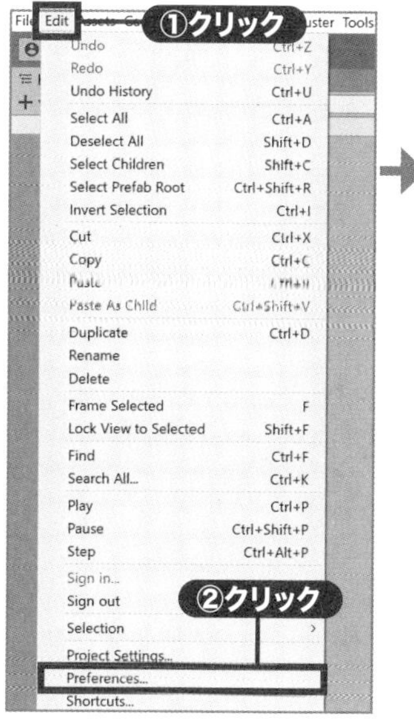

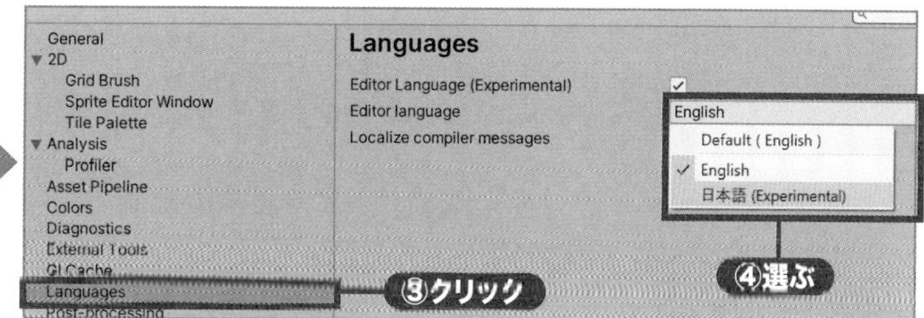

▲**図7.1.19**：日本語にしていく

「**Localize compiler messages（コンパイラーメッセージをローカライズ）**」もオンにしてよいと思います（図7.1.19）。一部のエラーメッセージが日本語になります。

するとしばらく待ち時間があり……改めて表示された画面は、日本語表示になります（図7.1.20）。これなら**だいぶわかりやすいですね。**もし日本語表示になっていなかった場合はUnityを再起動してみてください。

ただ、これからワールド作成をはじめるとわかることですが、**英語のままのところも結構あります。**英語がニガテな人にとってはキツいかもしれませんが、ざっくり名前を覚えておけばいいので大丈夫です。

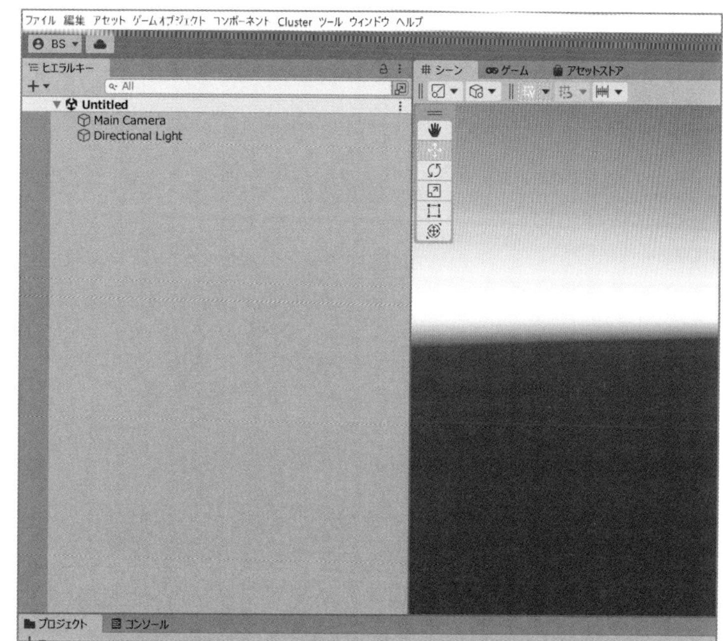

▲**図7.1.20**：かなりの部分が日本語になった

例えば**Transformなら「トラなんとか」**くらいに覚えておけば大丈夫です。また、ハコをつくったときに「Cube」という名前になっていたら「ハコ」に名前を変えるなど、**変えられるものは自分で日本語に**してしまいましょう。

Unityの基本操作を少しチェック

Unityでまず大事なのは、この3つだと思います。

- **視点を動かす**
- **ウィンドウの名前と役割を覚える**
- **モノを選び、動かす**

練習のために、まず「**シーン**」フォルダの中にある、「**シーン操作練習用**」を開いてください。「アセット」の左にある三角形ボタンをクリックし（図7.1.21❶）、「シーン」をクリックし❷、「シーン操作練習用」をダブルクリックします❸。

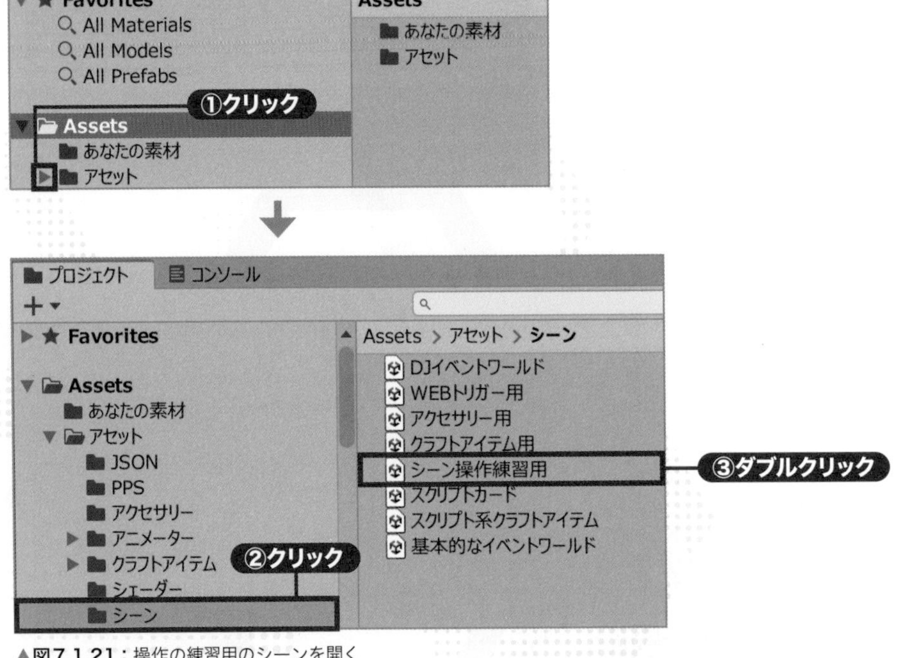

▲**図7.1.21**：操作の練習用のシーンを開く

視点の操作

メタバースは3Dの世界です。**3Dの場合、全部の方向を一度に見ることはできませんから「視点の操作」ができないとワールドをつくれませんね。**基本は**右ボタンを押したままマウスを動かす**だけで大丈夫です（図7.1.22）。「シーン」に表示されている画面がグルグルと回転します。これはclusterでやっている操作と同じですね。

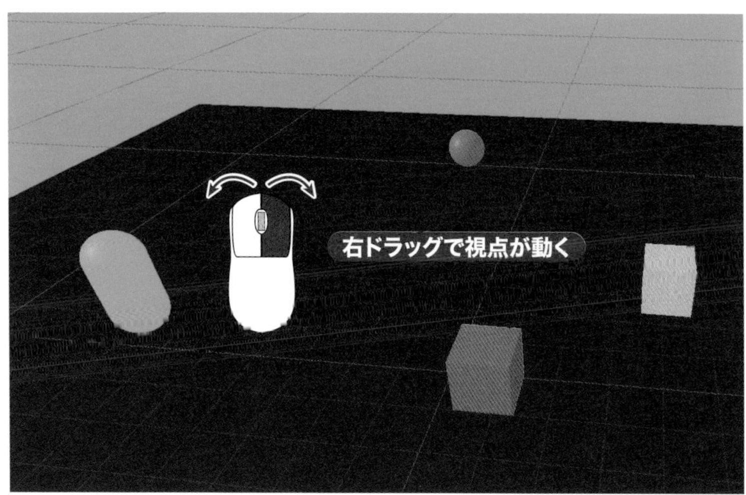

▲**図7.1.22：**右ボタンを押したままマウスを動かす、これが視点操作の基本

また、マウスの**中ボタン（ホイール）をまわすとズームイン・ズームアウト**が可能です（図7.1.23）。これもclusterをプレイしているときと同じ。さらにこの**中ボタンを押しながらマウスを動かすと、視点が上下左右に移動**します。

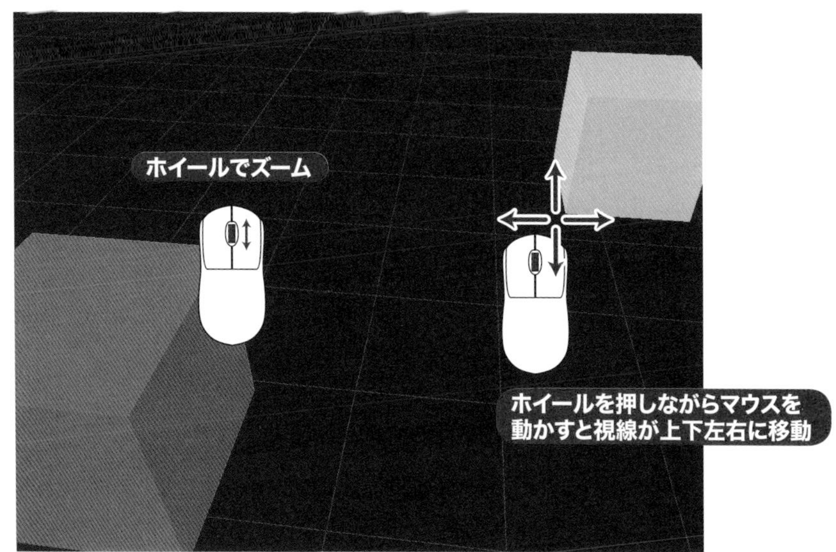

▲**図7.1.23：**中ボタンでの視点操作

ワールドとアイテム 07

さらに**マウスの右ボタンを押しながらキーボードの［W］［A］［S］［D］キーで視点を前後左右に**動かすこともできます（キーボードを見れば、WASDがどういう意味なのかすぐわかるはずです）。（図7.1.24）も見てください。

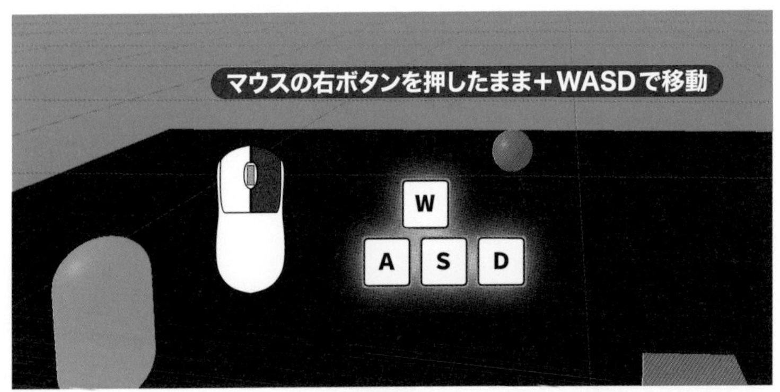

▲**図7.1.24：**ワールド探索のように直感的な視線移動

ちなみに**［Q］キー**なら下に、**［E］キー**なら上に。**［Shift］キー**を押しながらだと移動が速くなります。

パネルの名前と役割

Unityの画面の中には、いくつかの「パネル」があります。この並び方は自由に変えられるのですが、最初はだいたい（図7.1.25）に示すような配置になっているはずです。

▲**図7.1.25：**変わった名前だが、全部覚えよう

ここで「**シーン**」はわかりやすいですね。今つくっているワールドの中身が表示されているわけです。**それ以外の、3つのパネルがポイント**になります。

プロジェクト

画像や音や3Dモデルなどのデータが入っています（図7.1.26）。あなたが入れたサンプルプロジェクトのフォルダの中身が見えているはずです。

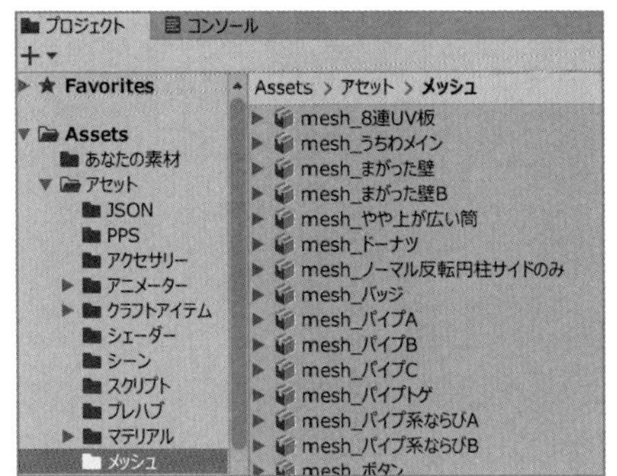

▲**図7.1.26**：プロジェクトには色々なデータが入っている

ヒエラルキー

ヒエラルキーはワールドに置いてある**モノの一覧**です（図7.1.27）。「**シーン**」からモノを選ぶのは直感的でわかりやすいですが、ヒエラルキーからでないと選びにくいこともあるのでうまくつかい分けましょう。

またヒエラルキーでは「**親子関係**」もつくることができます。この画像だと「動かないモノ」の子に「床関係」があり、さらにその子に「床00」がありますね。

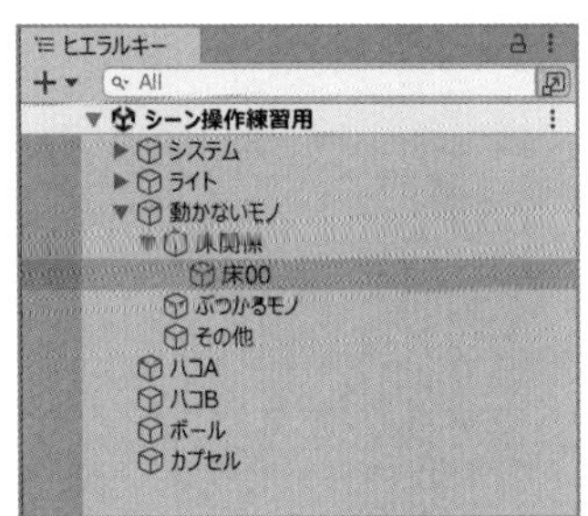

▲**図7.1.27**：ワールドに置いてあるモノを選ぶときにつかいやすい

インスペクター

選んでいるモノの情報を表示します（図7.1.28）。位置や回転の数値から、色や模様、そして6章に出てきた「アイテム」としての情報まで表示されます。

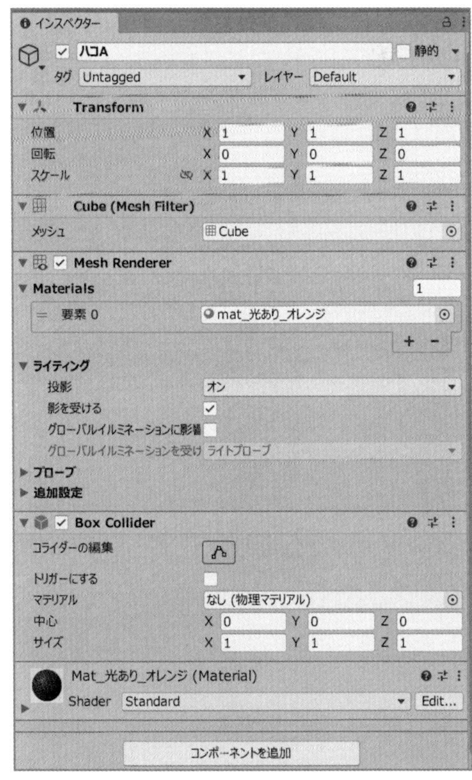

▲**図7.1.28**：選んだモノの情報が色々と出てくる

ワールドとアイテム 07

操作したいモノを選び、動かす

ワールドにモノを置いたあと、それを**好きな場所に動かしたり、場合によっては消したり**するのも基本ですね。練習で、オレンジ色のハコを動かしてみましょう。まず選ぶのは普通に**「シーン」**で**オレンジ色のハコ（ハコA）を左クリック**すればOKです（図7.1.29）。ただモノが多いワールドだと、**「ヒエラルキー」**から選んだほうがラクかもしれません。

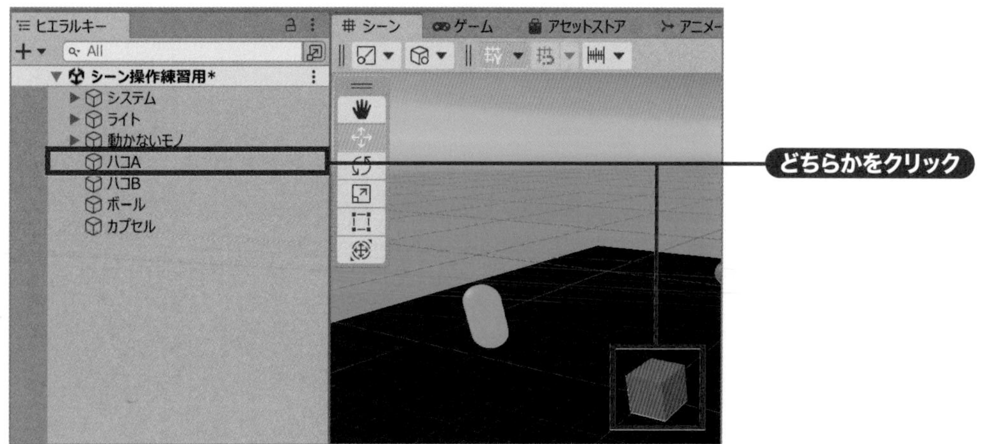

▲**図7.1.29**：モノを選ぶのは、ヒエラルキーからでも、シーンからでもOK

さてオレンジのハコを選べたでしょうか。そうしたら、（図7.1.30❶）のところをクリックしてください。矢印が出るはずです。あとは、**矢印をマウスでドラッグして動かせばハコを動かせる**はずです❷。

また、**「ヒエラルキー」**からモノを右クリックして「削除」でアイテムを消せます（図7.1.31❶❷）！　メニュー：**「編集」**－**「削除」**でも同じように消せますし、**[Delete]** キーを押してもいいです。

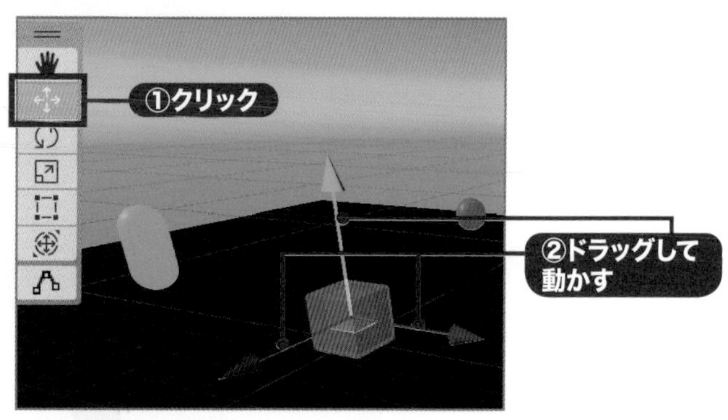

▲**図7.1.30**：移動させるための3色の矢印

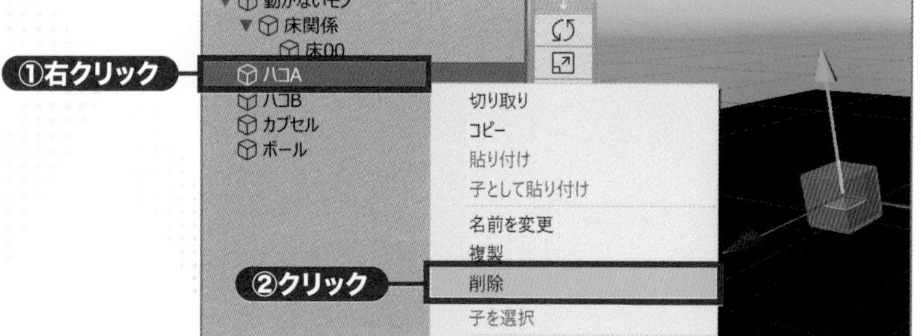

▲**図7.1.31**：モノを消すにはこうする

間違って消した場合や間違って動かした場合は **[Ctrl] + [Z] キー**を押すか、メニュー：「**編集**」→「**Undo**［前回行った操作名］」を選んでください（一番上にあります）。「Undo History」でもいいですが、こちらは操作の意味が少し理解しづらいのでここでの説明は割愛します。

なんだかよくわからないことになっちゃった……という場合は一度**Unityを閉じて**、出てきたウィンドウで「**保存しない**」を選んでから**もう一度Unityを起動**すればOK。うっかり保存しちゃった場合でも、**配布のサンプルプロジェクトをもう一度入れれば最初からやり直せます。**

7-2 イベント用ワールドのテスト

この節ではイベント用ワールドとして最低限の要素を見つつ、イベントワールドに必要なモノや構造を理解していきます（図7.2.1）。

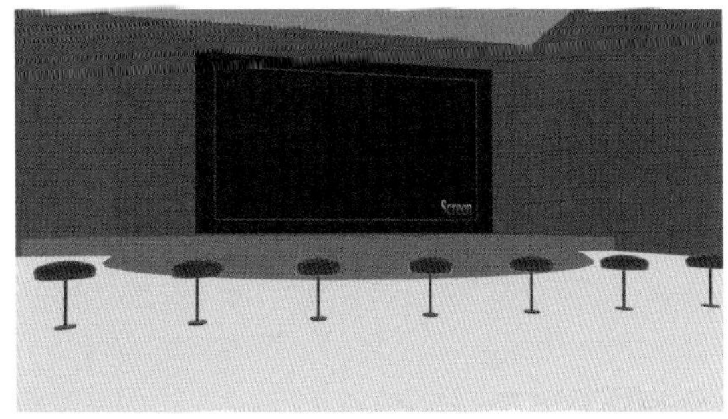

▲**図7.2.1**：非常にシンプルなサンプルワールド

サンプルワールドを歩いてみる

サンプルプロジェクトの「**シーン**」フォルダから、「**基本的なイベントワールド**」を開いてください（図7.2.2）。とてもシンプルなイベントワールドが開きます。

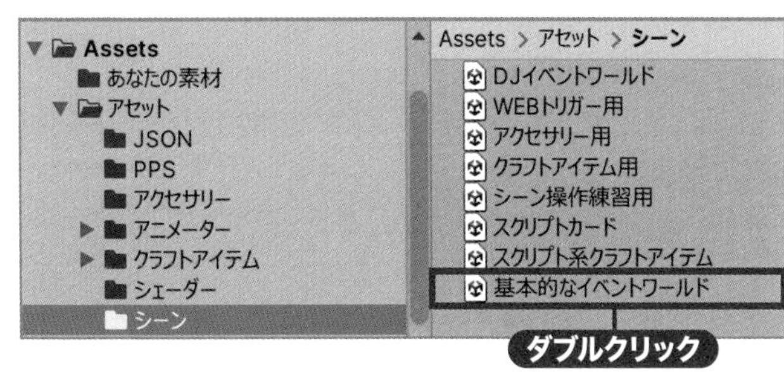

▲**図7.2.2**：「基本的なイベントワールド」を開く

あるものはスクリーン・コメントスクリーン・ランキングボードと、いくつかのイスだけです。「再生」ボタンをクリックして、[W] [A] [S] [D] キーなどをつかってワールドを歩きまわってください（図7.2.3）。**ステージの上に進もうとしてもできない**のがわかると思います。これが「**スタッフコライダー**」です（図7.2.4）。

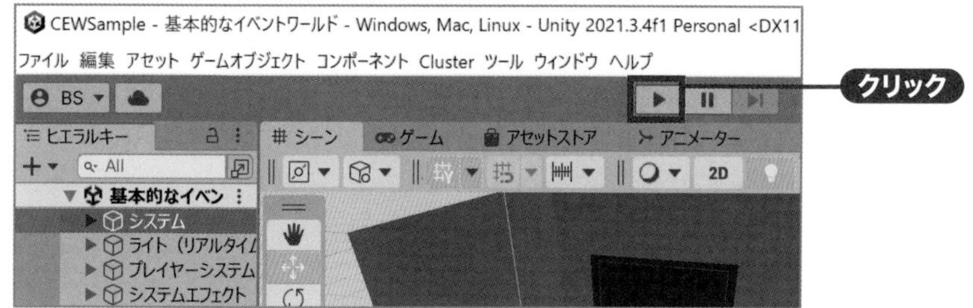

▲**図7.2.3：**「再生」ボタンをクリックする。プレイを止めるときもこのボタン

◀**図7.2.4：**「基本的なイベントワールド」でステージに向かって進んでも、透明な「スタッフコライダー」にぶつかるのでステージの手前で止まってしまう

もう一度再生ボタンをクリックして、プレイを止めましょう。「**ヒエラルキー**」から「**スタッフコライダー**」をクリックして選び（図7.2.5）、画面の右にある「**インスペクター**」の情報を見てください。

コライダーというのは「**ぶつかるもの**」という意味です。この「スタッフコライダー」には「**Box Collider**」という、ハコのような直方体のコライダーが付いています（図7.2.6）。一方で「**Mesh Renderer**」という、ハコの形を**画面に表示する機能はチェックが外れてオフ**になっています。そのため**透明だけれども、進もうとするとハコのような物体にぶつかって前に進めない**という状態をつくれているのです。

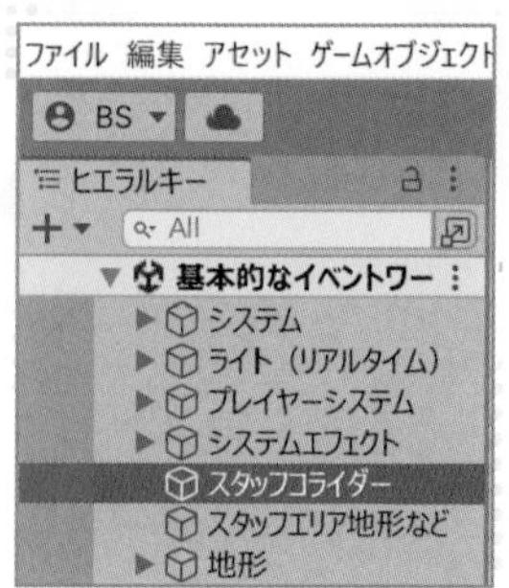

▲**図7.2.5：**スタッフコライダーを選択

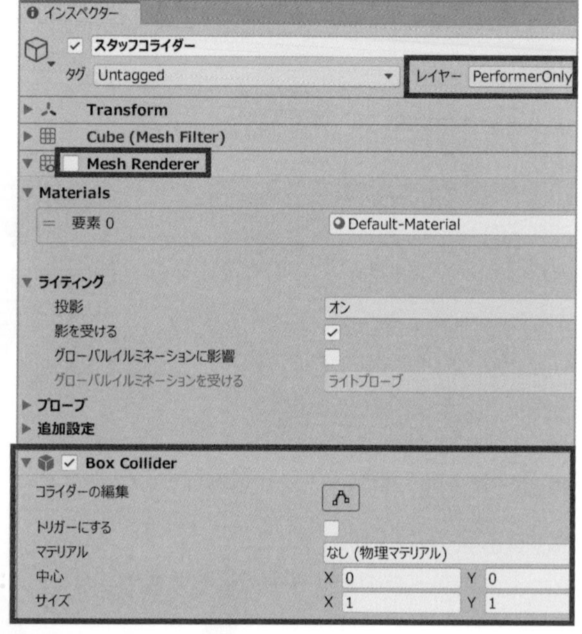

▲**図7.2.6：**様々な「コンポーネント（部品）」がついている

また、「**レイヤー**」のところが「**PerformerOnly**」となっています。「スタッフコライダー」以外のモノを選んだとき、多くは「Default」になっているはずです。

このようにレイヤーが「PerformerOnly」となっているモノには、**一般参加者だけぶつかります。つまり中に入ることができません。**ステージなど、スタッフやゲストだけ入れたいところにはこの「スタッフコライダー」をつかってください。

Unity上で、スタッフの場合はどうなるかをテストすることもできます。再生ボタンをクリックしてから、メニューの「**Cluster**」－「**プレビュー**」－「**ControlWindow**」をクリックしてください（図7.2.7❶）。そして「**権限変更**」をクリックしてから「**リスポーンする**」をクリックします❷❸。すると、最初とは違う場所にワープします（図7.2.8）。

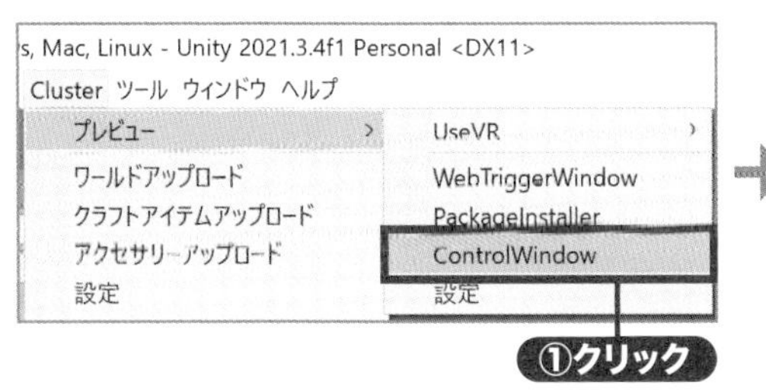

▲**図7.2.7**：ControlWindowの操作

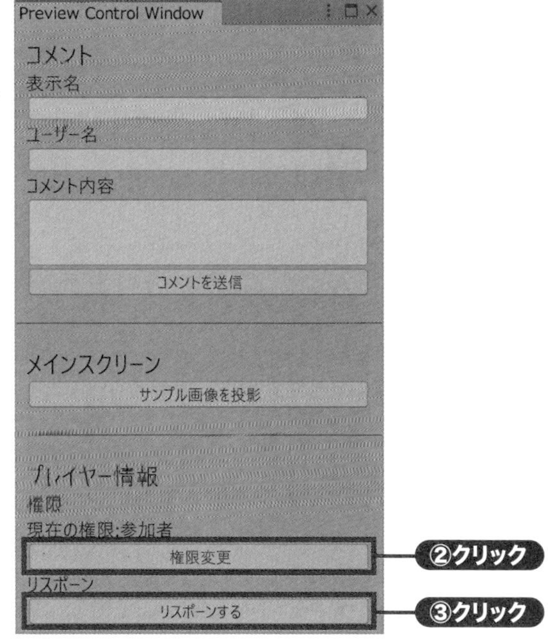

ここは「スタッフの開始位置」です。リアルでいえば楽屋、スタッフルームですね。スクリーンの裏側にあり、観客席のほうを見ることができるようになっています。この状態で歩きまわると、**ステージと観客席を行ったり来たりすることができます。**このように、**「スタッフ」としての権限を持っている場合は「スタッフコライダー」にはぶつからない**のです。

◀**図7.2.8**：スタッフの開始位置は、ステージのウラ。実はスクリーンは片面しか表示されないので、ウラから見ると透けて観客席が見える

サンプルワールドをアップロードしてみる

このワールドを実際にclusterへアップロードしてみましょう。**早めにアップロードすることで、設定などに問題がないかどうかをチェックすることができます。**

アクセストークンの入手

まずcluster公式サイト（https://cluster.mu）にアクセス。まだclusterにログインしていない場合はログインしてください。そして右上のアイコンをクリック（図7.2.9❶）。「**アクセストークン**」をクリックします❷。つづけてCreator Kit トークンのところの「**トークン作成**」ボタンをクリックします❸。

すると（図7.2.10）のような表示が出てくるので、右のほうにある**コピーボタンをクリックし❶**、「**OK**」をクリックしましょう❷。Unityに戻ります。

▲**図7.2.9**：トークンの作成

- 下記のトークンをコピーしてください
- このトークンは1度しか表示されません
- このトークンは絶対に他人には教えないでください

①クリック
OK
②クリック

▲**図7.2.10**：やたら長い文字列が並んでいるが、これがトークン。ボタン一発でコピーできる

アクセストークンの設定

Unityから、メニュー:**「Cluster」−「ワールドアップロード」**を選びましょう。(図7.2.11)のようなウィンドウが出てきます。「アクセストークンを貼り付けてください」と書いてあるところをクリックし❶、(図7.2.10)でコピーしたトークンを貼り付けます❷。貼り付けはWindowsなら**[Ctrl] + [V] キーを押すのがラク**ですね。あとは**「このトークンを使用」**ボタンをクリックすればOKです。

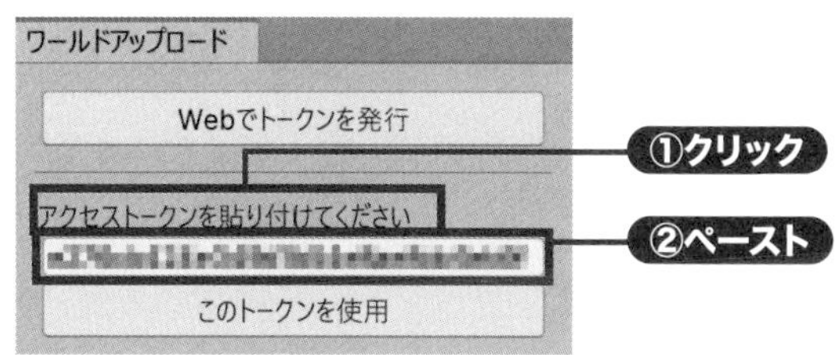

▲**図7.2.11**:赤い枠のところをクリックし、先ほどコピーしたトークンを貼り付け

POINT

すでにクラフトアイテムやアクセサリーをアップロードしたことがある人は、ここでアクセストークンの入力を求められないこともあります。

サムネイル画像と説明を適当に設定

「新規作成」ボタンをクリックし新しいワールド設定をつくります(図7.2.12)。そして「画像の選択」から適当な**サムネイル画像**(ワールド説明用の画像)を選んでください(図7.2.13❶)。

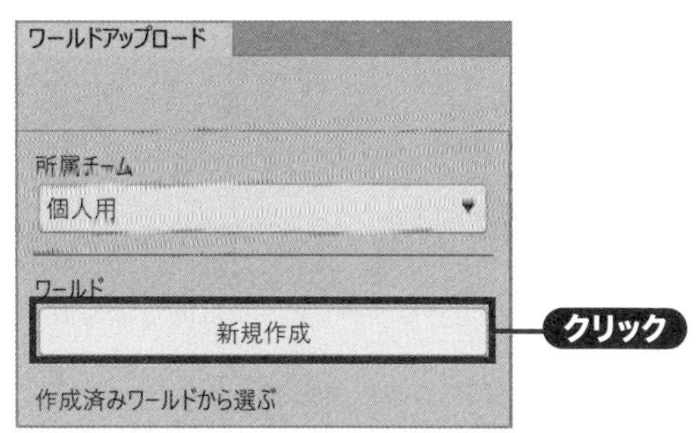

▲**図7.2.12**:新しいワールド設定をつくるウィンドウ

MEMO

とりあえずは、サンプルプロジェクトの「画像テクスチャ/その他」フォルダの中にある「テスト」などでいいです。

あとは「ワールド名」も「ワールドの説明」も「テスト」などと入力しておけばいいでしょう❷。ワールドをアップロードしても今は**他の人に見えない「非公開」なので、何も気にする必要はありません。**設定ができたら、**「変更を保存」**をクリックしておいてください❸。

では「'テスト'としてアップロードする」をクリックしましょう(ワールド名を変えたら「'○○'として」の○○の部分は変わります)❹。確認画面が出たら、さらに「アップロード」をクリックします。

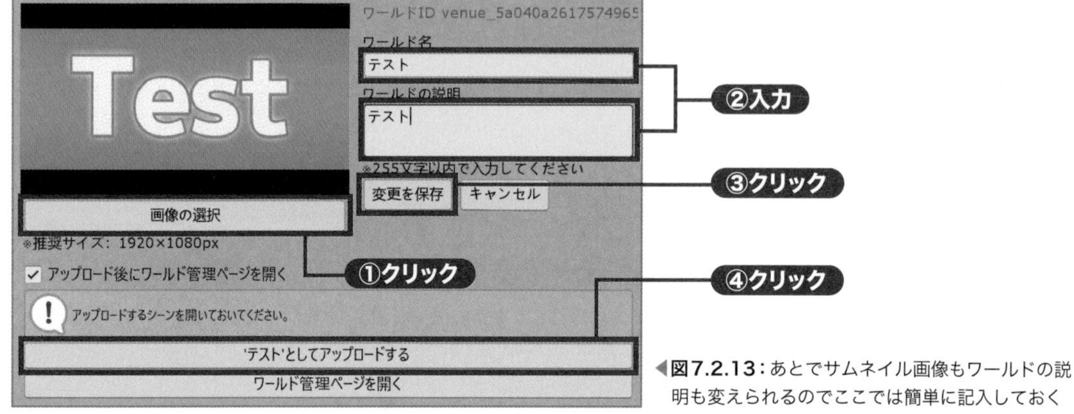

◀**図7.2.13**：あとでサムネイル画像もワールドの説明も変えられるのでここでは簡単に記入しておく

アップロードのポイント

そしてここから**とても時間がかかるので待ってください。**かなり速いPCでも、1〜2分はかかると思ったほうがいいです。

ただし、**はじまってすぐにエラーで止まることもあるのでそこはチェック！**　順調に動いているようであれば、しばらく放置しましょう。

一度ワールドをアップロードしておくと、次から同じワールドを更新してアップロードするとき**ちょっとスピードが速く**なります。

実際にワールドでイベントを開いてみる

アップロードが完了したら、clusterで限定イベントを開いてみましょう。開き方を忘れてしまった人は「2-2 イベントでの操作方法」を改めてチェックしてみてください。会場選択画面で「マイワールド」を選べば（図7.2.14❶）、あなたのつくったワールドを会場に選べます❷。

ブラウザでイベントページを開き、画面の下のほうにある「**会場に入る**」を選べばイベントに入ることができます。あなたはイベントの主催者なのでスタッフであり、**会場に入るとスタッフの開始位置からスタート**できます。

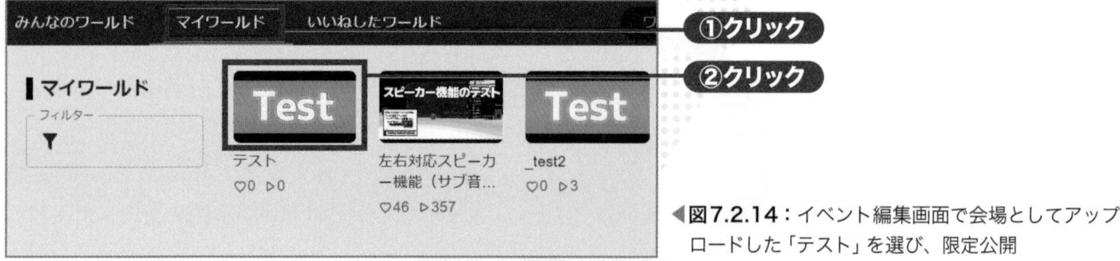

◀**図7.2.14**：イベント編集画面で会場としてアップロードした「テスト」を選び、限定公開

ワールドを公開したいときは

ワールド一覧から「**公開する**」ボタンを押すと、ワールドをcluster「全体」に公開できます（図7.2.15❶)。「非公開」に戻したい場合は❷の3点ボタンをクリックし、「**非公開にする**」をクリックしてください❸。ちなみに「**情報を編集**」からサムネイル画像と説明書きを変更することもできます。

▲**図7.2.15**：cluster公式サイトの「マイコンテンツ」にあるワールド一覧から公開・非公開の設定を変えられる

イベントの会場には、あなたのつくった非公開のワールドも選ぶことができます。純粋にイベント会場としてつかっていくのであれば、非公開のままでもかまいません。

このワールドに様々なモノを追加していけば、独自のイベント用ワールドとしてつかっていくことも可能です。しかしあまりにも機能が少なすぎますから、実際には**「7-6 WEBトリガーをつかった劇演出」で出てくるシーンや8章に出てくるシーンをベース**にしたほうがいいでしょう。

次の節からはいったんUnityでのワールドづくりを離れ、ワールドクラフトについて説明します。そして「クラフトアイテム」をUnityでつくる方法なども説明していきます。

7-3 ワールドクラフトの進化と可能性

前作『メタバースワールド作成入門』（翔泳社）の執筆中はワールドクラフトの機能がきわめて限定的だったため、あまり長くは説明せずUnityの説明を中心に行いました。しかしそれ以降、独自の**「クラフトアイテム」**のアップロード、それを売買できる**「アイテムストア」**の誕生、光ったエフェクトや全体の色合いの変更、決められたものから選ぶ形とはいえ音楽を流す機能など、本格的なワールドをつくれるまでに進化しています（図7.3.1）。当然イベント用ワールドとしての魅力も上がったといえるでしょう。

▲**図7.3.1**：ワールドクラフトの進化は進んでいる

なお基本操作については、はじめて**ワールドクラフトを起動したときclusterで操作説明（クラフトガイド）が出るようになった**こともあり省略いたします。

クラフトガイドをもう一度見たい場合は、ロビーの中からトラベラーズルームに移動し、その奥にある「ホーム」のポータルに入ってください（図7.3.2）。

かつて誰でも同じシンプルなワールドが表示されていた「ホーム」は、今や**自分の好きなテンプレートを選んでそれを自由にクラフトできる「ホームクラフト」**となりました。ワールドクラフト機能をclusterが強くオススメしていることがわかりますね。

▲**図7.3.2：**クラフトガイドは何度でもプレイできる

ワールドクラフトで見た目を向上させるテクニック

ワールドクラフトでは、**エフェクトをうまくつかうことで初心者でも見た目を向上させやすく**なります。clusterアプリのホームで「クラフト」モードに切りかえ、光るモノを色々と置いていってみましょう。

まず「バッグ」から、「照明」カテゴリの中にあるアイテムや「床」の中にある「SF風の青い床（エフェクトあり）」など光っていそうなアイテムを選び、「スロット」に入れていきます（図7.3.3）。そしてワールドに配置していきましょう。ただ、**この時点では全く光っていません。光らせるためには、「ワールド環境」を変更する必要**があります。

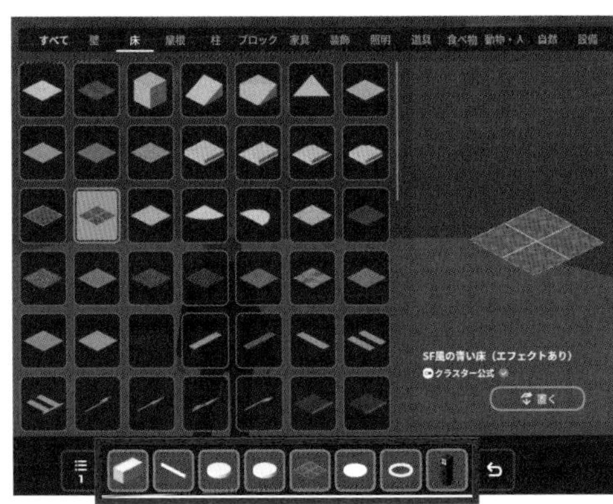

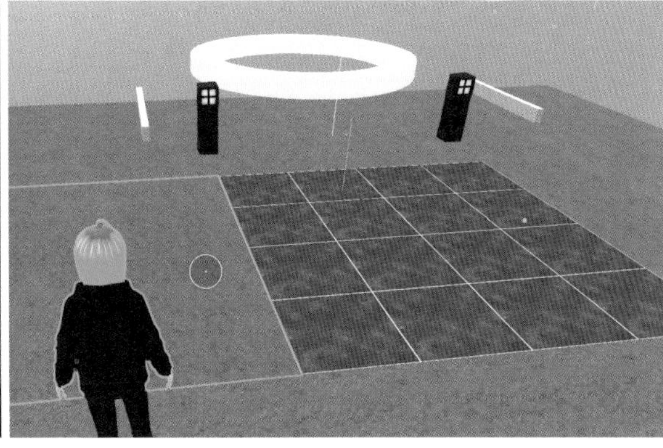

▲**図7.3.3：**光るアイテムをスロットに登録し配置しても、まだこの段階では光らない

画面左下の「**ワールド環境**」ボタンを押し（図7.3.4❶）、中央下の光った感じのボタンを押してください❷。あとは「**光の強さ**」で一番右のボタンを押せば、置いたモノが光って見えるようになったはずです❸。光りすぎだと感じたら、❷で押したボタンの左にあるボタンを押しましょう。

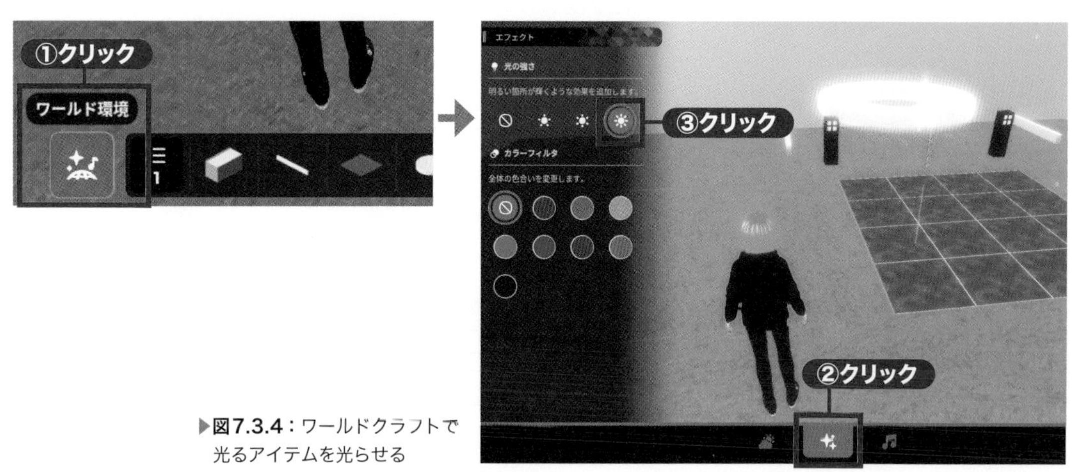

▶**図7.3.4：**ワールドクラフトで光るアイテムを光らせる

また、**光るエフェクトは暗いワールドのほうが映えます。**画面下やや左の雲と太陽のようなボタンを押し（図7.3.5❶）、暗めのアイコンを選んでください❷。ワールド全体が暗くなり、光っている効果がより映えるようになりました。この画面ではさらに（図7.3.4）の「光の強さ」ボタンの下にある「**カラーフィルタ**」も選択し、やや赤っぽく見えるように設定しています。

あとは画面下やや右の音符ボタンからBGMを設定してもいいですが、イベントにつかうワールドの場合は音楽は流さないほうがつかい勝手がよいです。その場で自由に流す音楽を決めるとよいでしょう。

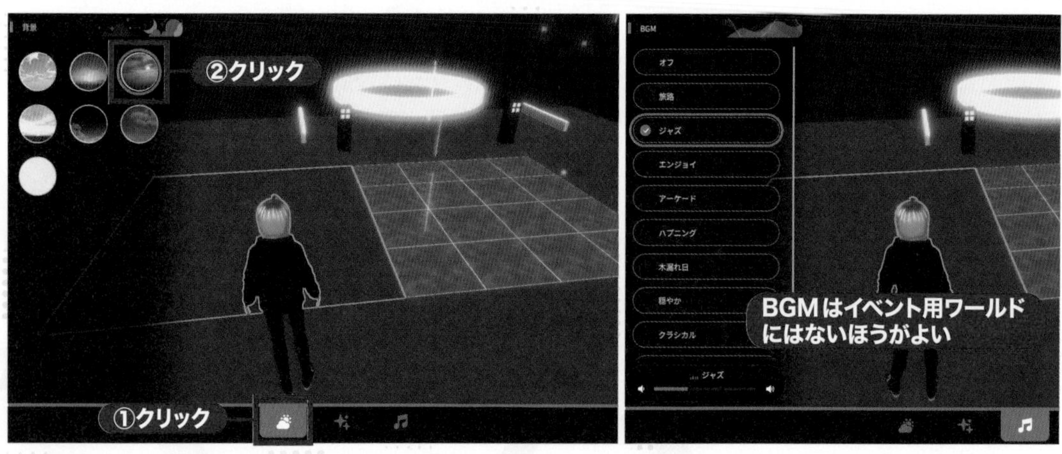

▲**図7.3.5：**ワールドを暗くする例。BGMはイベント用ワールドなら「オフ」でよい

クラフトアイテムについて

ここまで見てきたようにワールドクラフトは見た目を光らせるなどの機能でも進化していますが、やはり最大の進化は**「クラフトアイテム」**です。独自のアイテムがつくれることで、例えばワールドに**あなたからの注意書きを置いたり、以前撮った写真や描いた絵を展示したり、世界観に合ったイスを置いたりすることができます。これはイベント用ワールドをつくる観点からも重要な変化**です。

なお、clusterユーザーがつくったアイテムがストアで非常に多く売られていますから、あなた自身でアイテムをつくらなくても購入したアイテムをワールドクラフトで活用することもできます（図7.3.6）。

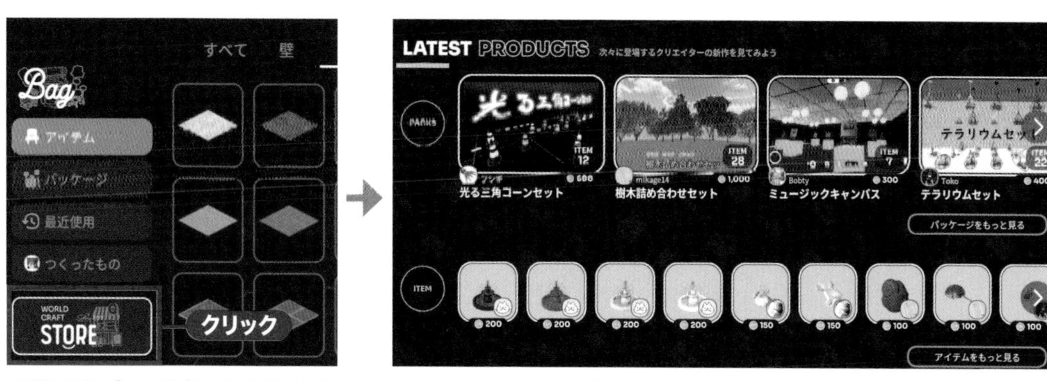

▲**図7.3.6**：「バッグ（Bag）」を開くと左のほうにアイテムストアに行くボタンがある。非常に多くのアイテムが売られており、色々なアイテムがセットになった「パッケージ」も並んでいる

ストアのアイテムは有料ですが、「1-2 clusterでつかわれる言葉の説明」でも見たように「ミッション」をこなしていくことでもらえる**「clusterポイント」をつかって、クラフトアイテムを手に入れることもできます。**初心者のうちは「ロビー」のストアエリアを毎日見に行って、ほしいクラフトアイテムがないかどうか確認するとよいでしょう（図7.3.7）。

次の節からは**Unityでクラフトアイテムをつくる方法**について説明します。クラフトアイテムを自分でつくれるようになると、かなり独自性のあるワールドをつくることができます。

▲**図7.3.7**：「ロビー」の「STORE」と書かれたエリアに行くと、「clusterポイント」で交換できるクラフトアイテム・アバター・アクセサリーなどを確認できる

POINT

前のページで登場した「SF風の床」の上では、レーザーのような光や光の粒がゆっくりと上昇しています。このように動きのあるアイテムは、ワールドクラフトでも「スクリプト」がつかえるようになったことで実現できているのです。8章で説明します。

コラム メタらいおんさんに聞くワールドクラフトの魅力

メタらいおんさん（図7.C.1）はcluster公式によって行われたワールド作成コンテストの**ワールドクラフト部門で二連覇**を果たし、さらにテレビ朝日系の「新世界 メタバースTV!!」で行われた**「メタバース一軒家コンテスト」ではワールドクラフトによる作品でグランプリ**に輝いた方です。まだワールドクラフトの機能が少なめだった頃からワールドクラフトの可能性を探り、今もつくりつづけている第一人者です。

今回はメタらいおんさんに、ワールドクラフトの魅力をうかがいました。

手軽さという魅力

ワールドクラフトの魅力として**「手軽にできる、気軽にできる、ベッドに寝転がりながらでもできる」**という点をメタらいおんさんは一番に挙げられています。さらに**スマホでもつくることができ**、パソコン関係の知識が一切なくてもはじめることが可能なのも大きいとのこと。

▶**図7.C.1**：メタらいおんさん

ゲーム的なギミックも工夫次第で可能

メタらいおんさんがClusterGAMEJAM 2022 in AUTUMNワールドクラフト部門総合大賞を受賞された、**「魔法の国のエアリス(eAlice in magicland)〜謀(はかりごと)にはご用心〜」**（図7.C.2）。ワールドクラフトとは思えないほどの規模感と謎解きのようなギミックにあふれたワールドを、ファンタジックな雰囲気でまとめあげられている作品です。ワールドクラフトは機能の限界もあり、敵を攻撃するようなアクション・シューティング・RPGのようなゲームワールドをつくるのはかなりムズかしいのですが、**工夫次第で謎解きワールド的なものをつくることは可能**なのです。

▲**図7.C.2**：「魔法の国のエアリス」は謎解き的なギミックにあふれている

COLUMN

協力ができる

Unityでワールドをつくるときは複数人で協力してつくることも可能ですが、かなり高度な、ゲーム会社が導入しているような仕組みをつかわないときびしい部分があります。その点、**ワールドクラフトには複数人でワールドを気軽に作成できる仕組みが最初からあります。**作業効率がよくなるだけでなく、教育の場などでもつかいやすい機能の1つです。

リアルタイム更新の活用

メタらいおんさんは「**ワールドクラフトレストラン**」というイベントを実行されたことがあります(図7.C.3)。この中に**イベント中にBlenderというソフトをつかって実際にモデリングなどを行い、できたクラフトアイテムをワールド内に配置して「ワールドの更新」を行い、来ている一般参加者の人にその場で手に取ってもらう**という企画がありました。

▲**図7.C.3**：イベント「ワールドクラフトレストラン」の際にリアルタイムでつくられたメロンパン。モデラーはかわしぃさん

それ以外にも至日レイさんのワールドクラフト製のワールドを会場とした**DJイベントで、イベント途中に「ワールドの更新」**を行った例があります(図7.C.4)。Unityでワールド全体を更新するのはハードルが高いですが、ワールドクラフトであれば新しいアイテムを配置してワールドを更新するだけでよいので、イベントの途中で新しいアイテムが出てきたりワールドの見た目が変わったりするという演出をすることが可能です(ただし**置いているアイテムが変わった挙動をすることもあ**

▲**図7.C.4**：至日レイさんのDJイベントで、リアルタイムワールド更新を活用された例。更新後は色味が変わっていることがわかる。撮影ティファナさん

るので、イベント前に限定イベントなどでチェックをしておきましょう。また音楽に合わせてサッと更新する場合、サブ端末で更新をかけるか、ワールドクラフトの共同編集に参加しているメンバーにウラで編集してもらうか、どちらかがオススメとのこと)。

表現の進化

メタらいおんさんがCluster GAMEJAM 2022 in SPRING ワールドクラフト部門大賞を受賞された、「**その生涯を駆け抜けろ**(図7.C.5)」。比喩的な表現をうまく活用され、当時まだ機能が少なかったワールドクラフトで見事なストーリー性を感じるワールドをつくりあげられていました。この当時のワールドクラフトと比べたとき、今のワールドクラフトは**各種エフェクト機能の登場とユーザーがつくる様々なクラフトアイテムによって全く別物と言っていいほど表現が進化**しています。光が当たっているかのような表現を擬似的に実現するアイテムなども登場し、「ライティング」が弱いというワールドクラフトの弱点をカバーする試みまで出てきました。

▲**図7.C.5**:「その生涯を駆け抜けろ」は比喩表現でストーリーを表現している。当時独自アイテムはつかえなかった

例えば、メタらいおんさんが「**新世界 メタバースTV!!**」企画で「**メタバース一軒家コンテスト**」グランプリを受賞された「**ステラの旅する一軒家**」(図7.C.6)。ワールドクラフトの表現の進化も取り入れ、さらに規模感を増したワールドは、不思議な世界観の「家」を探索する楽しさに満ちています。

▲**図7.C.6**:ClusterGAMEJAMと比べても締め切りまで長いコンテストだったこともあり、さらなるつくり込みがされた

このように魅力が大きいワールドクラフト。通常のワールド作成にも、イベント会場用のワールド作成にもぜひ活用してみてください。

7-4 クラフトアイテムのつくり方

この節では、独自のクラフトアイテムのつくり方を説明していきます。ワールドクラフトでつくられたワールドでイベントを開く場合、その**ワールドのタイトルを示すポスターなどがあるだけでも雰囲気がだいぶ変わってきます。**また「7-3 ワールドクラフトの進化と可能性」で示したような**光るアイテムについても、自分でつくれるようになればかなり可能性が広がります。**

まずはUnityを起ち上げ、サンプルプロジェクトを読み込んだ状態で、「シーン」フォルダから「**クラフトアイテム用**」と書かれたシーンを開いてください。以下のような、床の上にいくつかアイテムが置いてあるワールドが表示されたと思います（図7.4.1）。再生ボタンをクリックすれば、中央の青い球のアイテムを持って動きまわることもできます。ここにあるのは、床以外すべてクラフトアイテムです。

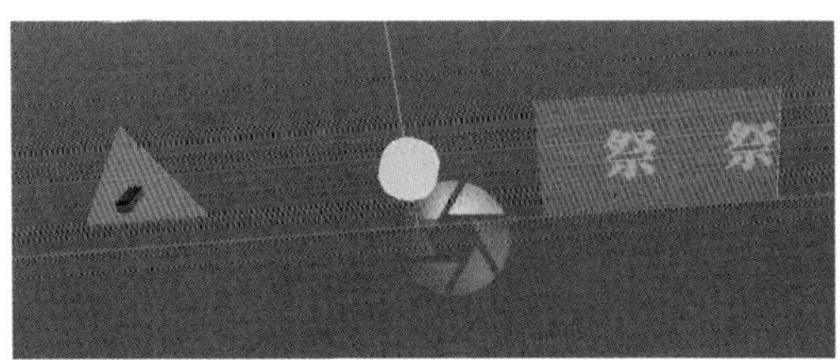

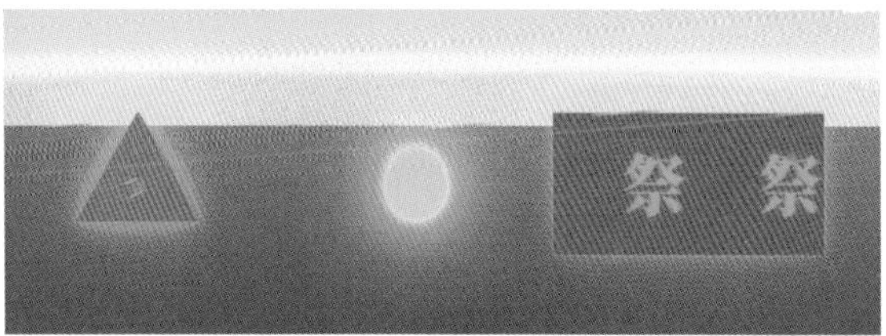

▲**図7.4.1：**左は再生前、右は再生ボタンをクリックしたあと。青い球は持ち運べる

では実際にここにあるクラフトアイテムの1つをアップロードしてみましょう。メニューから「**Cluster**」－「**クラフトアイテムアップロード**」をクリックします（図7.4.2❶）。そして「プロジェクト」から「クラフトアイテム」フォルダを開き、「pre_光る球」をドラッグ&ドロップしてください❷。

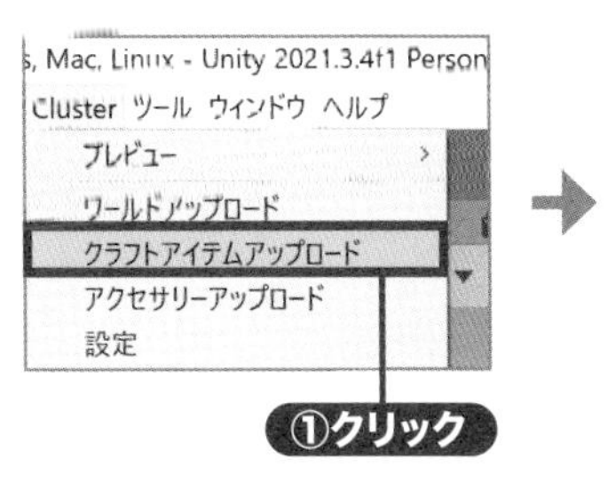

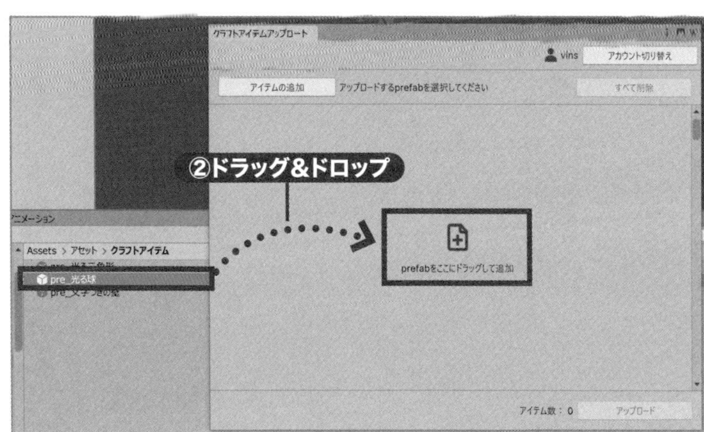

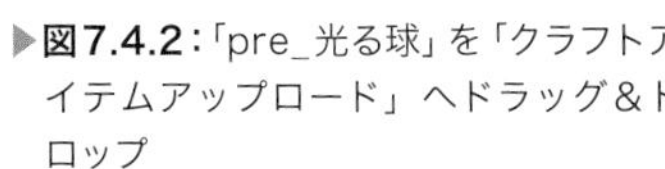
▶**図7.4.2：**「pre_光る球」を「クラフトアイテムアップロード」へドラッグ&ドロップ

POINT

もし「アクセストークン」の入力を求められた場合は、「7-1 Unityのインストールと操作の基本」のアクセストークンのページを参考にしてアクセストークンを取得・入力してください。

あとは「アップロード」ボタンを押すだけです（図7.4.3）。しばらくしてアップロードが完了すると、自動的にWEBページが開き、クラフトアイテムをアップロードできたことが確認できます。

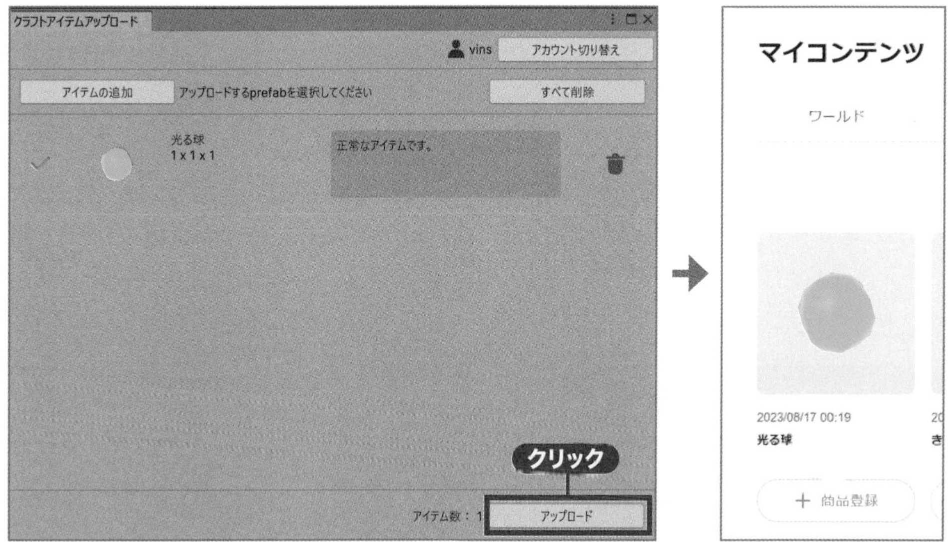

▲**図7.4.3：**クラフトアイテムのアップロード。完了すると自動で右の画面が表示される

clusterアプリに移り、ワールドクラフトで**「バッグ（Bag）」**の**「つくったもの」**をクリックすれば今アップロードした青い球が表示されています。それをワールドに配置することもできます（図7.4.4）。

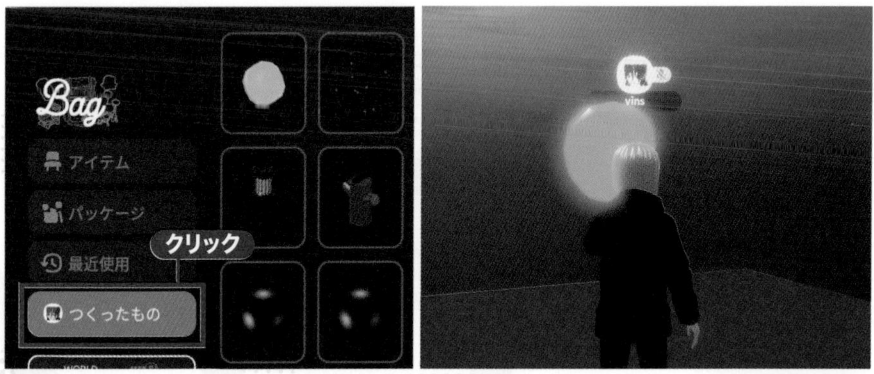

▲**図7.4.4：**ワールドクラフト内でクラフトアイテムがアップロードできたことを確認。光らせるためのワールド環境の設定は「7-3 ワールドクラフトの進化と可能性」で説明した通り

同じように「pre_光る三角形」をアップロードすれば、三角形が回転するのも確認できるはずです（図7.4.5）。8章で少し説明する、「スクリプト」機能を活用しています。

とはいえ、**このシーンにある3種類のアイテムだけではワールドクラフト内であまり有効につかえませんね。**次はこれらのアイテムを**改変していく方法**について説明します。

▲**図7.4.5：**「pre_光る三角形」はワールドクラフト内だと回転する

クラフトアイテムの改変方法

まず、見た目を改変する方法です。ポスター系のアイテムなどは、サンプルプロジェクトにあるモノの画像を変えるだけで十分なことも多いはずです。

プロジェクトの「**クラフトアイテム**」から「**pre_文字つきの壁**」をクリックし、[Ctrl] + [D] キーを押してください（図7.4.6❶）。すると**アイテムが複製されて「pre_文字つきの壁 1」**ができます。その複製されたアイテムをクリックし、今度は［F2］キーを押すと名前を変更できるので、「**pre_ポスター**」としましょう❷。

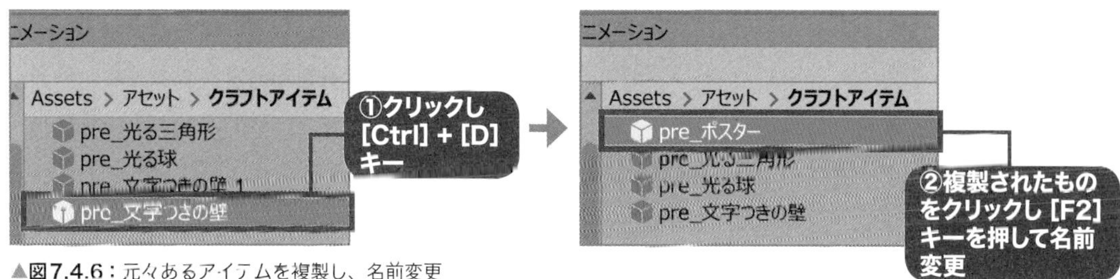

▲**図7.4.6**：元々あるアイテムを複製し、名前変更

その「**pre_ポスター**」をヒエラルキーにドラッグ＆ドロップします（図7.4.7）。

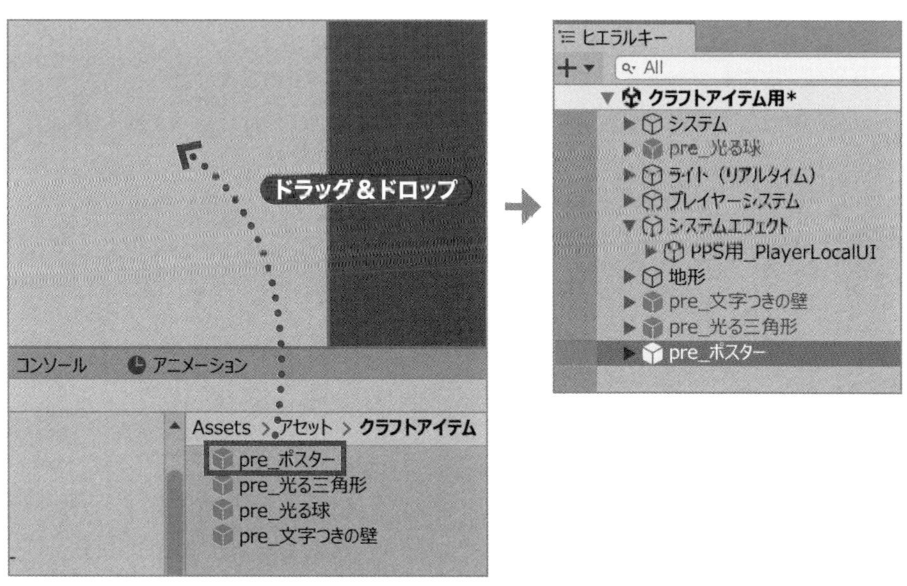

▲**図7.4.7**：「pre_ポスター」をヒエラルキーにドラッグ＆ドロップ

おそらく元々ある「文字つきの壁」と同じ位置に配置されてしまうのでシーン上の見た目の変化はありません。位置をズラして、2つのアイテムの違いがわかりやすいようにしましょう。「pre_ポスター」を選択した状態で、「**インスペクター**」の一番上にある「**Transform**」の「**位置**」の「**X**」を4に変更します（図7.4.8）。壁が2つ並んだような見た目になったはずです（もしYとZが0でない場合は、0に変更してください）。

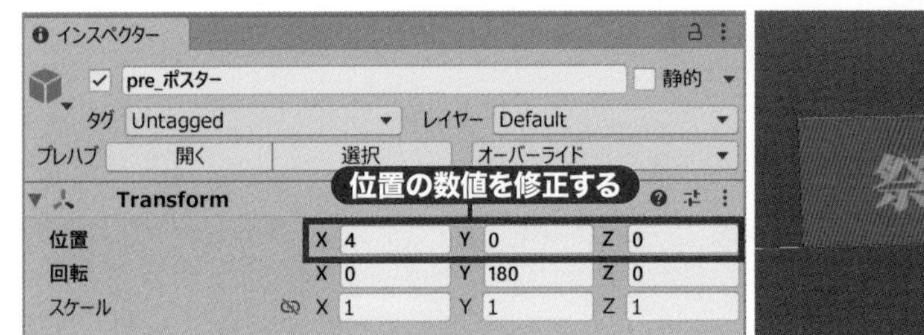

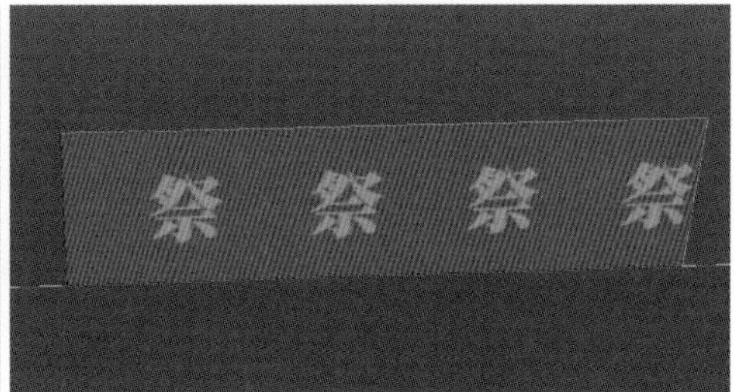

▲**図7.4.8**：位置を修正する

このままではポスターらしくないので、次にタテとヨコの比率を変更します。まずヒエラルキーから、**「pre_ポスター」の左にある三角形マークをクリック**してください（図7.4.9❶）。すると「**Quad**」というモノが出てきますので、クリックしてください❷。これは「pre_ポスター」の「**子オブジェクト**」で、pre_ポスターを動かすとそれにピッタリついてくるようになっています。

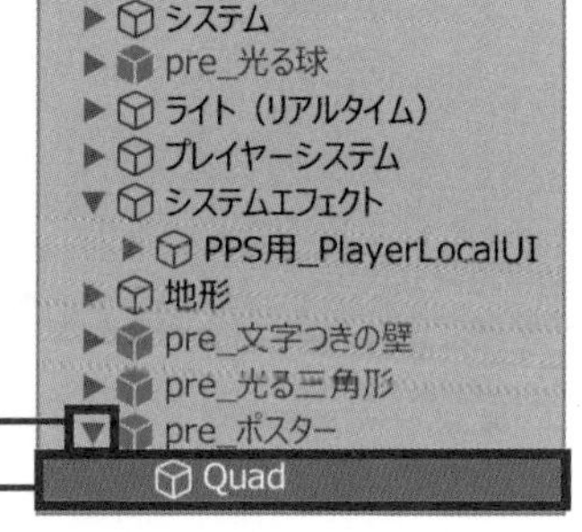

▲**図7.4.9**：子の「Quad」を選択

POINT

アイテムは「空（から）のオブジェクト」とし、その**「子」に見た目などを付けていくと位置の調整などがしやすくなります。**「pre_ポスター」は見た目が付いていない「空のオブジェクト」で、Quadの部分が見た目のオブジェクトです。

そしてインスペクターから「**スケール**」のXを「0.6」にします（図7.4.10）。このとき、○印のところにナナメの線が入っていることを確認しておいてください。

だいぶポスターらしい見た目になったはずです。あとは見た目を変更しましょう。

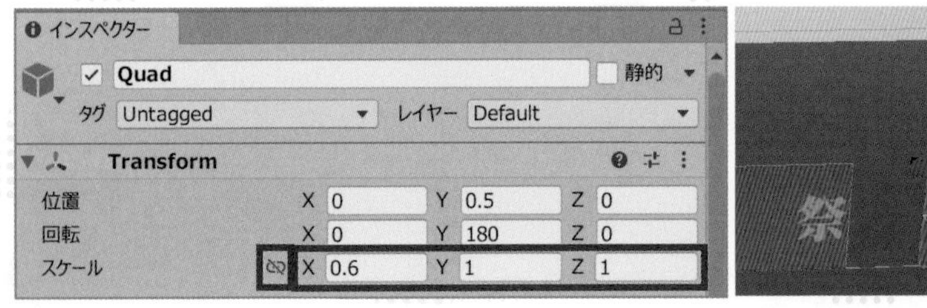

▲**図7.4.10**：スケールを修正する。○印のアイコンに斜めの線が付いていないとX・Y・Zがまとめて変わるので注意

見た目の設定のことを「**マテリアル**」と言います。「5-2 W@さんに聞くDJイベントの演出」で少し説明した通り、見た目関係の設定です。

「Quad」を選択したまま、インスペクターの「**Mesh Renderer**」というところにある、「**mat_小物_ちょうちん光る**」という部分をクリックします（図7.4.11）。もしMaterialsというところに「mat_小物_ちょうちん光る」が表示されていないようであれば、その左にある三角形マーク（図中の□印部分）をクリックしてください。

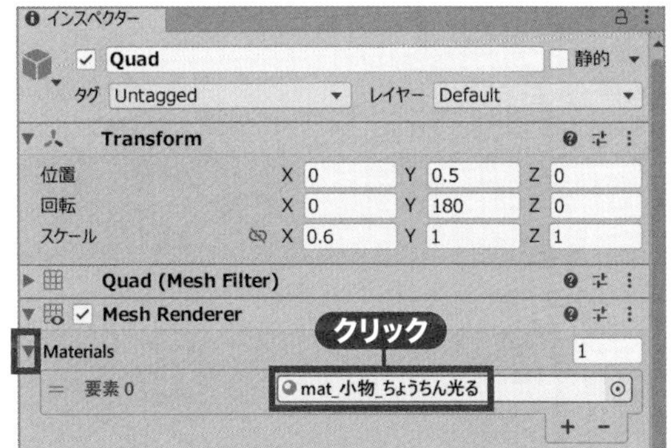

▲**図7.4.11**：マテリアルを選択

するとプロジェクトから「家具・小道具」フォルダが表示されるので、「mat_小物_ちょうちん光る」をクリックします。これも［Ctrl］+［D］キーを押して複製しましょう（図7.4.12❶）。先ほどと同様に、複製されたものをクリックして［F2］キーを押し、「**mat_小物_ポスター**」という名前にします❷。

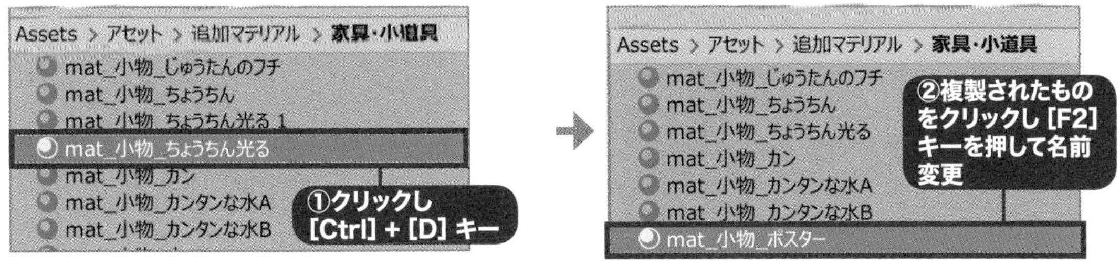

▲**図7.4.12**：クラフトアイテムの改変のときと同じように、複製して名前変更

マテリアルを**複製せずに設定変更していくと、そのマテリアルをつかっているアイテムすべてに影響**が出てしまいます。既存のマテリアルから新たなマテリアルをつくるときは、マテリアルを複製してから設定を変えるようにしてください。

この「mat_小物_ポスター」をヒエラルキーの「Quad」の上にドラッグ＆ドロップしましょう（図7.4.13）。「pre_ポスター」の上ではないことに注意してください。

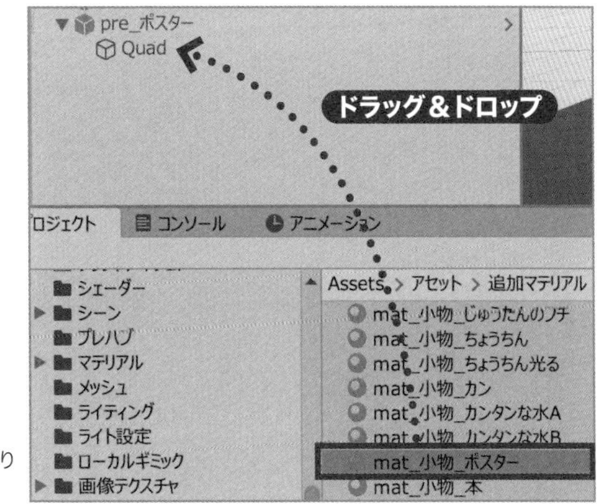

▶**図7.4.13**：マテリアルをQuadに割り当てるためドラッグ＆ドロップ

さらにインスペクターから「**放出**」のチェックを外し（図7.4.14❶）、「**アルベド**」というところにある小さい丸印をクリックします❷。画像を選択する画面になるので、右上にあるスライダーを左端まで移動させ❸、「**tex_床_四角模様A**」を選んでください❹。トランプのウラ側のような感じになりました。

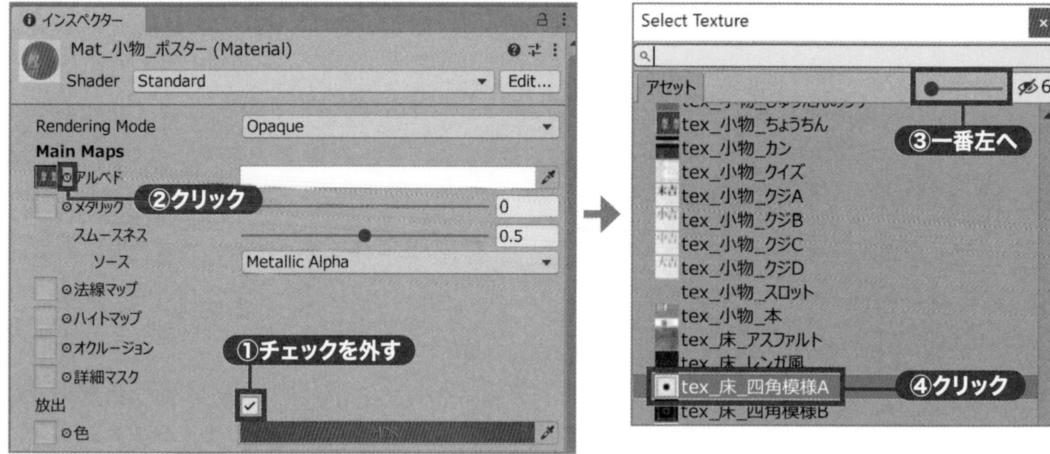

▲**図7.4.14：**マテリアルの設定を変更していく

POINT

❸でスライダーを左に動かしたのは、画像の名前をすべて表示させるためです。大量のファイルから探す場合、このほうがわかりやすいことが多いです。

最後にアイテム設定を行います。ヒエラルキーから「**pre_ポスター**」をクリックし、Itemのところにある「**項目名**」を「**ポスター**」に、そして「**サイズ**」のXとYを1、Zを0にしてください（図7.4.15❶）。

POINT

「**項目名**」はcluster内でクラフトアイテムを選んだときに表示される名前です。また、「**サイズ**」はワールドクラフトで配置するときに重要なので、しっかり設定しましょう。**シーンに表示されている黄色い四角が、そのアイテムのサイズ**です。X・Y・Zとも0〜4まで設定でき、どれか1つは1以上でないといけません。

あとはここまでの設定を保存するため、「**オーバーライド**」を行います。「**オーバーライド**」と書いてあるところをクリックし❷、「**すべてを適用する**」をクリックしてください❸。これで**プロジェクトにある「pre_ポスター」に、今シーン上で設定した内容が保存されます。**その後アップロードする方法は、この節の最初に示した通りです。

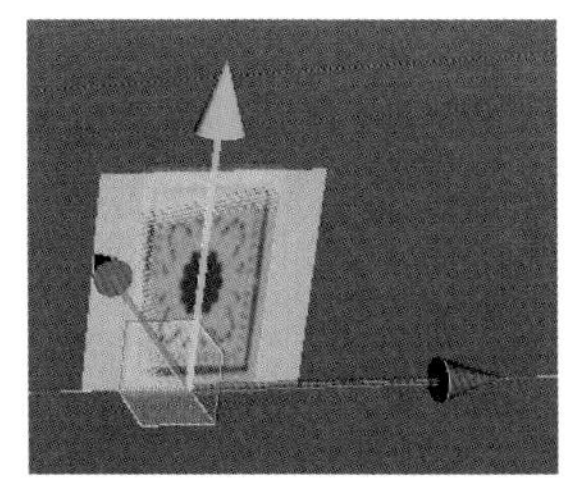

▲**図7.4.15**：Itemとしての設定を行い、「オーバーライド」の処理。右画像の黄色い四角はワールドクラフトで配置するときのアイテムサイズの目安。このアイテムの場合はZが0なので板のように表示されている

POINT

あなたが撮った写真や描いた絵などの素材をプロジェクトの「あなたの素材」フォルダにドラッグ＆ドロップすれば、その画像は（図7.4.14）のときに「アルベド」として選べるようになり、色々なアイテムをつくれます。ただし**クラフトアイテムの場合、アップロードすると画像がかなり低解像度になる**点に注意しましょう。2023年8月現在では、256×256ピクセル程度の解像度にするのが適切なようです。大きい画像を表示したい場合は、**画像を4分割し、4つのアイテムに分けてアップロード**することも考えてみてください。分割には、「2-3 サムネイルづくりの手法とアイデア」で紹介したKritaなどの画像編集ソフトが役に立つはずです。

つづけて、光るアイテムの調整方法をやってみましょう。先ほどポスターのマテリアルを複製したのと同じようにして、「mat_クラフト用_青光るB」をつくってください（図7.4.16❶）。それをヒエラルキーにある「pre_光る球」の子である「mesh_基本_粗い球」にドラッグ＆ドロップします❷。

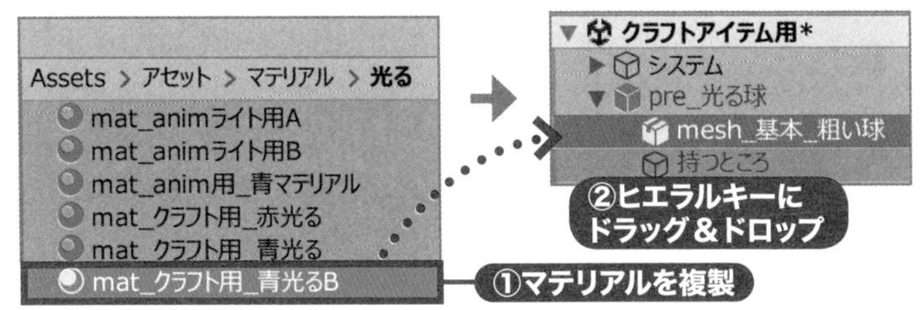

◀**図7.4.16**：先ほどと同じようにマテリアルを複製し、割り当てる操作

まずは色合いを少し変えてみましょう。「mat_クラフト用_青光るB」を選択した状態で、アルベドのところにある青いところをクリックし（図7.4.17❶)、濃いめの青にしてみます❷。円の部分をクリックすると赤・緑・青などの色を変更でき、さらに円の中央にある四角のグラデーション部分をクリックすることで濃さやあざやかさを変更できます。

さらに「**放出**」と書いてあるところの色もクリックし❸、こちらはかなり明るい青にします。そして「強さ」というところを「**2.7」にしてください❹。**

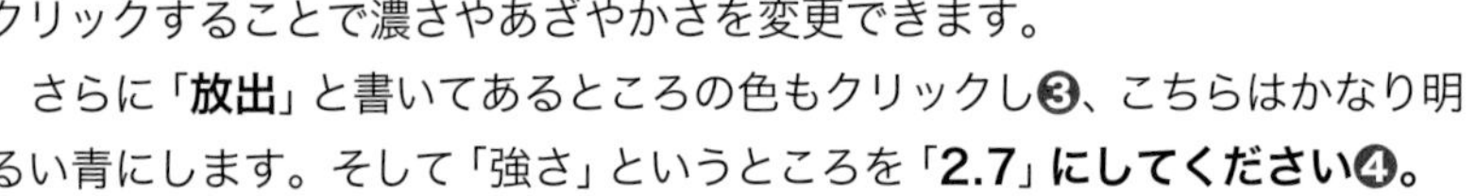

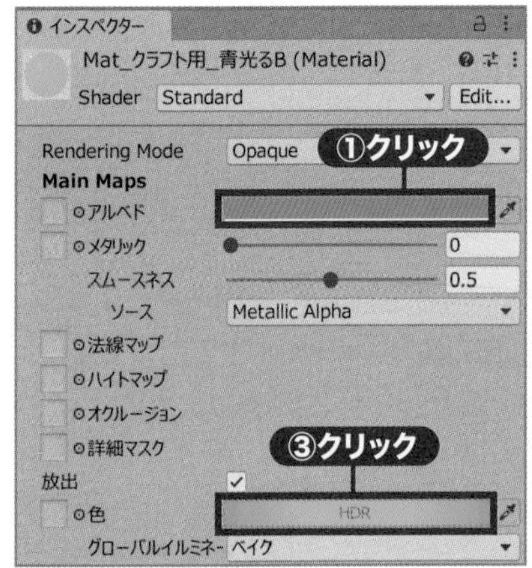

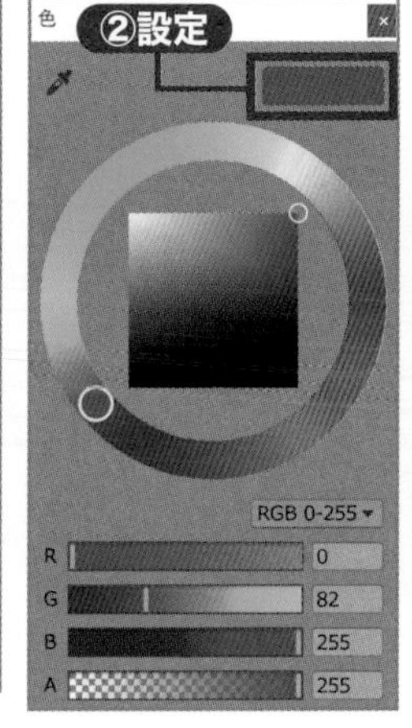

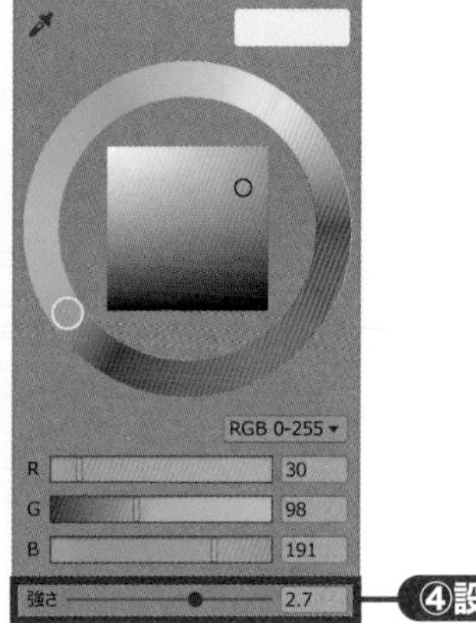

▲**図7.4.17**：色合いの変更

色の選択や「強さ」の数値は**厳密でなくてもかまいません。**再生ボタンを押したときの見た目をチェックしながら微調整していきましょう。

すると、かなり青白い雰囲気のマテリアルになりました。**「放出」というのはどれだけ光らせるかということで、「強さ」がその光の強さを決めています。**このときかなり白っぽくなってしまうので、完全な白にしないために「アルベド」のほうは濃いめの青にしました。

なお、このアイテムの光り方はワールドクラフトで見てみるとだいぶ違って見えることがあります。ワールドクラフトの「ワールド環境」の設定とサンプルプロジェクトの設定は同じではないからですね。見た目を調整するには、cluster公式によるサポートツールの「クラフトアイテムプレビュー」を活用するとよいでしょう。

https://creator.cluster.mu/2023/06/19/clusterworldtools/

いらない・失敗したクラフトアイテムを見えなくする

クラフトアイテムの見た目などを調整しながら何度もアップロードしていると、**「調整失敗」したアイテムが大量にリストに並んでいく**ことになります。これではワールドクラフト中につかいたいアイテムを選びづらいので、**ある程度溜まったら「アーカイブ」に移動させましょう。**

cluster公式サイトにアクセスし、「**マイコンテンツ**」から「**クラフトアイテム**」を表示します。そして「編集」をクリックし、**いらないアイテムの左上のチェックボックスをオン**にしてください（図7.4.18❶❷）。あとは「アーカイブ」をクリックすれば、そのクラフトアイテムは表示されなくなります❸。

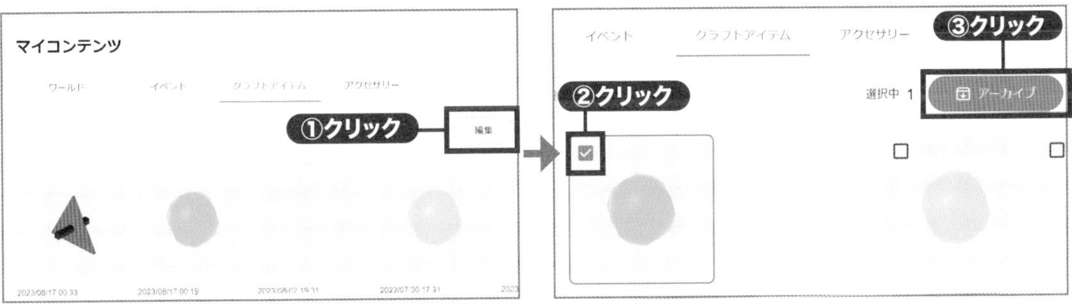

▲図7.4.18：つくったクラフトアイテムを「アーカイブ」に移動させ、見えなくする

さらなる改変へ

クラフトアイテムは「マテリアル」を変えるだけでなく、**「メッシュ」、つまり3Dモデルの形そのものを入れ替えることも当然可能**です。プロジェクトの「追加メッシュ」フォルダには色々な形が入っていますから、**ヒエラルキーのアイテムの上にドラッグ＆ドロップしてその「子」として配置し、さらにこの節の「クラフトアイテムの改変方法」でやったように「マテリアル」を適用**していってください。もっと多様なクラフトアイテムがつくれるようになります。「Blender」などのソフトをつかい、独自の3Dモデルをつかうのもよい方法です。

ただし注意が必要なのは、「クラフトアイテム」には**「Standard Shader」というものしかつかえない**ということです（図7.4.19）。**マテリアルのShader（シェーダー）という部分が「Standard」**になっていないと、クラフトアイテムとしてアップロードできません。

さらに**1つのアイテム内にマテリアルは2種類まで、画像は3種類まで**などクラフトアイテムには色々な制限があります。くわしくは（図7.4.20）のQRコードから、cluster公式サイトの「クラフトアイテムの制限」ページをご覧ください。

▲図7.4.19：クラフトアイテムのShaderはStandardに

◀図7.4.20：「クラフトアイテムの制限」記事へのQRコード

どうしてもこの節の内容がうまくいかなかった場合、限られた形にしか対応していないものの、cluster公式によるクラフトアイテムアップロードツールが2023年8月現在公開されています（https://creator.cluster.mu/2023/10/13/image2item/）。ポスター程度であれば、このツールを活用するのもアリでしょう。

7-5 イベントでも活用したいアクセサリー作成と販売

この節では、アクセサリーの作成と販売について説明していきます。**つくり方自体は、前の節でやったクラフトアイテムの改変とさほど変わりません。**ただ、クラフトアイテムと比べて「**このイベント用のアイテムなので、ぜひ買って身に付けて来てください**」と言いやすいなど、イベントとの相性がさらによいのがアクセサリーです（図7.5.1）。

▲**図7.5.1：**色々なアクセサリー。右端はW@さんのイベントで皆が同じアクセサリーを買って持っている例

他にも、「4-2 Meta Jack Bandさんに聞くエアバンド「演奏」」で出てきた**ギターのアクセサリーなどについて、自分の好きな色や見た目にできる**というメリットもあります。アバター作成と比べて気軽に自分のアバターの見た目を変えられるという点だけでも面白い機能ですから、ぜひつかえるようになりましょう。

シーンを開き、アクセサリーをアップロードする

まずはUnityを起ち上げ、サンプルプロジェクトを読み込んだ状態で、「シーン」フォルダから「アクセサリー用」のシーンを開いてください（図7.5.2）。クラフトアイテムのときと似たようなシーンが出てくると思います。残念ながら**アクセサリーはUnity上で身に付けることはできない**のですが、再生ボタンを押して見た目を確認しておいてください。

また、置いてあるうち2つのアクセサリーは炎のような動きをすることが確認できるはずです。このアクセサリーには「5-2 W@さんに聞くDJイベントの演出」でも出てきた、**UVスクロールの考え方**がつかわれています。

▲**図7.5.2：**アクセサリー用サンプルシーン

ではさっそくアクセサリーをアップロードしましょう。メニューの「Cluster」−「**アクセサリーアップロード**」をクリックし（図7.5.3❶）、出てきたウィンドウに「アクセサリー」フォルダから「**pre_アクセサリーオーラ**」をドラッグ＆ドロップしてください❷。そして「アップロード」ボタンを押せばOKです❸。

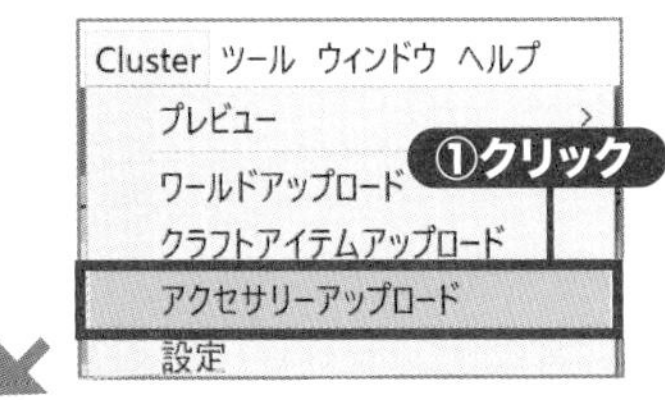

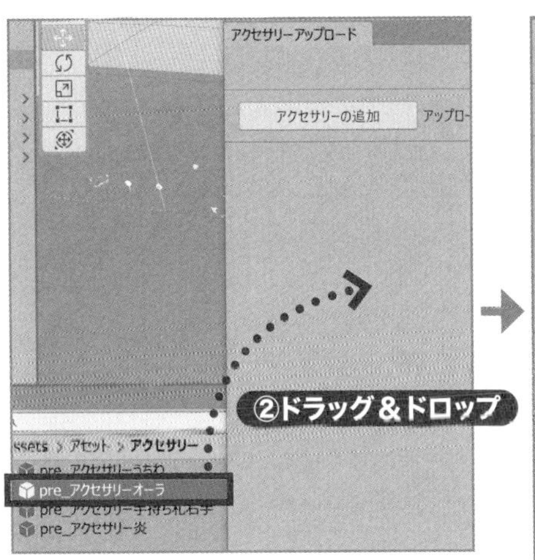

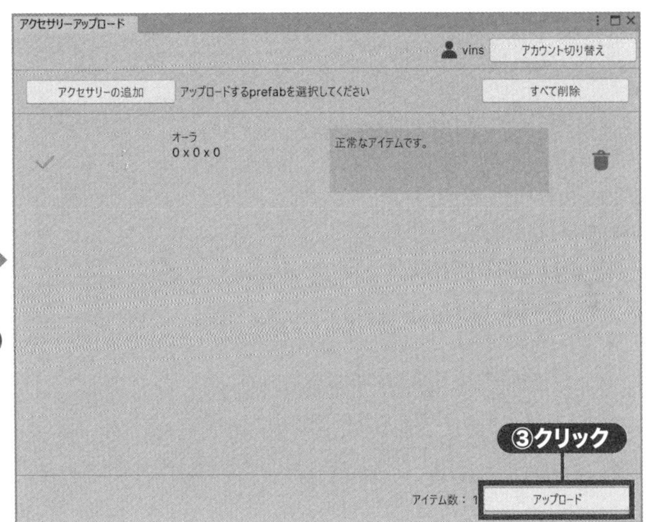

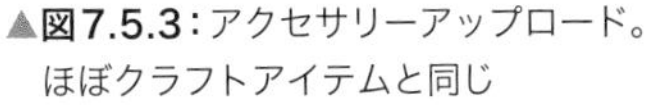
▲**図7.5.3**：アクセサリーアップロード。ほぼクラフトアイテムと同じ

アップロードできたら、clusterアプリのメニューからアクセサリー画面を開きましょう（図7.5.4❶）。アクセサリーのスロットをクリックし❷、「**つくったもの**」をクリックすれば❸アップロードしたオーラアクセサリーが入っているはずですからクリックしてください❹。最後に「保存」をクリックすれば完了です❺。他のアクセサリーもアップロードし、身に付けてみましょう。スロットは2つあるので、**一度に2つまで**付けられます。**アクセサリーを外したいときや他のモノに変えたいときは、図中の□印のところにあるゴミ箱ボタン**をクリックしてください。

▼**図7.5.4**：アクセサリー画面を開き、「つくったもの」から独自につくったものを選択。オーラのような白っぽいものは表示がわかりにくいが、クリックすれば名前が出てくる。外すときはゴミ箱ボタン

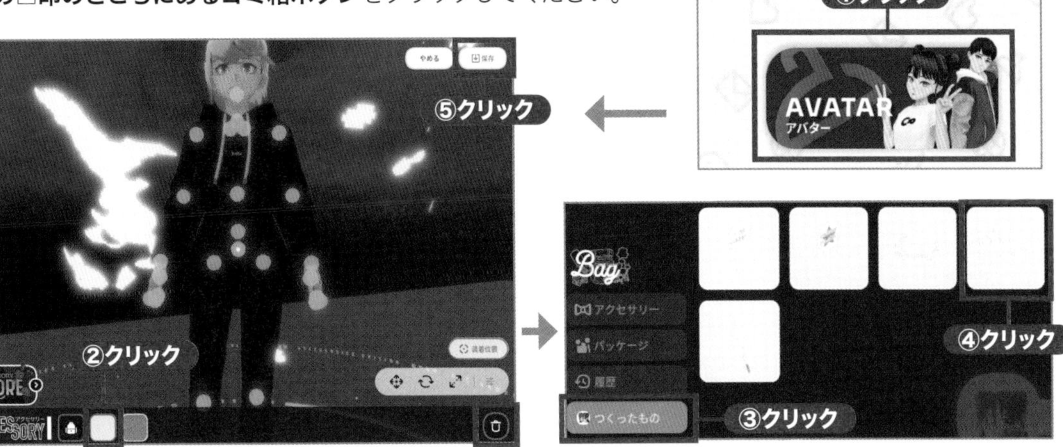

アクセサリーを改変する

▲**図7.5.5：**ShaderがMToonのマテリアルのみつかえる

アクセサリーの改変はクラフトアイテムの改変とほとんど同じですが、注意すべき点として**マテリアルに「MToon」というシェーダーをつかう**という点が挙げられます。クラフトアイテムでは「Standard」しかつかえませんでしたが、アクセサリーではMToonだけなので、**マテリアルを選択したときインスペクター上でShaderが「MToon」と表示されているものしかつかえません**（図7.5.5）。

では、実際にやってみましょう。「アクセサリー」フォルダにある「pre_アクセサリーオーラ」を、クラフトアイテムのときと同じように複製し、「**pre_アクセサリー赤オーラ**」と名前変更してヒエラルキーにドラッグ＆ドロップしてください（図7.5.6❶）。さらに「マテリアル/アクセサリー」フォルダにある「**mat_アクセサリーオーラ**」も複製して「**mat_アクセサリー赤オーラ**」とし、「**pre_アクセサリー赤オーラ**」の子である「**mesh_やや上が広い筒**」にドラッグ＆ドロップしましょう❷。クラフトアイテムのときと全く同じ改変方法ですね。

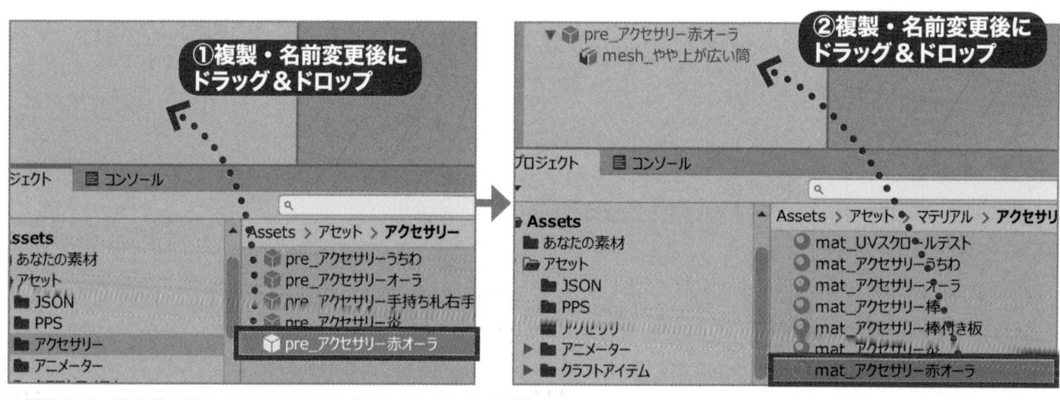

▲**図7.5.6：**改変前のやり方はクラフトアイテムのときと全く同じ

あとはこのマテリアルを設定変更していきます。複製してできた「mat_アクセサリー赤オーラ」を選択してください。クラフトアイテムの改変のときと同じ手法で自由に色やテクスチャを変更していきましょう。ここではColorとEmissionに赤系を選び、TextureのLit Color, Alpha（クラフトアイテムのときの「アルベド」に相当）には「tex_透明パターン_シンプル×」を選びました（図7.5.7）。さらに**「Rim」というところのColorを黒から白に変えています。**Rimの色を黒から変えると「リムライト」が適用され、モノの端だけ明るい色にできるのです。

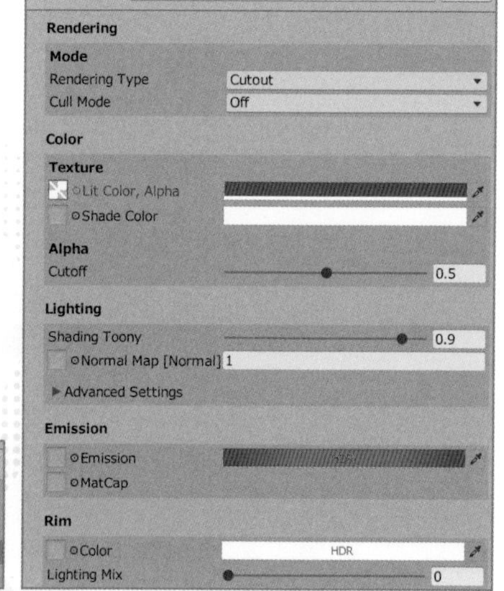

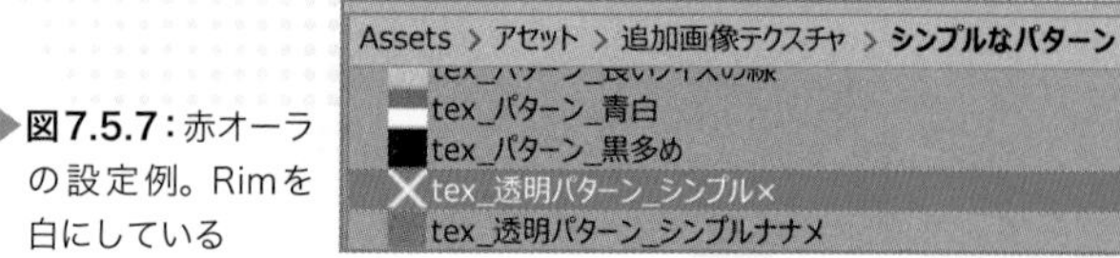

▶**図7.5.7：**赤オーラの設定例。Rimを白にしている

最後に「**pre_アクセサリー赤オーラ**」の**Item**の「**項目名**」を「**赤オーラ**」**にし**（図7.5.8❶）、「**オーバーライド**」**をクリックして**❷「**すべてを適用する**」をクリックすれば完了です❸。先ほどやったのと同じように、プロジェクトから「pre_アクセサリー赤オーラ」をclusterにアップロードしてください。clusterで実際に身に付けてみると、赤白く存在感があるアクセサリーとなっています。

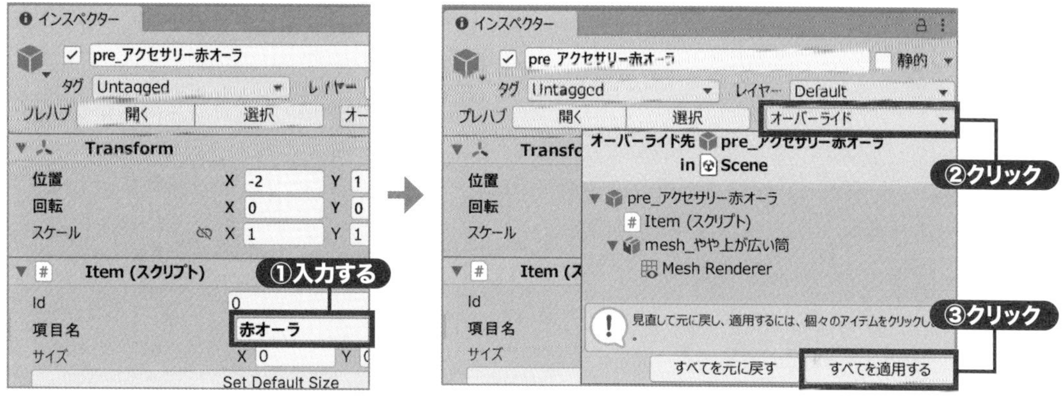

▲**図7.5.8**：アクセサリーの場合、Itemの設定は「項目名」だけでよい。ただしオーバーライドは忘れずに

UVスクロールについて

UVスクロールは透明部分がある画像をつかうことで独特の効果を出すことができますが、**どういう構造になっているか理解するには不透明なものをつかったほうがよい**です。「アクセサリー用」シーンのまま、メニューの「**ゲームオブジェクト**」－「**3Dオブジェクト**」－「**クアッド**」を選んでください（図7.5.9）。ヒエラルキーに「**Quad**」というものが増えます。

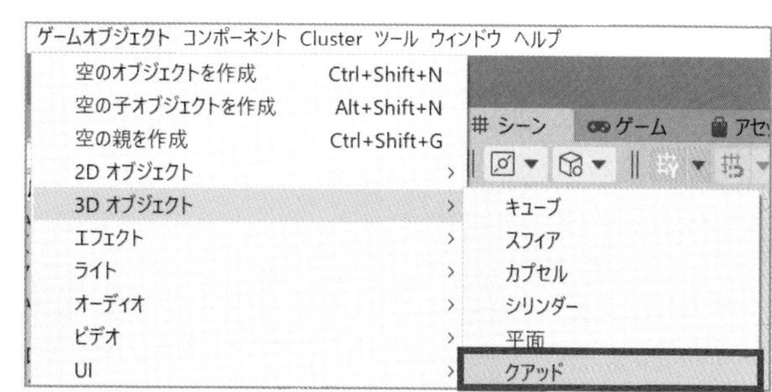

▲**図7.5.9**：クアッド（板）をシーンに追加する

この「Quad」を選択した状態で、インスペクターから位置を「**Xを0、Yを1、Zを-5**」にしてください（図7.5.10❶）。そしてプロジェクトの「マテリアル/アクセサリー」フォルダから「**mat_UVスクロールテスト**」を、インスペクターの「**Default-Material**」**と出ているところにドラッグ&ドロップ**します❷。

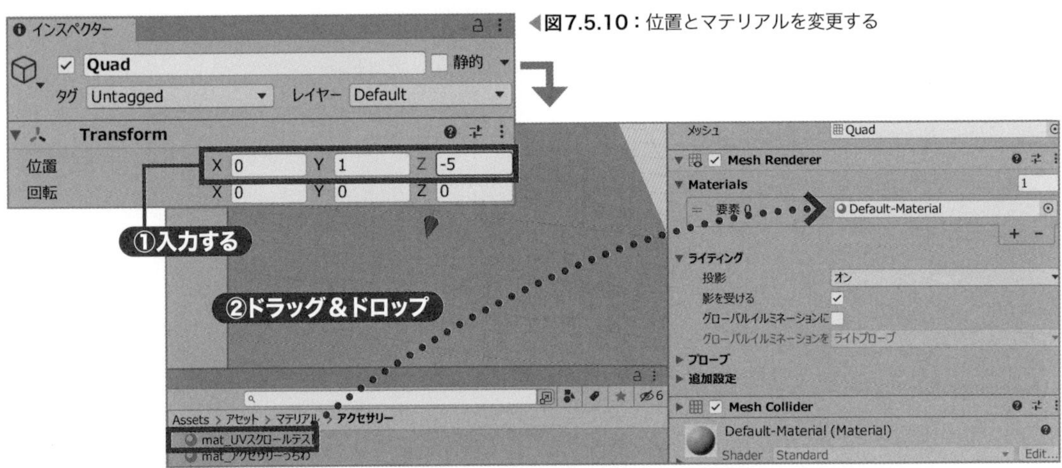

◀図7.5.10：位置とマテリアルを変更する

POINT

「mat_UVスクロールテスト」をクリックして**マウスのボタンを離してしまうと、インスペクターから「Quad」の情報が消えてしまいます。**ボタンを離さずにドラッグ＆ドロップしてください。あるいは、ドラッグ＆ドロップではなく、「Default-Material」の右にある小さな丸ボタンをクリックし、一覧から「mat_UVスクロールテスト」を選ぶ形でもかまいません（図7.5.11）。

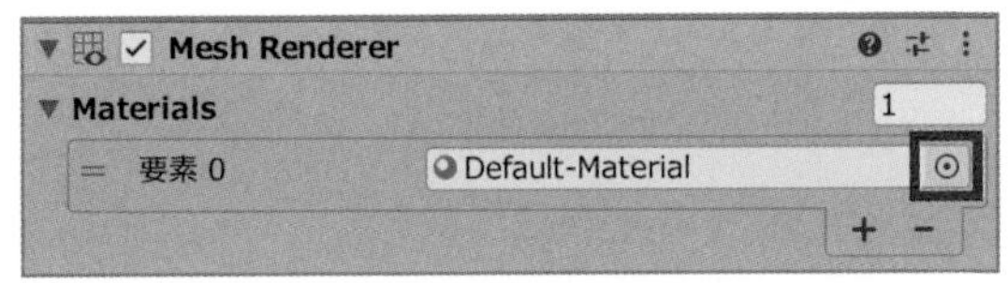

▲図7.5.11：○印のところからマテリアルを選んでもよい

再生ボタンをクリックすると、板に付けられた画像がスクロールしていくはずです（図7.5.12）。**上下左右がつながっている形になっていて、スクロールは無限につづきます。**このように3Dモデルに付けた画像（テクスチャ）をスクロールさせ、しかもモデルが曲がっていたりゆがんでいたりすると「オーラアクセサリー」のような面白い効果を得られるわけです。ここで「mat_UVスクロールテスト」をオーラアクセサリーに適用すると（図7.5.12）の左側のような見た目になります。オーラアクセサリーとずいぶん違う印象になりますね。

◀図7.5.12：UVスクロールの例。実際は静止しておらず、再生ボタンを押したあとは動きつづけている

販売申請を行う

アクセサリーをアップロードしたら、**アイテムストアで販売申請を行うことができます**（clusterに新規登録したばかりの「トラベラー」ではない場合）。**独自のアクセサリーをつくれたら、挑戦**してみましょう。

cluster公式サイトにアクセスし、「マイコンテンツ」の「アクセサリー」から「**+商品登録**」ボタンをクリックしてください（図7.5.13）。

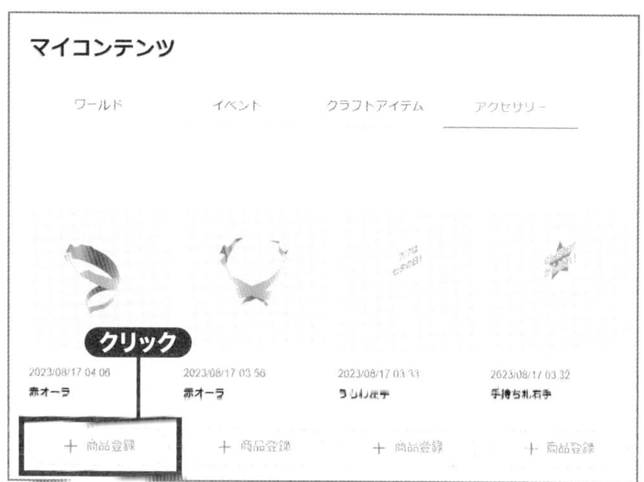

▲**図7.5.13**：商品登録を行う

商品の説明につかう画像を登録し、説明を書き、値段をつけたら（図7.5.14❶）、「**保存して登録**」をクリックしましょう❷。

その後出てくる画面で「**ガイドラインに同意して申請**」ボタンをクリックすれば販売申請は完了です。審査が終わるまで待ちましょう。数日で審査の結果が出ることが多いですが、クラスター社が多忙な場合は通常より時間がかかることもあります。

無事審査に通ったらメールで連絡が来ますので、「マイコンテンツ」の「アクセサリー」から登録したアクセサリーの商品ページに行きましょう。「**ストアに公開**」ボタンが押せるようになっています。

▲**図7.5.14**：商品説明や画像を入力・選択していく

POINT

クラフトアイテムやアクセサリーの販売申請には、オリジナリティがあるものを出すことが必要とされています。本書の**サンプルプロジェクトに入っているクラフトアイテムやアクセサリーをそのまま、もしくはきわめて小さい改変をしただけで販売申請することは避けてくださいね。**審査に通らないと思いますし、クラスター社の審査業務をムダに増やすことになってしまいますので……。
例えば**うちわの画像（テクスチャ）をイベント用に自分で描いたものにしたり、サンプルプロジェクトに入っているメッシュ（3Dモデル）をいくつも組み合わせて独特の表現にしたり**、そういうところまで工夫をしたものであればかまいません！

Unityのワールドからアクセサリーストアに行かせることも可能

Unityでワールドをつくる場合、「**Product Display Item**」という機能をつかえば**ワールドの中から直接あなたがストアに公開したアクセサリーやクラフトアイテムのページに行かせることも可能**です。くわしくは8章で説明しますが、ここではアクセサリーやクラフトアイテムの「ID」を調べる方法だけ説明します。

商品ページにアクセスし、URLの末尾の部分を見てください。これがIDです（図7.5.15）。この部分だけ選択して［Ctrl］+［C］キーでコピーし、「Product Display Item」の入力欄に入れるのが基本です。

https://cluster.mu/account/products/accessories/

商品IDの部分

▲**図7.5.15：**ストアに行かせるとき必要なID

7-6 WEBトリガーをつかった劇演出

この節では、「7-2 イベント用ワールドのテスト」で見たシーンよりもう少し高機能なサンプルシーンを見て、「WEBトリガー」による舞台暗転・エフェクト出し・音出しなどを行うやり方を見ていきます。

Unityを起ち上げ、サンプルプロジェクトを読み込んだ状態で、プロジェクトの「シーン」フォルダから「WEBトリガー用」を開いてください（図7.6.1）。「7-2 イベント用ワールドのテスト」のシーンと似ていますが、かなり暗く、ステージが見えません。

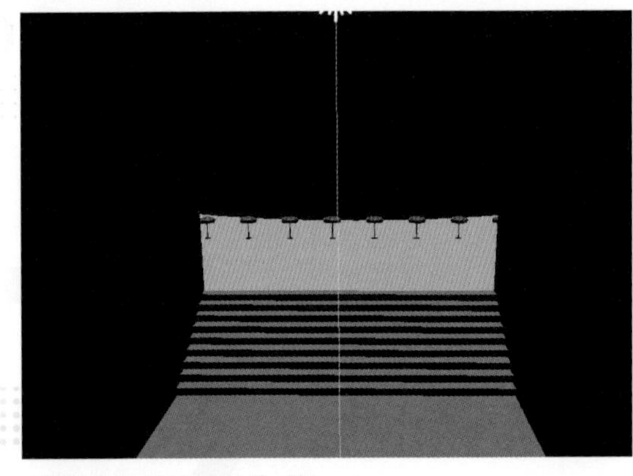

▲**図7.6.1：**WEBトリガー用シーン

WEBトリガーを実行する

本来WEBトリガーというのはイベント開催中にclusterのイベントページから操作するのですが、Unity上でそれをテストできる機能があります。メニューの「**Cluster**」-「**プレビュー**」-「**WebTriggerWindow**」をクリックし（図7.6.2❶）、出てきたウィンドウで「**JSONを読み込む**」をクリックしてください❷。

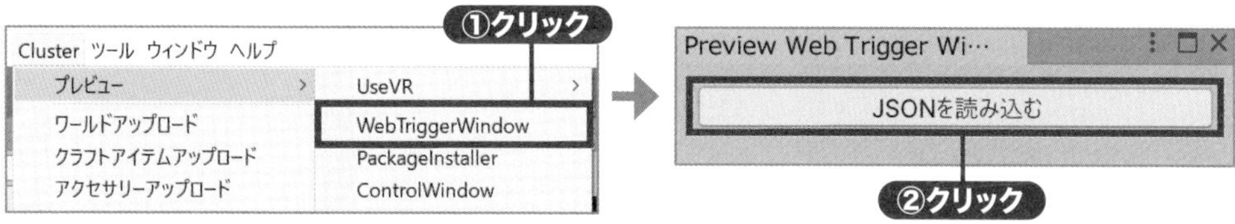

▲**図7.6.2**：WebTriggerWindowの開き方とJSONの読み込み

そして「JSON」フォルダの「WEBトリガー.json」ファイルを選んで開きます（図7.6.3❶❷）。ウィンドウの中に、様々な色のボタンが出てきました。

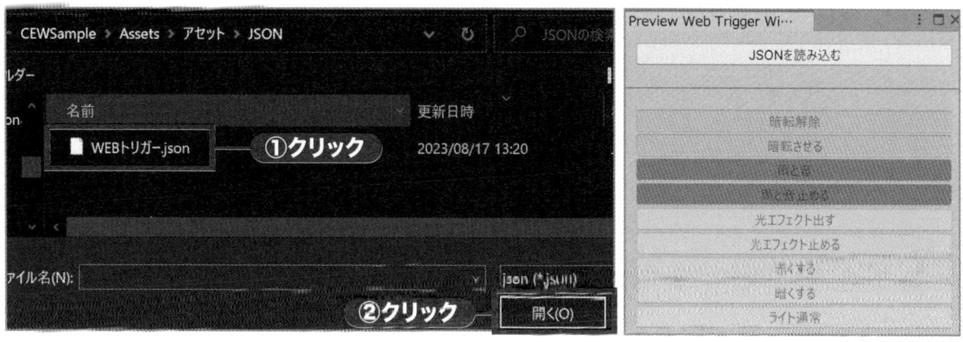

▲**図7.6.3**：JSONファイルの読み込み

再生ボタンを押してから「**暗転解除**」のボタンをクリックすると、黒い物体が消えてステージが見えるようになります（図7.6.4）。「**暗転させる**」のボタンをクリックすると、再び黒い物体が現れてステージが見えなくなります（いずれも確認画面が出ます）。

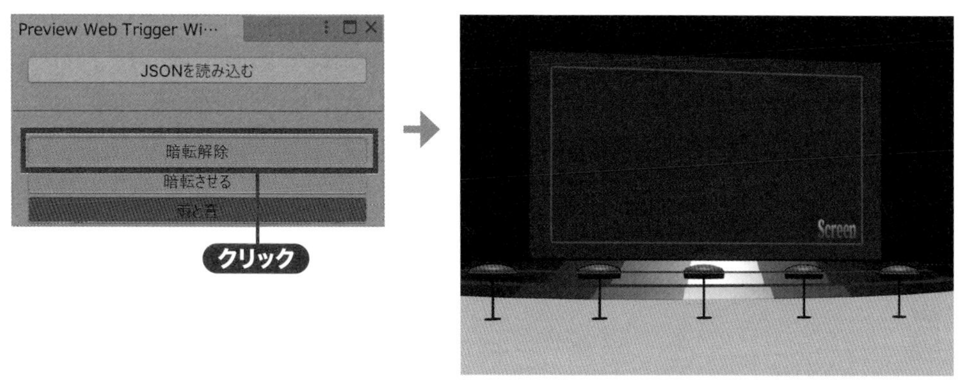

▲**図7.6.4**：WEBトリガーで暗転解除させるのをUnity上でシミュレーションできる

他にも色々なボタンがあるのでクリックしてみてください（図7.6.5）。なお、対応したストップボタンをクリックすることでこれらのエフェクトは終了します（暗転解除⇔暗転させる、など）。

雨と音

雨エフェクトがステージに出て、音が出ます。

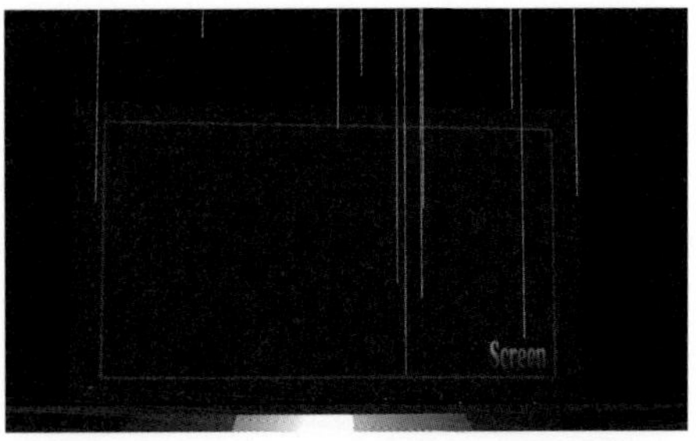

光エフェクト出す

ステージに光のエフェクトが出ます。

赤くする

ワールド全体が赤くなります。

暗くする

ワールド全体が暗くなります。

▲**図7.6.5：**エフェクトの例。一部は重ねて出すこともできる

POINT

一部のものは、**ボタンをクリックしたときに本当に実行していいかの確認画面**が出ます（図7.6.6）。

▲**図7.6.6：**暗転解除の前には確認画面が出る

さて、WEBトリガーによる操作のイメージはつかめたでしょうか。ではこれを実際に**WEB上でやってみます。**「7-2 イベント用ワールドのテスト」でやったように**ワールドをアップロードしてください。そして、そのワールドを会場として「限定イベント」を開いてください。**

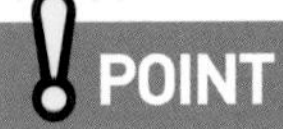

ただワールドに入るだけではなく、イベントを立てるところに注意が必要です。**WEBトリガーはイベント限定の機能**です。

そのイベントにclusterアプリで入り、イベントページを開いて**「トリガー制御」**ボタンをクリックします（図7.6.7❶）。そして**「JSONを読み込む」**ボタンをクリックし❷、Unity上でやっていたのと同じように「WEBトリガー.json」ファイルを開きましょう。

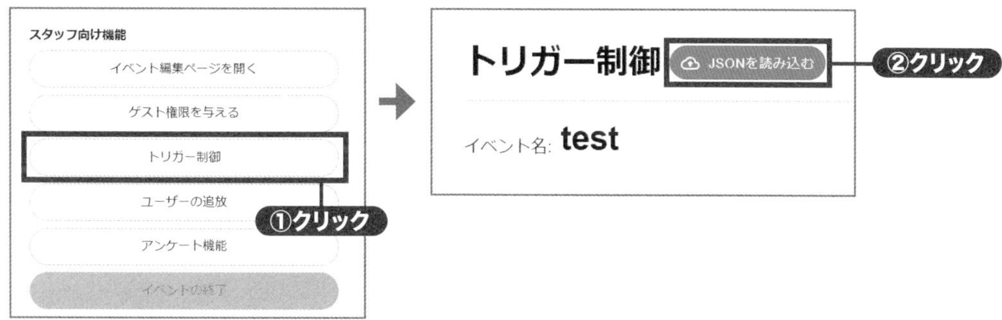

▲**図7.6.7**：WEB上のイベントページからトリガー制御の画面へ

すると画面に、Unityのときと同じ名前のボタンが並びます（図7.6.8）。

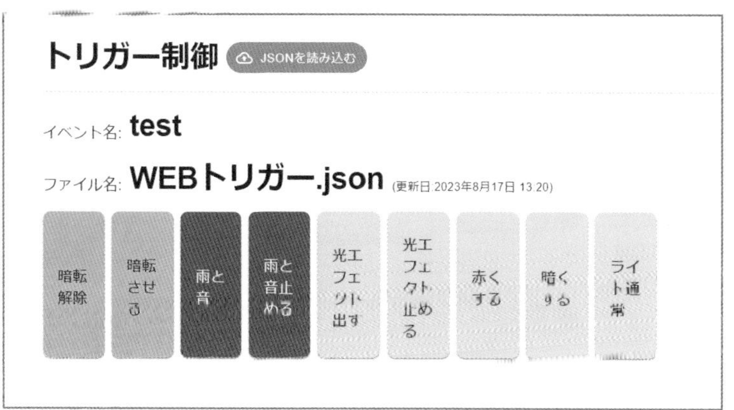

◀**図7.6.8**：JSON読み込み後

あとはこれらのボタンをクリックすれば、**Unityでテストしたときと同じような効果をclusterのイベント上で確認できます。**これがWEBトリガーの力です。「5-1 熊猫土竜さんに聞くEJ（エフェクトジョッキー）」のところで見たように、DJイベントなど激しい入力をしたいイベントでは限界があるものの、劇イベントなどの展開がゆったりしたイベントでは十分実用的です。

WEBトリガーに反応するモノを増やしてみる

ではUnityに戻り、このシーンにもう1つ別のエフェクトを増やしてみましょう。サンプルプロジェクトの**「プレハブ」**フォルダから**「pre_浮遊青玉ミニ」**をヒエラルキーにドラッグ＆ドロップしてください（図7.6.9❶）。そして「pre_浮遊青玉ミニ」を選択して、インスペクターから**「位置のXを0、Yを3、Zを35」に設定**しましょう❷。

この状態で再生ボタンをクリックすると、ステージ上で青いパーティクルが動いている状態が確認できます（**暗転解除しないと正面からは基本的に見えません**）。

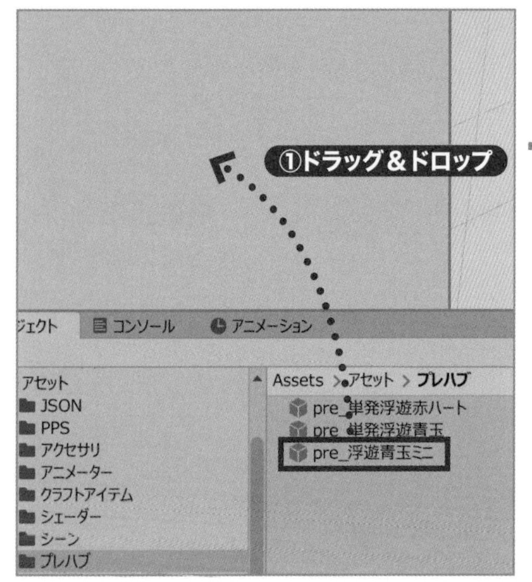

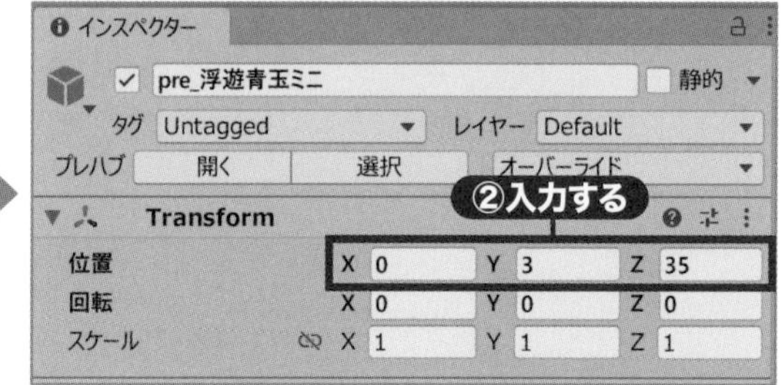

▲図7.6.9：浮遊青玉のパーティクルをシーンに追加する

では**停止ボタン（再生ボタンと同じ位置）をクリックしてプレイを止め**てください。「pre_浮遊青玉ミニ」を選択し、インスペクターの下のほうにスクロールして、「コンポーネントを追加」をクリックします（図7.6.10❶）。「Setg」と入力し❷、候補に出てくる「**Set Game Object Active Gimmick**」を選択しましょう❸。

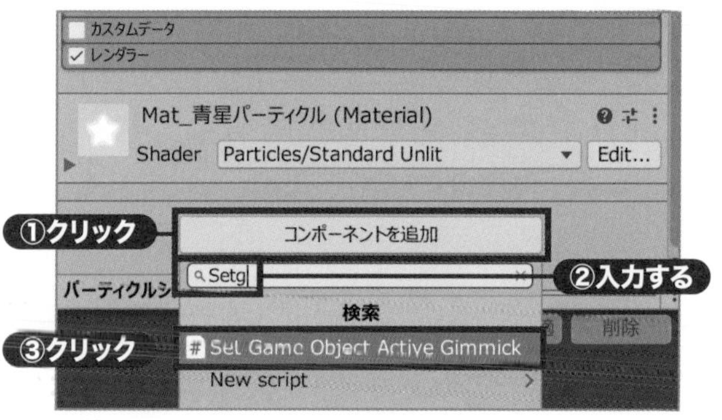

▲図7.6.10：Set Game Object Active Gimmickの追加

POINT

再生中に変更した情報は、基本的に再生を停止すると元に戻ってしまいます。
シーンの中身を変えていくときは必ず再生を止めましょう。

Keyに「**tama**」と入れます（図7.6.11❶）。そしてインスペクターの一番上から「**pre_浮遊青玉ミニ**」の左にあるチェックボックスをオフにし、シーンから非表示の状態にします❷。これでUnity上の準備は完了です。

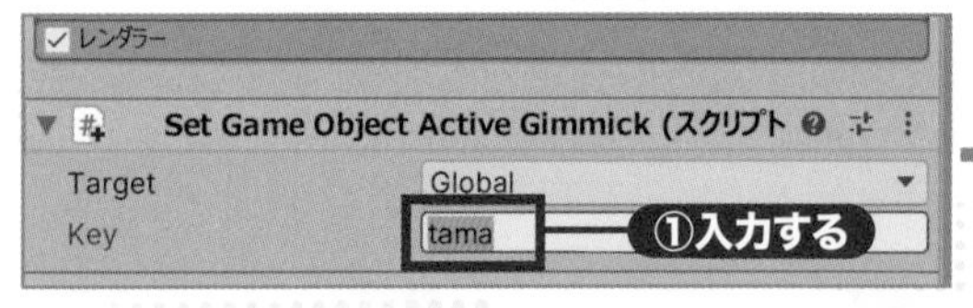

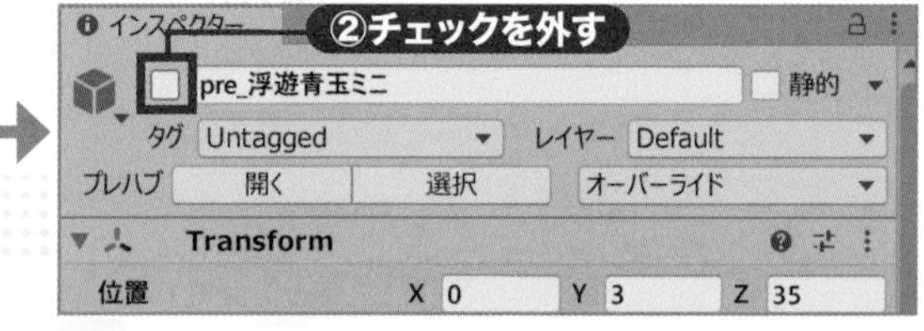

▲図7.6.11：Keyを入力し、非表示にする

Cluster Trigger Tool

https://cluster-trigger.tool.waramochi.com

つづけてWEBトリガー用の「JSON」ファイルを編集しましょう。**上記のURLにアクセスすると、WEBトリガーをつくったり編集したりできます。**

まず「**Import JSON**」ボタンをクリックし、先ほどからつかっている「JSON」フォルダの「WEBトリガー.json」ファイルを開きます（図7.6.12❶）。するとかなり長いデータが読み込まれるので、画面の一番下までスクロールして「**Add**」ボタンをクリックしましょう❷。**すぐ近くに別の「Add」ボタンもあるので間違えないでください。**

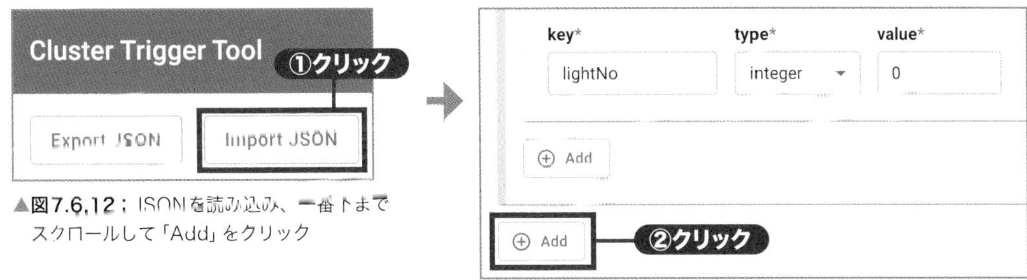

▲**図7.6.12**：JSONを読み込み、一番下までスクロールして「Add」をクリック

そして**displayName**は「**青玉だす**」、**category**は「**エフェクト**」、**color**は薄い水色ボタンをクリックし（図7.6.13❶）、「**Add**」ボタンを押します❷（また「Add」ボタンが2つ並んでいるので注意してください。今度はstateのすぐ下にあるほうです）。あとは「**key**」に「**tama**」と入れ、typeを「**boolean**」にし、valueの**チェックボックスをオン**にしてください❸。ここがさっきUnityで入れたKeyの「tama」と対応するわけです。

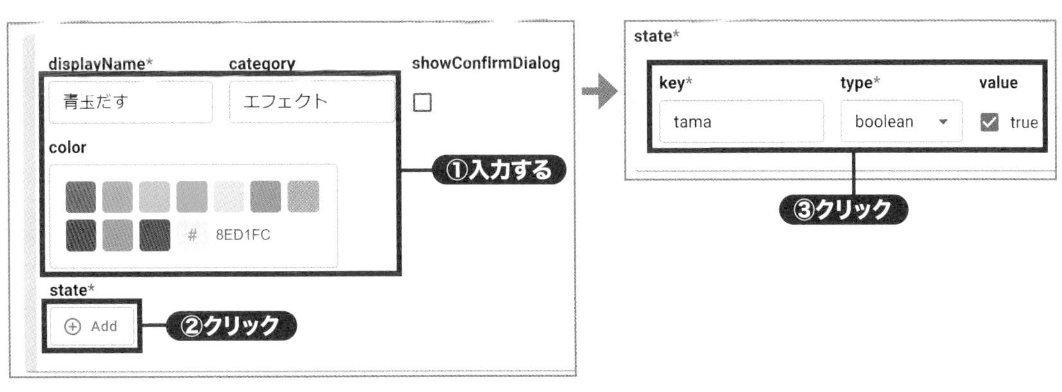

▲**図7.6.13**：トリガーの設定を行う

（図7.6.13）で**showConfirmDialogのチェックボックスをオンにすると、そのトリガーを実行しようとするたびに確認画面**が出るようになります。全体に与える効果が大きい演出、うるさい音が鳴る演出などではオンにしておくとよいでしょう。

あとは同様にして、一番下の「**Add**」ボタンを押し、エフェクトを消すための機能もつくります。(図7.6.14) を参考に入力していってください。**違いはdisplayNameの名前と、valueのチェックボックスがオフになっているところ**ですね。

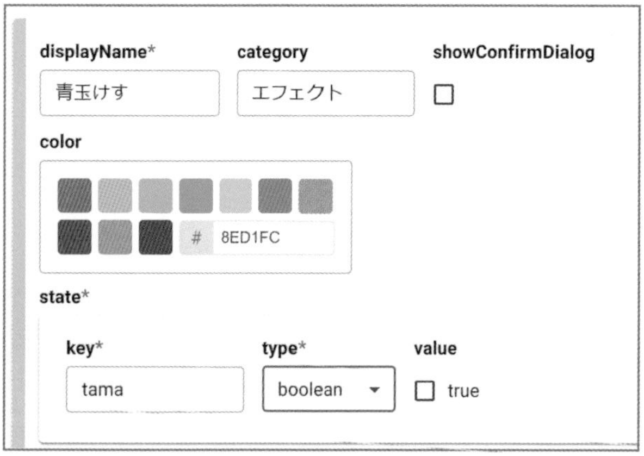

displayName* category showConfirmDialog
青玉けす エフェクト
color
8ED1FC
state*
key* type* value
tama boolean true

▲**図7.6.14：**青玉を消すほうも同様につくる

これで完了したので、一番上までスクロールして、「Export JSON」ボタンをクリックしてください(図7.6.15)。

▲**図7.6.15：**今度は左の「Export JSON」をクリック

「trigger.json」というファイルがダウンロードされます。Unityに戻り、「JSONを読み込む」ボタンをクリックして、「WEBトリガー.json」ではなく、この「trigger.json」を開くと2つボタンが増えています (図7.6.16)。再生ボタンを押して「青玉だす」や「青玉けす」をクリックし、青玉が出たり消えたりすることを確認しましょう (なお、暗転解除してからでないと正面からは見えません)。

▲**図7.6.16：**「青玉だす、青玉けす」が加わったWEBトリガーのボタン

WEBトリガーを増やす方法の整理

基本的には以下のようにまとめられます。

- パーティクルなどをヒエラルキー上に配置する
- そのパーティクルなどに**Set Game Object Active Gimmick**を付け、好きな**Key**を決める
- シーン上で非表示とし、**最初は見えていない状態**にする
- WEBトリガーを編集するネットのツール「Cluster Trigger Tool」でJSONファイルを開き、新しいトリガーを「Add」ボタンで追加。**displayName**や**category**や**color**は自由に設定してよい。大きな影響があるものなら**showConfirmDialog**をオンにしたほうが無難
- **state**と書いてあるところの下にある**Add**ボタンを押し、**key**を**Unity**上で決めたものにし、**type**は**boolean**とする。valueのチェックボックスはオンとする。
- 同じように消すためのトリガーを追加。**displayName**を変え、最後の**value**のチェックボックスをオフにする点以外は表示するためのトリガーと同じでよい

フクザツなように見えますが、慣れればどんどん同じようにしてエフェクトを追加していくことができます。シーンの中にある**雨エフェクトのように音もつけることができます**から（図7.6.17）、劇のためのWEBトリガーを色々考えていけるとよいですね。

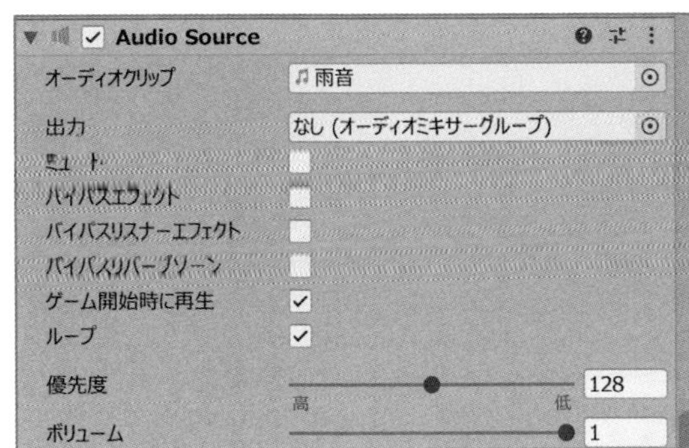

図7.6.17：音を出すには「Set Game Object Active Gimmick」と同じように「コンポーネントを追加」から「Audo Source」を追加し、「オーディオクリップ」に好きな音を入れて「ループ」をオンにするだけ。サンプルシーン内の「雨エフェクト」にはすでにコンポーネントが付いているので、参考にするとよい

なお、236Pに記載したツールにもWEBトリガー作成支援機能があります。好みに応じてつかい分けてください。

Set Game Object Active Gimmickのような「ギミック」についてくわしく知りたい人は、前作『メタバースワールド作成入門』（翔泳社）をご参照ください。同書の「会員特典」の「特別追加記事」を読むとさらに理解が深まります。

▲図7.6.18：clusterで行われた様々なイベントの例

CHAPTER

08 より進んだイベント向けワールド

さらに高度な演出やイベントでのセキュリティ対策、さらにはスクリプトなどについての説明です。難易度は高いと思いますが、DJ用イベントワールドをUnityの中で楽しむだけでも雰囲気は楽しめると思いますので、ぜひ一度サンプルプロジェクトをさわってみてください。動いたり音が出たりするクラフトアイテムをつくりたい人もぜひお読みください。

8章
CHAPTER 08

より進んだ イベント向けワールド

8-1 イベント用ワールドの演出方法

最後の章では、様々なエフェクトが入ったワールドやそのエフェクトの管理方法、さらにはスクリプト機能など高度な内容を見ていきます。**エフェクトやスクリプト自体のつくり方よりも、それをつかってどういうことができるのか、微妙な改変などするにはどうすればいいか**といった点を中心に見ていきます。より踏み込んだワールドやアイテムのつくり方の説明については、前作『メタバースワールド作成入門』(翔泳社)の5章以降をご覧ください。

Unityを起ち上げ、サンプルプロジェクトの「**シーン**」フォルダから「**DJイベントワールド**」を開いてください。これまでの会場と似てはいるものの、だいぶ雰囲気が違うワールドが出てきたかと思います（図8.1.1)。

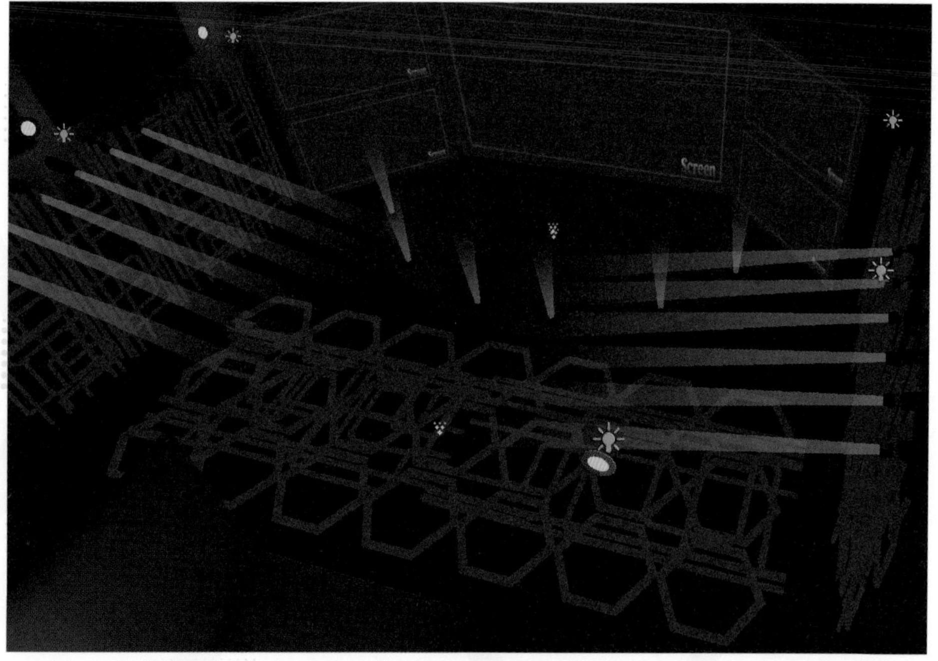

▲**図8.1.1：**基本構造はこれまでと同じだが、だいぶモノが増えている

再生ボタンを押して、ヒエラルキーの「**パーティクル演出**」や「**メッシュ系演出**」や「**パーティクル演出単発**」の子にある色々なモノを表示してみてください（図8.1.2❶❷）。画像を見てわかる通り、相当色々なモノが置いてありますが最初は非表示にされています。

非常にハデなDJイベントらしい演出を見ることができますので、組み合わせをどんどん試してみてください（図8.1.3）。

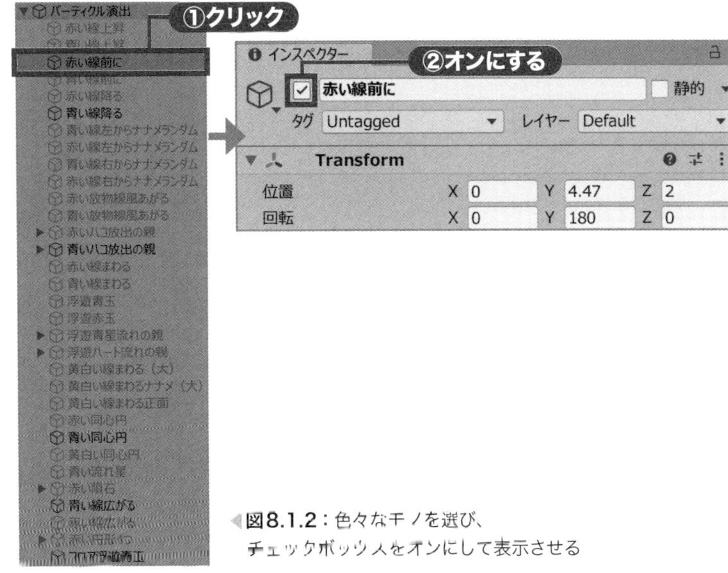

◀**図8.1.2**：色々なモノを選び、チェックボックスをオンにして表示させる

▲**図8.1.3**：組み合わせ次第で色々な演出をすることができる

このワールドでは**WEBトリガーではなく、操作パネルをつかってエフェクトを操作**します。一度再生を止めて全体の状態を元に戻してからもう一度再生ボタンを押してください。そしてメニューの「**Cluster**」－「**プレビュー**」－「**ControlWindow**」をクリックし（図8.1.4❶）、「**権限変更**」❷、さらに「**リスポーンする**」❸をクリックします。このスタッフとしてプレイする方法は「7-2 イベント用ワールドのテスト」でもやりましたね。

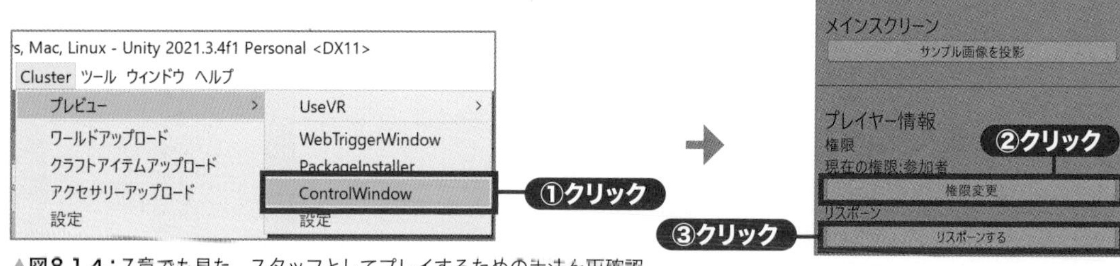

▲**図8.1.4**：7章でも見た、スタッフとしてプレイするための手法を再確認

すると暗い部屋からスタートし、目の前にハコが現れます（図8.1.5）。そのハコをクリックすると、操作パネルの目の前にワープします。この空間は**高い位置にあり、スタッフしか入ることができません。**そして操作パネルの**赤いボタンをクリックすると、様々なエフェクトがセットになって**出てきます。

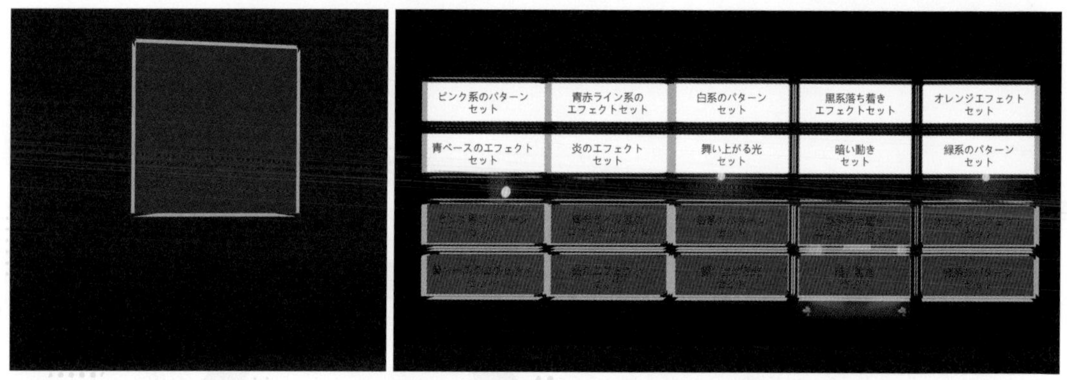

▲**図8.1.5**：開始位置にあるハコをクリックすると操作パネルの前へ。赤いボタンをクリックするとエフェクトが会場に出る

POINT

操作パネルの正面には透明な壁があるために直接会場へ飛び降りることはできませんが、スタッフエリアの左右の端までいくと飛び降りることができます（図8.1.6）。元に戻りたいときは（図8.1.4❸）の「リスポーンする」ボタンをクリックしてください。

▲**図8.1.6**：左右の端から会場へと飛び降りることが可能。観客視点でエフェクトを確認したいときに

エフェクトの例

床は流れる水のようになり、青系のエフェクトがステージ上にも会場にも飛び交います（図8.1.7）。

▲**図8.1.7**：青ベースのエフェクトセット

床は炎のようになり、あちこちから炎が噴きだし、赤系のエフェクトが飛び交います（図8.1.8）。

▲**図8.1.8**：炎のエフェクトセット

ステージ上で光が舞い上がります（図8.1.9）。

▲**図8.1.9**：舞い上がる光セット

全体的に暗い感じになり、黒いエフェクトも会場を飛び交います（図8.1.10）。

▲**図8.1.10**：暗い動きセット

また、操作パネルの**白いボタンを押すと逆にエフェクトが消えます**（図8.1.11）。この他、個別のエフェクトだけ変更するボタンも並んでいます。これらのボタンは数が多いので、実際にイベントでつかう際は不要なものを非表示にし、位置調整することをオススメします。

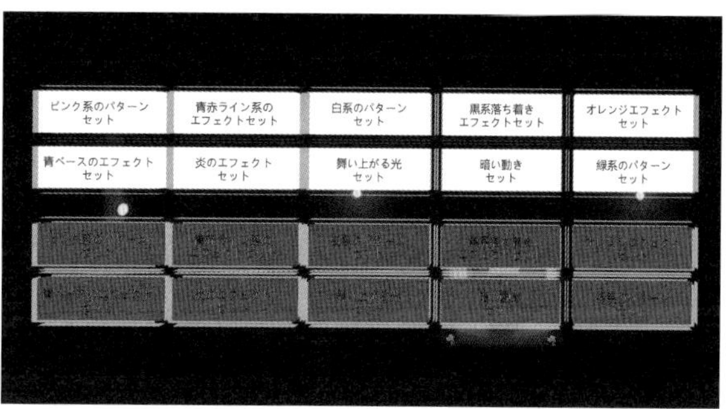

▲**図8.1.11：**白いボタンはエフェクトを消す

パネルのボタンはどういう仕組みになっているのか

では、操作パネルのボタンを具体的に見てみましょう。ヒエラルキーから「操作パネル/セットボタン」の下にある「**セットボタン (0)**」をクリックしてください（図8.1.12）。

インスペクターで見ると「**Interact Item Trigger**」というコンポーネントが付いていて、そこに色々な情報が書いてあります（図8.1.13）。この情報が、「青ベースのエフェクト」を色々と表示するためにつかわれているのです。例えば「**ef01**」が「**Bool**」のオンになっています。これは**エフェクトの1番を表示しろ**という意味です。

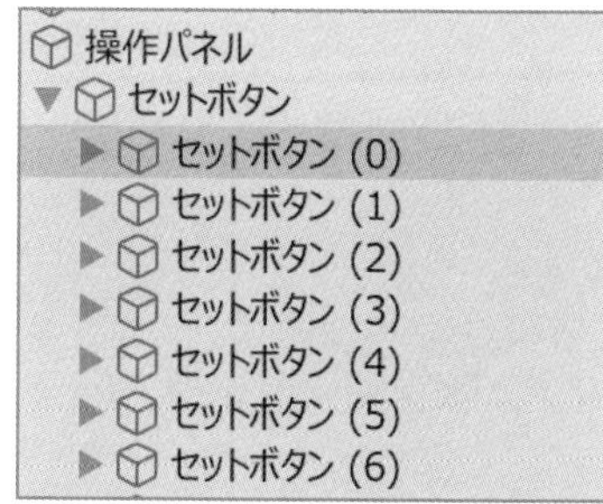

▲**図8.1.12：**ボタンがたくさん並んでいる

▶**図8.1.13：**Interact Item Triggerのところに非常に多くの指定がされている

次は「**パーティクル演出**」の子にある「**青い線上昇**」をクリックし、インスペクターをスクロールして下のほうを見てみてください。7章でも出てきた「**Set Game Object Active Gimmick**」があります。そこには「**Key**」がさっきのボタンに書いてあったのと同じ「**ef01**」となっています（図8.1.14）。WEBトリガーのときと同じように、このギミックによって表示・非表示が切りかえられているのです。

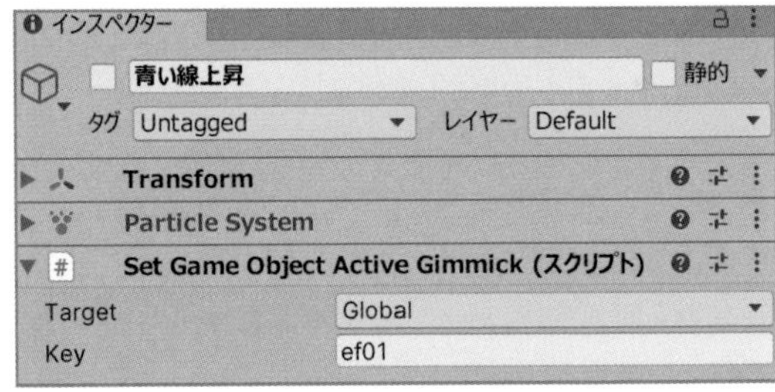

▲**図8.1.14**：「青い線上昇」のところにも「ef01」と入力されていることがわかる（Particle Systemの情報は左端の三角形マークをクリックすることで非表示にしている）

また、前ページの（図8.1.13）を見てみると「**floorMatNo**」というものが「**Integer**」の「**2**」になっていますが、これは床のマテリアルを「2番」に変更しろという意味です。これは「**Set Animator Value Gimmick**」をつかったより高度な設定なので理解するのはムズかしいのですが（図8.1.15）、ひとまずいくつかのマテリアルから1つを選んで変更することもできるという点を覚えておいてください。

なお、「**セットボタン消す (0)**」というボタンもあります。こちらは「**ef01**」がオフで「**floorMatNo**」が0になっているなど、先ほどのボタンと値の設定が異なっています（図8.1.16）。このボタンを押すことによって「青い線上昇」は非表示になり、床はただの黒色（正確にはこのワールドの場合透明）に変わります。

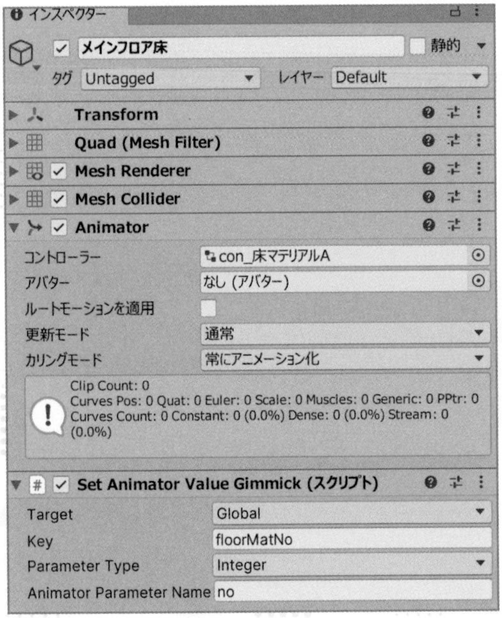

▲**図8.1.15**：「メインフロア床」では「Set Animator Value Gimmick」で「floorMatNo」に指定した数字を受け取っている。やや高度

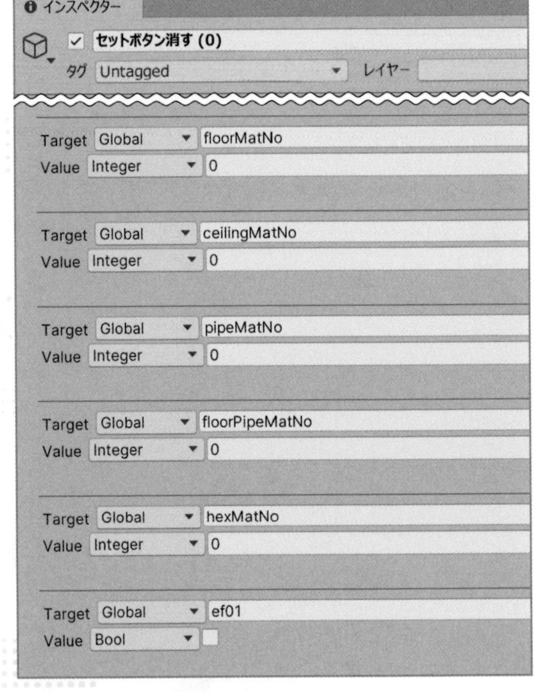

▲**図8.1.16**：消すほうのボタンの情報の一部。どれも「0」やオフが指定されている

オン・オフを切りかえできるボタン

「エフェクトを表示」するボタンと「解除」するボタンが2つあるのはわかりやすいとも言えますが、**ボタンのスペースが非常に増えてしまって困る**という問題もあります。スタッフエリアの左にある「赤い隕石」ボタンはそこを「**ロジック**」という機能をつかうことで解決していて、**押すたびに「表示」「非表示」が切り替わります**（図8.1.17）。

また、隕石が出ている間はボタンの上に小さな「でっぱり」が表示されて、「オン」の状態であることもわかります。

ロジックはとても高度な機能なのでムズかしいですが、この**ボタンを複製してつかいまわすぶんにはさほどムズかしくありません。**では実際にやってみましょう。

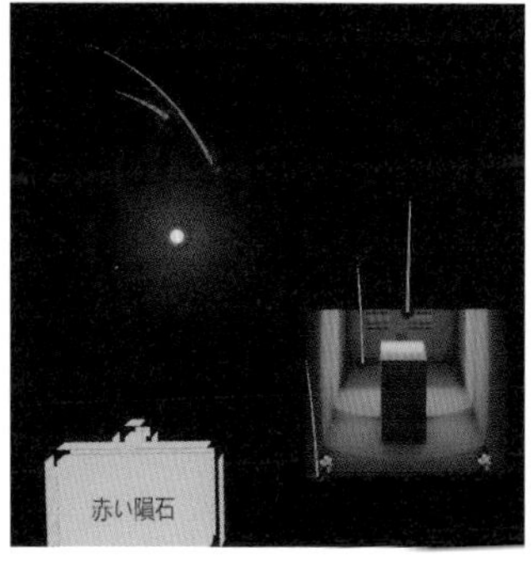

▲図8.1.17：「赤い隕石」ボタンを押すと隕石が出る。再度押すと消える

エフェクトとボタンを増やす

まずサンプルプロジェクトの「メッシュ」フォルダから、「mesh_円形パイプ」をヒエラルキーの「メッシュ系演出」の上にドラッグ＆ドロップしてください（図8.1.18❶）。「mesh_円形パイプ」を選択した状態で、インスペクターからTransformの位置を「X0 Y4 Z32」、スケールを「X5 Y5 Z5」にします❷。こうした作業は7章からずっとやってきましたね。さらに「Skinned Mesh Renderer」のマテリアルを「**マテリアル/UVうごく**」フォルダの「**mat_オレンジ丸**」にしましょう❸。オレンジのエフェクトがグルグルと動くエフェクトになりました。

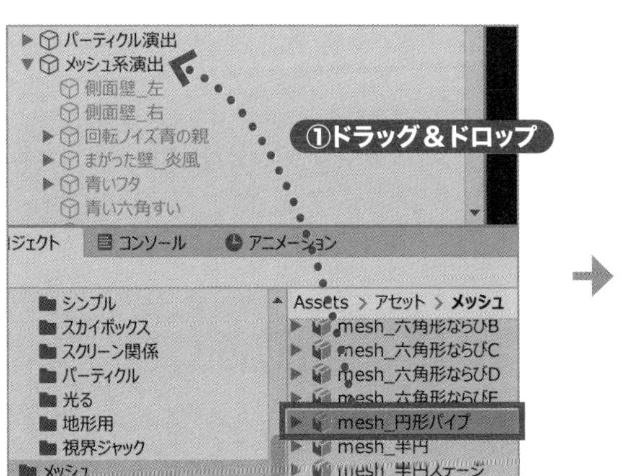

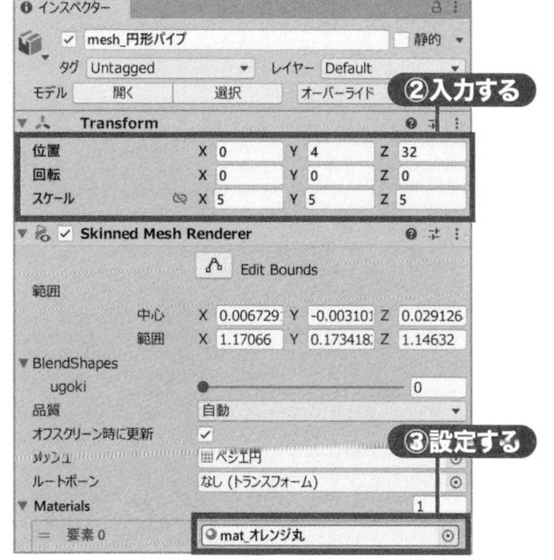

▲図8.1.18：UVスクロールにより光が動くようなエフェクトができた

もしマテリアルの変更方法を忘れてしまった場合は「7-4 クラフトアイテムのつくり方」をもう一度見てください。なお今回はマテリアルの改変をしないので、マテリアルを複製せずに割り当ててもかまいません。

つづけて、「コンポーネントを追加」をクリックし(図8.1.19❶)、「**setg**」と入力して検索し❷表示された「**Set Game Object Active Gimmick**」を追加します❸。Keyには「**ef100**」と入れましょう❹。最後にインスペクターの一番上にある、「mesh_円形パイプ」の左にあるチェックボックスをオフにして非表示にすれば❺、エフェクトの準備は完了です。

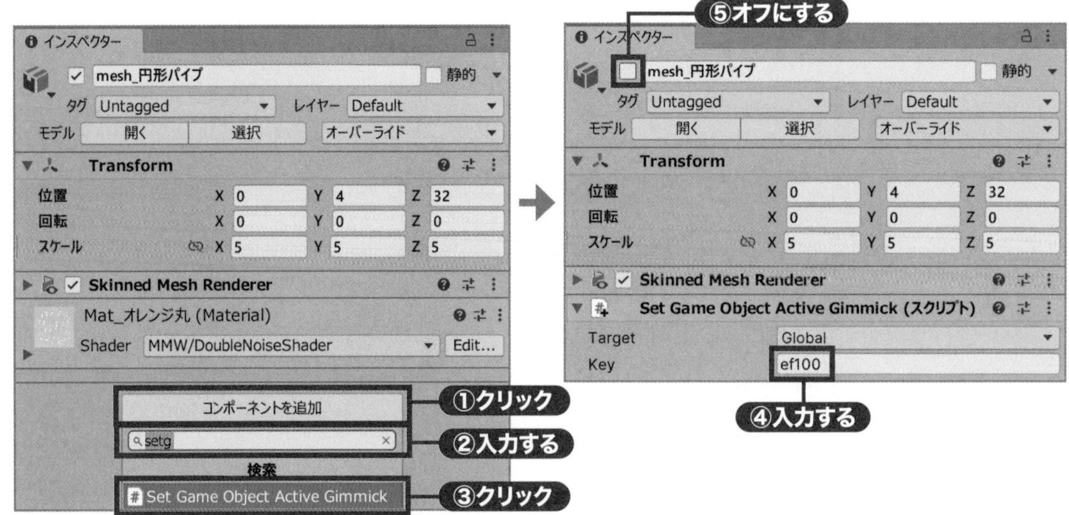

▲**図8.1.19：**新しいエフェクトを作成する

今度はボタンの設定をします。先ほど出てきた「**赤い隕石ボタン(練習用)**」をヒエラルキーからクリックし、**[Ctrl] + [D] キーで複製**してください。複製したらインスペクターから「**オレンジエフェクトボタン**」と名前を変え(図8.1.20❶)、「**Transform**」の位置のXを適当に変えて、元のボタンと重ならないようにしましょう❷。ここではXを「0.6」にしました。そして「**Global Logic**」の中に出てきている2ヶ所の「**ef27**」を「**ef100**」に変えます❸❹。

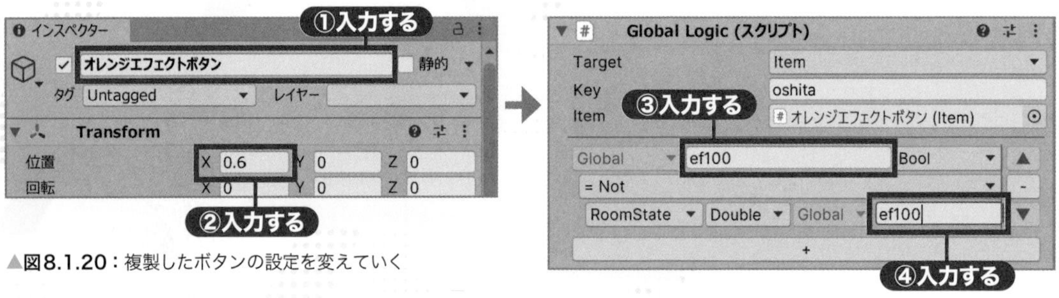

▲**図8.1.20：**複製したボタンの設定を変えていく

つづけて「**オレンジエフェクトボタン**」の子の「**Canvas**」のさらに子にある「**Text (Legacy)**」をクリックして(図8.1.21❶)、Textというコンポーネントの「テキスト」を「オレンジエフェクト」に変えてください❷(改行するとキレイに表示されます)。最後に、非表示になっている「**Cube**」をクリックし❸「**Set Game Object Active Gimmick**」のところにある「**ef27**」も「**ef100**」にします❹。これでOKです。

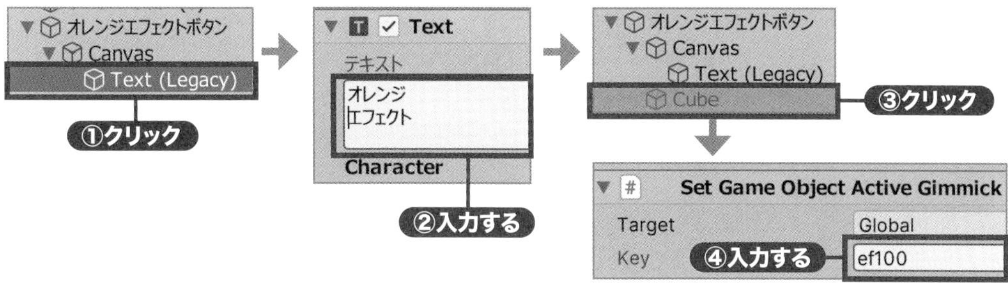

▲**図8.1.21**：元のボタンとテキストを変え、オンになっているときのでっぱり表示にも対応させる

再生ボタンをクリックし、スタッフルームから**「オレンジエフェクトボタン」をクリック**してください。ちゃんとオレンジのエフェクトがステージに出て、もう一度ボタンを押すと消えますね（図8.1.22）。このように、**サンプルシーンにエフェクトを増やすのはさほどムズかしくありませんし、操作パネルのボタンも複製＋改変をしていけばどうにかなります。**さらにマテリアルも複製をして違うテクスチャ（画像）を割り当てると全く違う効果が感じられますし、独自のテクスチャを用意すれば表現の可能性は無限大に広がります。

▲**図8.1.22**：実際にオレンジエフェクトが出たり消えたりするようになった

もちろん、このワールドはclusterにアップロードしても動きます。実際に限定イベントを立てて、操作パネルからエフェクトが出るかどうか確かめてみてください。

実際に好きな音楽を流しながらエフェクトを合わせたり、さらにスクリーンに「VJ」の動画を流しながらエフェクトをさらに合わせたり（「5-2 W@さんに聞くDJイベントの演出」でも説明した通りDJイベントなどに合う演出用の動画です）、まずは1人で遊ぶだけでも楽しいですよ。

POINT

このワールドには階段をのぼったところの両脇に再入室ボタンがあります。一般参加者がクリックすれば階段の下に、スタッフがクリックすれば操作パネルの前にワープします（図8.1.23）。

▶**図8.1.23**：スタッフはこのボタンを押すと操作パネルの前に戻れる

ストアの自分のアイテムに飛ぶボタン

7章でも少し言及しましたが、**自分のワールドからクラフトアイテムやアクセサリーのストアに飛ぶボタン**をつくることができます。このDJイベントワールドにはそのサンプルが入っています（図8.1.24、ただしワールドアップロードしないと機能しません）。

図8.1.24：ワールドアップロードすると、入り口の少し後ろにこんなボタンがあり、クリックするとクラフトアイテムがストアで表示される

ヒエラルキーから「**ボタン関係**」の子にある「**ストアボタン**」をクリックして、インスペクターを見てみてください（図8.1.25）。「**Product Display Item**」というコンポーネントに「**Product Id**」という項目があり、長い文字列が入っています。

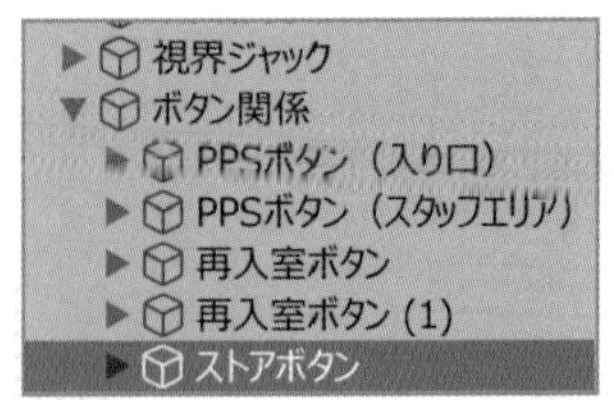

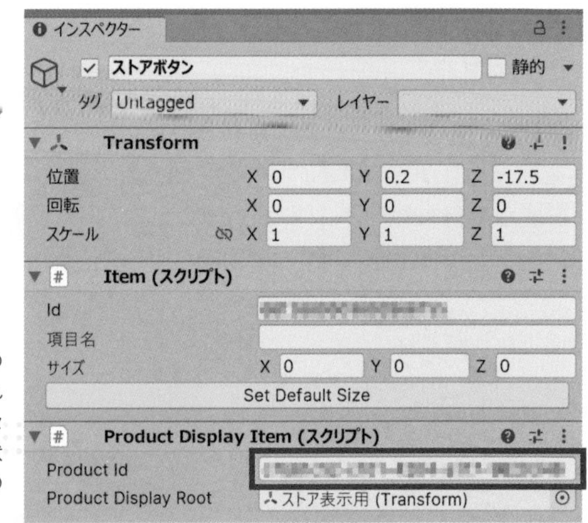

図8.1.25：赤で示したところにあなたのIDを入れてワールドアップロードすれば、あなたのクラフトアイテムやアクセサリーが表示されるようになる。初期状態では筆者vinsのクラフトアイテムのIDが入っている

サンプルプロジェクトで指定してあるのは私のつくったクラフトアイテムのIDです。しかし、「7-5 イベントでも活用したいアクセサリー作成と販売」で説明したやり方であなたのつくったクラフトアイテムやアクセサリーのIDを調べ、それを入力してワールドアップロードすれば、あなたのクラフトアイテムやアクセサリーを表示させることができますよ。

イベントのために準備したアクセサリーのストアへ会場のワールドから飛べるようにして、みんなに付けてもらうというスタイルは色々なイベントで活用できるはずです。

8-2 イベント用ワールドのセキュリティ

残念ながら、clusterにも他のSNSなどと同じように「荒らし」行為をするユーザーがいます。そういったユーザーに遭遇した場合は「3-2　てつじんさんに聞くエンタメイベントの発想法と運営」で説明したように「**しっかり説明し、それでも聞かなければ速やかに追放**」することが望ましいでしょう。ただ**ワールドをつくる段階で、一部の迷惑ユーザーの行為を防止することも可能**です。この節では（荒らし行為の助長にならないよう一部はあいまいな表現にとどめますが）、迷惑ユーザーにワールド作成の段階で対処する方法について説明します。

POINT

あくまで2023年8月現在の説明です。今後、こうしたトラブルについてはclusterのシステム全体で対処が行われ、これらの手法をつかわなくてもよくなる可能性もあります。

巨大アバター対応

イベントの荒らし行為の1つの類型として、**他のユーザーの視界をふさぐような巨大アバター**の使用があります。また、似たパターンとしては「見た目にはフツーのアバターですが、特殊な方法により**ネームプレートがとても高い場所に表示されるのでなかなか見えない**」というアバター（追放されるまでの時間を稼ぐ）があります。

こういった行為への対処方法はシンプルで、高い位置にぶつかると初期位置や「お仕置き部屋」にワープするようにすればいいのです。「**Player Enter Warp Portal**」はそのためにぴったりのコンポーネントで、ぶつかったユーザーを所定の場所にワープさせます。「通常のユーザーなら絶対届かないはず」の高い位置に、透明な「コライダー」と「**Player Enter Warp Portal**」を用意しておくのは単純で強力な解決策になるでしょう（図8.2.1）。

図8.2.1：Player Enter Warp Portalは本来ワールド内の複数のエリアをワープ移動するためにつかうことが多いが、荒らし対策にもつかえる。この場合「開始位置」にワープさせられる

さわられて困るものはスタッフコライダーからさらに2m以上離す

一般参加者が入れないはずの「スタッフコライダー」の中に入れておいたボタン類なども、スタッフコライダーの端から2m以上離れていないと操作されてしまうことがあります（図8.2.2）。**さわられて困るモノは、スタッフコライダーの端からさらに2m以上離しておきましょう。**

▲**図8.2.2：**このようにギリギリの位置にボタンなどがあると荒らしにクリックされてしまうかも

UnityでXやYの値が1違う場合、1m離れているということになります。

スタッフコライダーの中にさらにワープギミック

スタッフコライダーの中には本来一般参加者が入れないのですが、VR機器の穴を突いてくる荒らしなどが侵入してくることがあります。スタッフコライダーの内側に、さらに「一般参加者にしか当たらない」コライダーをもう1つ置き、上述の「**Player Enter Warp Portal**」をつけて侵入してきた荒らしを強制ワープさせましょう（図8.2.3）。

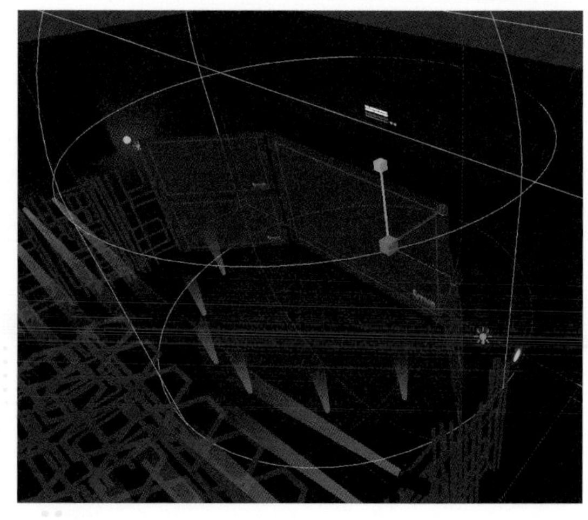

▶**図8.2.3：**コライダーの中にさらにコライダーをつけ、内側のほうに当たると（一般参加者は）強制ワープする仕組み

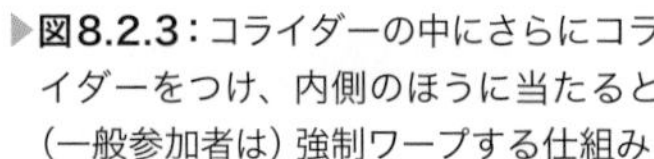

POINT

スタッフコライダー**すべてに「さわるとワープ」の機能をつけると、うっかり前に出すぎただけの一般参加者までワープしてしまいます。**外側は「それ以上進めない」だけのコライダーにして、その少し内側に「さわるとワープしてしまう」コライダーを入れておきましょう。

スタッフ開始位置の工夫とローカルギミック

clusterのイベント会場は、一般参加者とスタッフの開始位置を変えることができます。そこで、まず**スタッフ開始位置をメイン会場からかなり離した、「ナナメ上」の位置**につくります（図8.2.4）。こうすることで、VR機器などの穴を突いたタイプの荒らしでもスタッフの開始位置に入れないようになります（真上だと場合によっては侵入されることがあります）。

そして**スタッフ開始位置からスタッフのための場所（操作パネルの前など）にワープするボタンをつくり、ワープするときに「ローカルギミック」という仕組みをつかって操作パネルなどを表示**させます。こうすることで、一般参加者には操作パネルは一切見えず、スタッフ開始位置からワープボタンをつかった人しか操作パネルが見えないという状況をつくり出します。

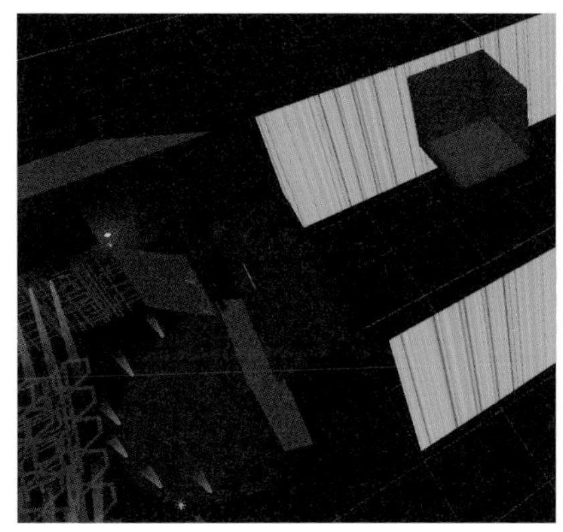

▲**図8.2.4：**右に小さく見えるのがスタッフ開始位置の部屋。ここまでは荒らしも来られない。中央あたりに見えるのが操作パネルのあるエリアで、スタッフ開始位置のボタンをクリックすることでここにワープする

ローカルギミックはきわめて高度な、仕様のウラを突いたようなテクニックではありますが、上記の仕組みをつかいまわすぶんにはさほどムズかしくありません。**サンプルプロジェクトのDJイベント用ワールドに入っている仕組み（ボタンやワープ位置）の位置だけ自分の好きな場所に動かし、つかってみてください。**

ワールドクラフトでのセキュリティの可能性

ワールドクラフトでは基本的に「スタッフコライダー」のような仕組みがないためステージなどに誰でも入れてしまいますが、擬似的にスタッフエリアのようなモノをつくることはいちおう可能です。シンプルな手段としては、「**目立たない場所にある透明なイス**」というやり方があります（図8.2.5）。clusterの「イス」は降りるときの位置を柔軟に指定できるので、「**そのイスを降りたら壁に囲まれた場所や高い場所にワープする**」ようなクラフトアイテムをつくればいいのです。カンペキではありませんが、一定の効果はあります。

スクリプトを用いたより高度な手法をつかっている人もいらっしゃいますが、もしワールドクラフトでイベントを開きたい場合、「透明なイス」のような単純な方法から挑戦してみてはどうでしょうか。

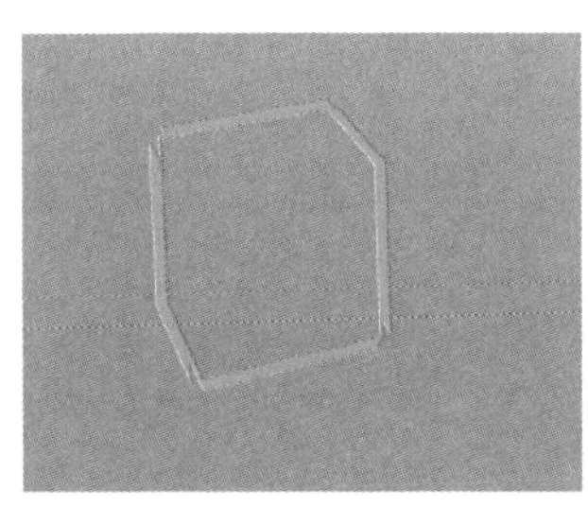

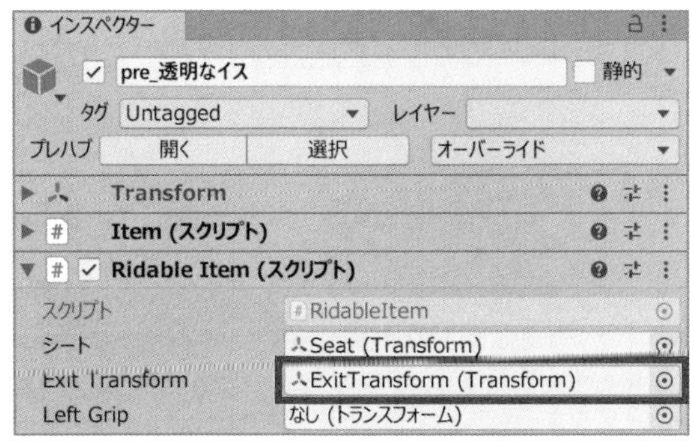

◀**図8.2.5：**サンプルプロジェクトに入っている「pre_透明なイス」の例。Ridable ItemのExit Transformに離れた場所を指定するだけで、かなり遠くに降りる「イス」にできる

8-3 スクリプトをエンタメ系イベントで活かす

本書最後のテーマはスクリプト機能です。2022年の秋にいきなり新機能として発表されました。入門レベルでは必要ないとはいえ、**「クラフトアイテム」を動かしたり音を出したりするにはスクリプトが必須**ですし、Unityをつかう場合も従来のclusterでは実現できなかった内容を実現できます。

この節ではまず前半を**クラフトアイテム「空飛ぶイス」**のつかい方に、後半を**「Unityでカードを引くスクリプト」**に当てます。どちらもエンタメ系イベントで生きてくるはずです。

スクリプトはコピペ・改変ならカンタン

clusterでつかえるスクリプトは**JavaScript**というものです（Unityで通常つかうC#ではないことに注意)。短いスクリプトならさほどムズかしくないとはいえ、プログラミングの経験がない方が1から書くとなるとかなりの勉強が必要になると思います。

しかし、スクリプトは**cluster公式が出したモノや筆者vinsが書いたモノをコピペ**（コピー・アンド・ペースト、コピーしてそのまま貼り付けること）してそれを元につくっても何ら問題ありません（図8.3.1)。また、ここにある**速度や動く量などの数値を変える改変はさほどムズかしくありません。**

```
const hayasa = 1.0;
const nagasa = 2.0;
const muki = new Vector3(0,0,1);
```

▲**図8.3.1**：ここにある数字を書きかえるくらいなら多くの人にできるはず

Unityを起ち上げ、サンプルプロジェクトの「シーン」フォルダから「**スクリプト系クラフトアイテム**」というシーンを開いてください。クラフトアイテムをつくったときと似たシーンが出てきます（図8.3.2)。ここに置かれたアイテムはどれもスクリプトがついています。

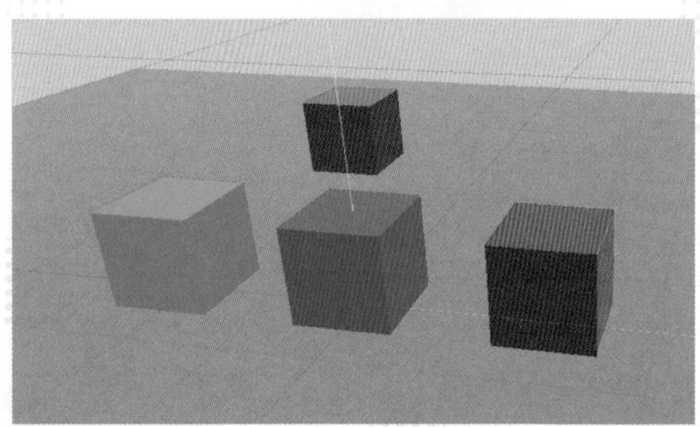

▲**図8.3.2**：このシーンにはブロックが置いてある

ただ、残念ながらUnityでは再生ボタンをクリックしてもスクリプトは作動しません。ここに置かれたアイテムをテストしたい場合は、「**クラフトアイテム/スクリプト系**」フォルダからクラフトアイテムをclusterにアップロードしてください。アップロードの方法を忘れた方は「**7-4 クラフトアイテムのつくり方**」に戻って確認してくださいね。

POINT

2023年8月現在、clusterユーザーの「かおも」さんという方が、**Unity上でもスクリプトをテストできるツール**「CSEmulator」を公開していらっしゃいます(図8.3.3。cluster公式ツールではありません)。導入には**一定の知識が必要であり、上級者向け**なのは間違いありません。また今後clusterの仕様が変わり利用できなくなったり、公開停止されたりする可能性もあります。とはいえ活用できれば大変便利な素晴らしいツールなので、Unityの操作に一定の自信がある方は試してみてはいかがでしょうか。

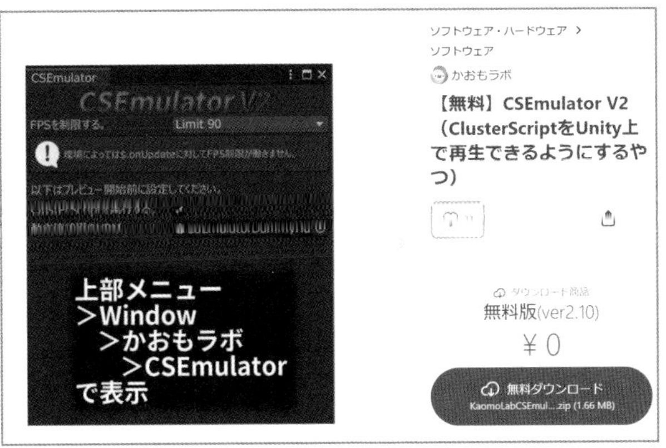

https://vkao.booth.pm/items/5111235

▲**図8.3.3：** かおもラボ【無料】CSEmulator V2（ClusterScriptをUnity上で再生できるようにするやつ）

クラフトアイテムがそれぞれ動くことを確認できたでしょうか。では、**cluster上でクラフトアイテムのスクリプトを改変**してみます。ワールドクラフトは本格的なエディタと比べると機能が少ないため、大幅な改変には向いていませんが、**ちょっとした修正には十分**です。

clusterアプリでワールドクラフトのクラフトモードに入り、設定画面から**「その他」をクリックし**(図8.3.4❶)、**「コンソール」と「スクリプトエディタ」をオン**にします❷。

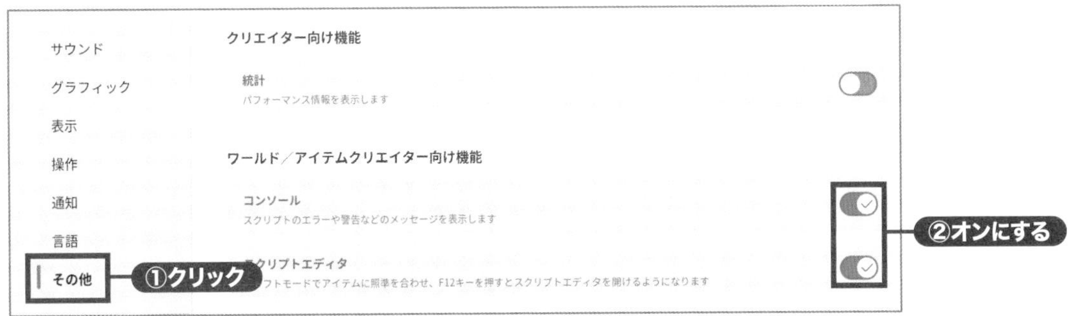

▲**図8.3.4：** スクリプトを編集するときは「コンソール」と「スクリプトエディタ」をオンにする

そして「**pre_上下に動くブロック**」を「7-4 クラフトアイテムのつくり方」で紹介した手順で、クラフトアイテムとしてclusterにアップロードし、ワールドクラフト内に置いてから、中央の白い点を上下に動くブロックに当てて **[F12]** キーを押してください(図8.3.5)。すると「**スクリプトエディタ**」が出ます。

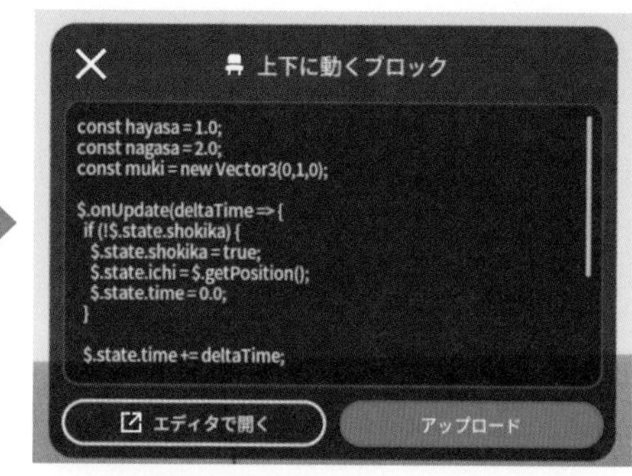

▲**図8.3.5：**[F12] キーでスクリプトエディタを出す

では、ここに書いてある**「const hayasa = 1.0;」を「const hayasa = 3.0;」に変えてみてください**（図8.3.6）。動きが速くなったはずです。

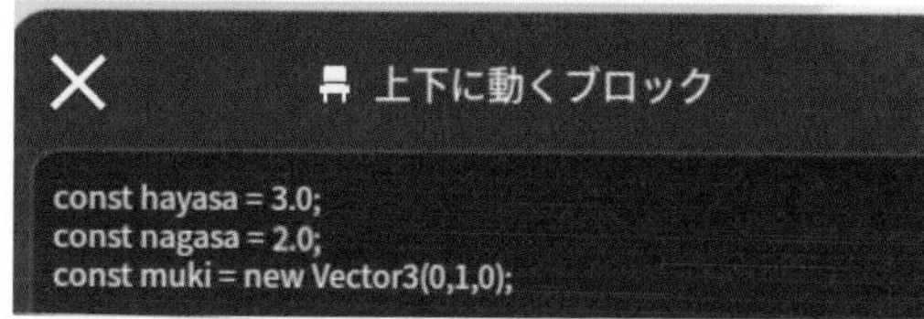

▲**図8.3.6：**hayasaを3.0に変更した

POINT

このとき「全角の3」にしないよう注意が必要です。日本語入力をオフにし、「半角の3」にしてください。また、「=」を消さないようにする点も注意しましょう。

さらに「**const nagasa = 2.0;**」も「**const nagasa = 1.0;**」に変えましょう。動く量が半分になったはずです。このようにリアルタイムで動きを確認できるのはcluster上で改変するメリットです。

さて、ここまでできたら、「**アップロード**」ボタンを押します（図8.3.7）。残念ながら2023年8月現在、クラフトアイテムを**「上書き保存」して置いてあるアイテムを新しい動きのものに差し替えるということはできません。「動く速さと量が変わった別のアイテム」**としてアップロードすることになります。

しばらくするとアップロード完了のメッセージが出るので、「×」をクリックしてスクリプトエディタを閉じて「**バッグ（Bag）**」の「**つくったもの**」を表示しましょう。上下に動くキューブが1つ増えているはずです。新たに増えたキューブを配置すると、**さっき設定したようにスピードが速く小さく動くブロックになっています**（図8.3.8）。

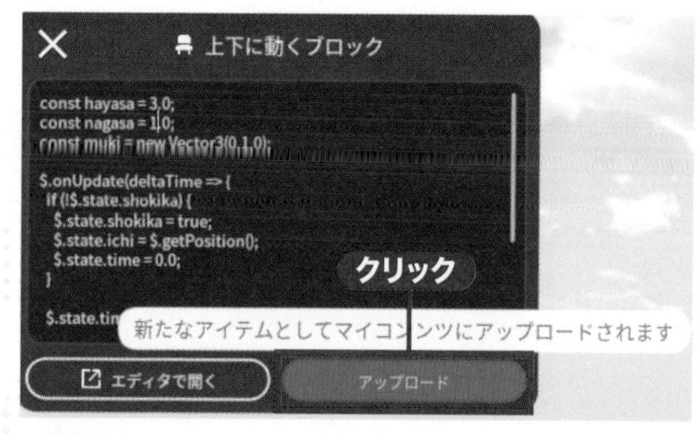

▲**図8.3.7：**スクリプトを変更したものを新たなアイテムとしてclusterにアップロードするボタン

▲**図8.3.8：**ブロックが2つに増えている

クラフトアイテムの見た目と動きを変える

今度はUnity上で、クラフトアイテムの見た目も変えてみます。プロジェクトの「**クラフトアイテム/スクリプト系**」フォルダにある「**pre_動きを指定できるブロック**」をクリックし、[Ctrl]+[D] キーで複製してください（図8.3.9❶）。複製されたものを選び、[F2] キーを押して名前を「**pre_空飛ぶイス**」としてヒエラルキーにドラッグ&ドロップします❷。あとは位置を「X2 Y0 Z4」としましょう❸。

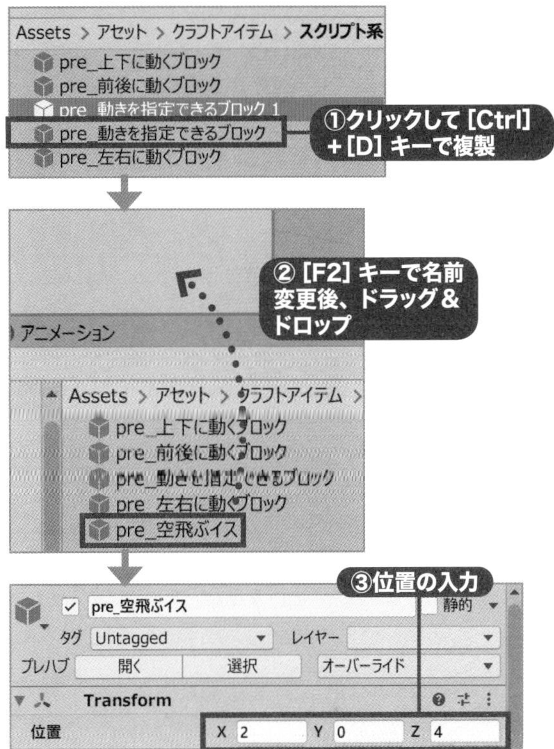

▶**図8.3.9**：複製してからヒエラルキーにドラッグ&ドロップ。7章でやってきたことと基本的に同じ

つづけて、「**pre_空飛ぶイス**」の子にある「**Cube**」をクリックし、**[Delete]** キーで削除を試みてください（図8.3.10❶）。Unityは削除できないと言ってくるので、ここで「**Open Prefab**」ボタンをクリックすると❷「空飛ぶイス」のアイテムだけがクローズアップされます。

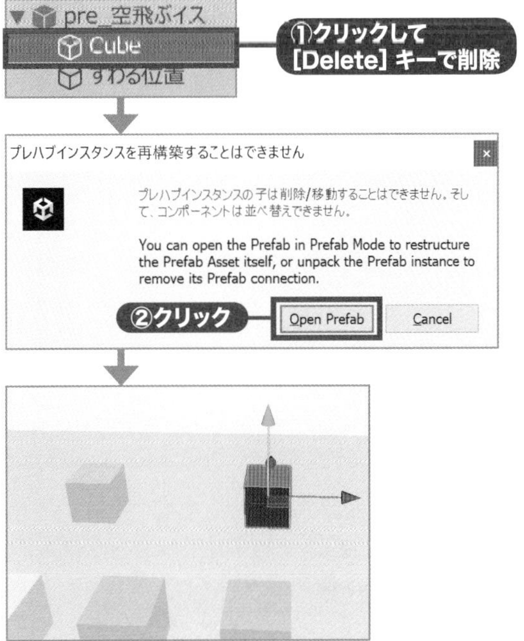

▶**図8.3.10**：Cubeの見た目を削除する方法

ワールド（発展） 08

改めて「**Cube**」をクリックし、**[Delete]** キーで削除してください（図8.3.11❶）。そのあとで、プロジェクトの「**メッシュ**」フォルダにある「**mesh_小物_イス**」を「**pre_空飛ぶイス」の上にドラッグ＆ドロップ**します❷。

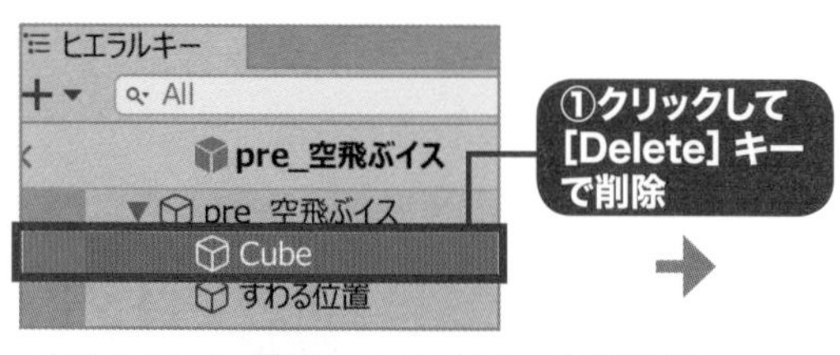

▲**図8.3.11**：再び削除しようとすると、今度は削除できる。代わりにmesh_小物_イスを追加する

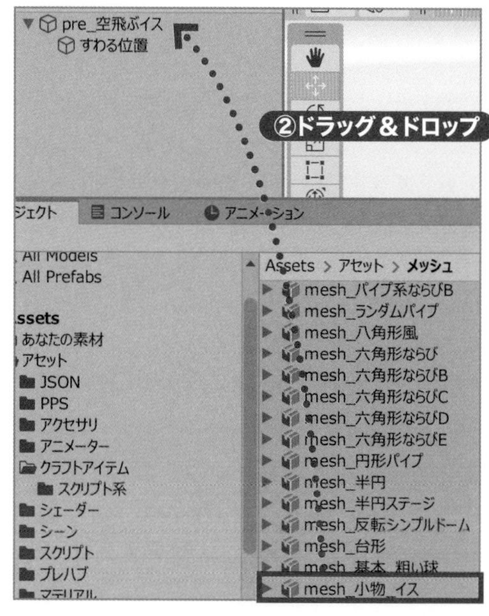

ここに「コライダー」を付けます。コライダーはプレイヤーなどがぶつかる範囲を設定するモノでした。この**コライダーがないイスにはすわることができません。**ヒエラルキーに登録した「mesh_小物_イス」をクリックし、インスペクターの下のほうにある「**コンポーネントを追加**」をクリック（図8.3.12❶）、「**box**」と入力して❷「**Box Collider**」をクリックしましょう❸。

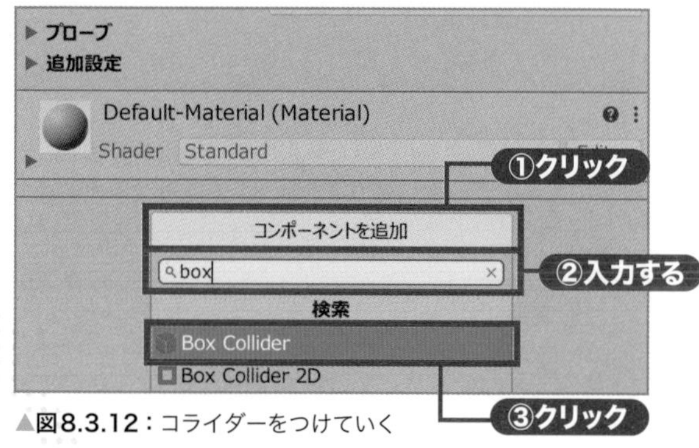

▲**図8.3.12**：コライダーをつけていく

最後に「<」ボタンを押して編集作業を終えてください（図8.3.13）。

▲**図8.3.13**：編集を終えるボタン

スクリプト用のエディタのインストール

つづけてスクリプトを変更します。ただその前に、**スクリプト編集用のソフト**を持っていない方はインストールしましょう。**Windowsをつかっている場合、多くの人は「JavaScript」のファイルを編集しようとしても編集用のソフトが開かず、スクリプトを実行する設定になっていることが多い**のです。

ある程度経験がある方にはMicrosoftの「**Visual Studio Code**」がオススメですが、ここではより初心者でもわかりやすい「**サクラエディタ**」をインストールする方法を示します。もちろん、他につかいたいエディタがある方はそれをつかってもかまいません。

https://github.com/sakura-editor/sakura/releases

上記のURLにアクセスし、末尾が「**Release-Installer.zip**」となっているファイルをダウンロードします（図8.3.14❶）。それを解凍してsakura_installではじまるファイルを実行してください❷。

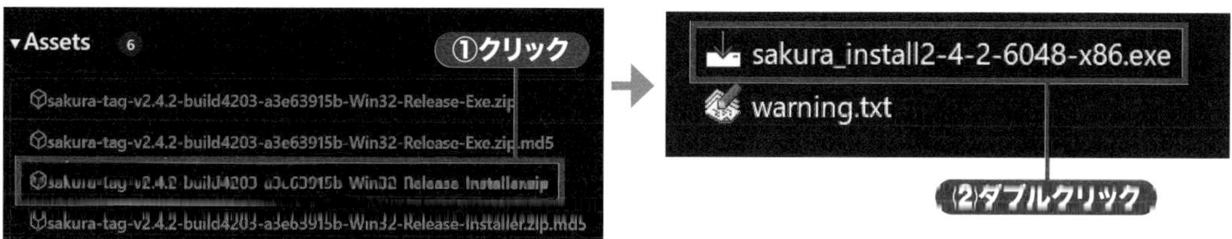

▲**図8.3.14**：サクラエディタのダウンロード・解凍・インストールの実行

あとは「OK」「次へ」「インストール」などのボタンをクリックしていけばインストールが完了します。

つづけて「jsファイル」、**JavaScriptのファイルをサクラエディタに関連づけます。**「エクスプローラー」でサンプルプロジェクトの「**スクリプト**」フォルダを開いて「**動きを指定できる.js**」を右クリックし（図8.3.15❶）「**プロパティ**」を左クリックします❷。

ここで「プログラム」の右にある「**変更**」ボタンをクリックします❸。「サクラエディタ」が表示されていたらそれをクリックしてください❹。もし表示されていない場合は、一番下までスクロールして「**その他のアプリ**」をクリック、さらに見つからなければ「**このPCで別のアプリを探す**」をクリックして、サクラエディタ（sakura.exe）を選択してください。通常は「C:\Program Files (x86)\sakura」にインストールされているはずです。

あとは「**OK**」をクリックすれば、jsファイルがサクラエディタで開けるようになります。

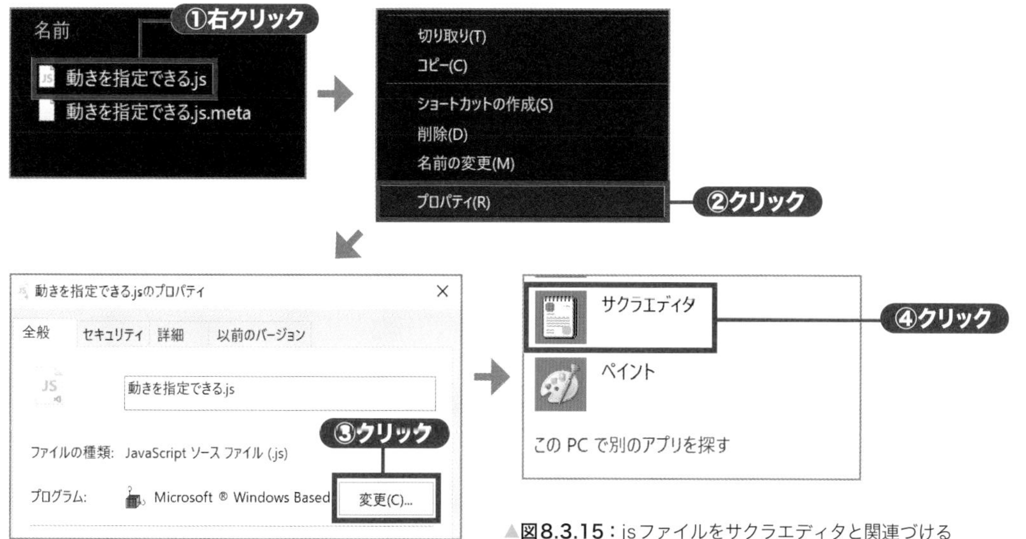

▲**図8.3.15**：jsファイルをサクラエディタと関連づける

ワールド（発展） 08

POINT

Windowsの設定で「拡張子を表示」するようにしていない人は「動きを指定できる.js」と「動きを指定できる.js.meta」ファイルが区別しづらい可能性があります。開発につかうWindowsマシンの場合は、「エクスプローラー」で「拡張子を表示」するようにしておきましょう。よくわからない人は、「エクスプローラー拡張子を表示」でGoogle検索などしてみてください。設定の情報が見つかるはずです。

スクリプトの編集

では、実際にスクリプトを編集していきましょう。先ほどの**「動き指定できる.js」をエクスプローラーからダブルクリックしてください。**Unityのプロジェクトから同ファイルをダブルクリックしても大丈夫です。

すると以下のようなスクリプトが表示されます。非常にややこしいですが、**改変するのは最初の1〜2行だけで十分**です（図8.3.16）。

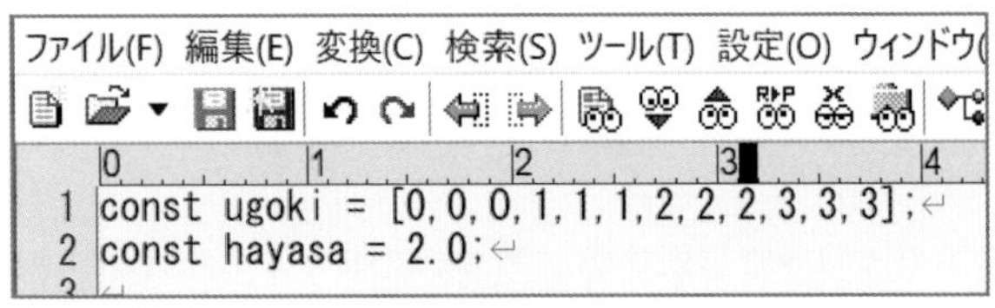

図8.3.16：本当はこの下に大量にスクリプトがつづくが、最初の2行だけ見ればよい

const ugoki = [0,0,0,1,1,1,2,2,2,3,3,3];

こうなっているものを

const ugoki = [0,4,4,0,0,4,4,1,1,4,4,1,1,5,5,5,5,5,5];

のように改変してください。**「半角英数字」で入力し、「数字と数字の間はカンマ（,）で区切る」ということを守っていれば、完全にこの例をマネせず0〜5のどれかの数を変えて適当に入れてもかまいません。**

そして**hayasaを2.0から3.0**に変更してください。これはこの節で最初に改変したのと同じやり方ですね。最終的に（図8.3.17）のようになります。

図8.3.17：スクリプトを変更した結果。この下には一切触れる必要がない

ではサクラエディタで **[Ctrl] + [S] キー**を押して**上書き保存**し、Unityに戻りましょう。

改変したクラフトアイテムをclusterにアップロードします。まずUnityを表示し、**[Ctrl] + [R] キーを押して、編集し終わったスクリプトファイルをUnityに再読み込み**します。そしてプロジェクトの「**pre_空飛ぶイス**」をクラフトアイテムとしてclusterにアップロードしてください。方法は「**7-4 クラフトアイテムのつくり方**」に書いてあるのと同じです。

このアイテムをclusterのワールドクラフトで配置すると、誰かがすわった瞬間に動きはじめます。元々の「**pre_動きを指定できるブロック**」は前・右・後・左に動くだけだったのが、スピードが速く、しかも上下にも動くようになっています。スクリプトのugokiで指定した内容は**0＝前、1＝右、2＝後、3＝左、4＝上、5＝下**という意味だったわけです（図8.3.18）。

こういうイスをいくつも用意して来場者に乗ってもらい、**「ゴール」に行くのはどれなのかで競争してもらったり、タイミングよく飛び降りると宝の部屋に行くことができたり、ゲーム要素のあるエンタメ系イベントなどで活用してはどうでしょうか。**もちろん、イベントではなく通常のワールドの移動手段として置いていただいてもかまいません。

なお、**イスの初期位置を変えたい場合はイスを一度消してから再配置する必要**がありますので注意してください。

▲**図8.3.18：**止まっている画像だとわかりにくいが、イスがフクザツな動きをしている。腰の位置がおかしい場合は、「pre空飛ぶイス」の子である「すわる位置」の位置調整を

POINT

サクラエディタなどをインストールしたあとは、この節の最初のほうに出てきた（図8.3.7）にある「**エディタで開く**」ボタンをクリックすれば編集用のソフトが起動します。スクリプトを編集したあとにサクラエディタなどで「上書き保存」し「**アップロード**」をクリックしてみましょう。

Unity用のスクリプトを活用する

つづけて、Unity用のカードを引くスクリプトを活用する方法を見てみます。と言っても**やることは特に変わらず、サンプルとなるアイテムがUnityでしかつかえない機能を活用しているだけ**です。

プロジェクトの「シーン」フォルダから「**スクリプトカード**」というシーンを開いてください。このワールドはスクリプトを利用しているため、**実際にclusterにアップロードしないと楽しめません**（図8.3.19）。さっそくclusterにアップロードしてください。

青いボタンをクリックすると、「？？？」と書かれたカードが1枚出てきます。そしてユーザーが持つと、31種類の日本語の単語の中からランダムな内容の単語が表示されます（図8.3.20）。

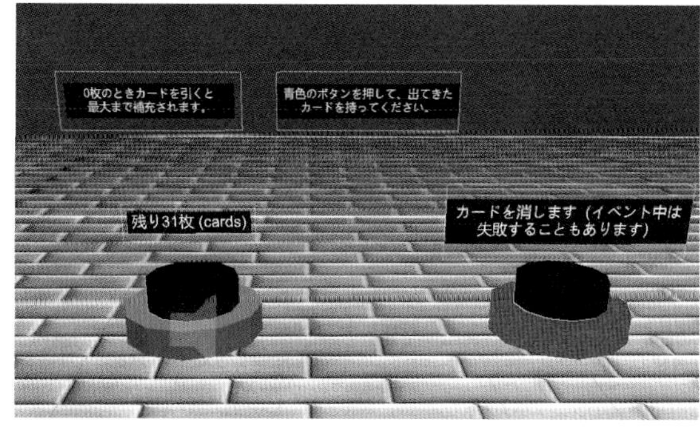

▲**図8.3.19：**このシーンはUnity上では動作確認ができない

▲**図8.3.20：**31種類の日本語の単語から1つの単語が選ばれる。大喜利イベントなどができる

赤いボタンをクリックするとカードは消えます(イベントなどではこのボタンが時々動作しないこともあるので、その場合は何回かクリックしてください)。

重要なのは**ただのランダムではなく、カードの内訳が決まっている**ということです。31枚のカードを引ききるまで同じ単語は出てきません（図8.3.21）。このように**内訳が決まっているカードシステムはスクリプトが出てきてはじめてつかえるように**なりました。

カードに大喜利やラップのお題を書いておくなどすることで、色々なエンタメ系イベントに活用することができるでしょう。

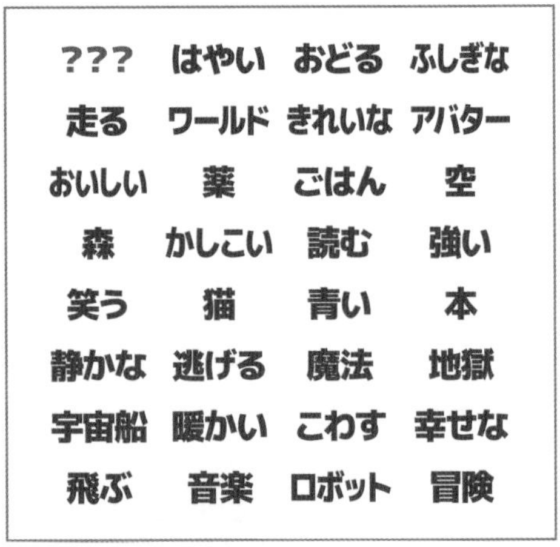

??? はやい おどる ふしぎな
走る ワールド きれいな アバター
おいしい 薬 ごはん 空
森 かしこい 読む 強い
笑う 猫 青い 本
静かな 逃げる 魔法 地獄
宇宙船 暖かい こわす 幸せな
飛ぶ 音楽 ロボット 冒険

▲**図8.3.21**：31種類の単語が画像（テクスチャ）に書かれている。単語1つぶんのサイズは512×256ピクセル

POINT

ボタンを押すタイミングがほぼ同時だった場合、clusterの通信状態が悪かった場合などスクリプトがうまく動かずにカードの内訳が違ってくる可能性もわずかにあります。その点はご了承ください。

（図8.3.21）の通り、こちらのスクリプトは初期状態だと31枚のカードから選んで引くようにできています。もっと少ない種類でいい、という場合は「スクリプト」フォルダにある「カードボタン.js」をサクラエディタなどで開き、「const cardsMax = 31;」と書いてある31の数字をもっと減らしましょう。

さらに**「画像テクスチャ/その他」**フォルダにある**「tex_カードテクスチャ.png」を2章で見たKritaなどの画像編集ソフトで編集すれば、中身を好きなように変える**ことが可能です。編集が終わったら**[Ctrl] + [R] キーを押してUnityにデータを再読み込み**し、確かにカード画像の内容が変わっていることを確認します。あとはワールドをアップロードして、動くかどうか確かめてみてください。

POINT

カードの**種類をさらに増やすのは少々手間がかかる**のでくわしくは説明しません。「カードボタン.js」と「カード.js」だけでなく、「プレハブ」フォルダの「pre_スクリプトカード」のマテリアルの「タイリング」を変更し、さらに「アニメーター/カード」フォルダにあるデータの数値を変えていく必要があります。

さらに踏み込んで自らスクリプトを書いていきたい人は、筆者vinsの書いたこちらの記事をご覧ください。他にも色々なスクリプトの例を公開しています。

【clusterスクリプト】改変の仕方と読み方

https://zenn.dev/vins/articles/25eb3c8fc7d96c

POINT

イベントの途中でイベント会場を別のワールドに移動させると、新しい会場のスクリプトが機能しなくなることがあるようです。スクリプトを活用したイベントの場合、会場は1つのワールドだけにするとよいでしょう。

▲**図8.3.22**：clusterで行われた様々なイベントの例

clusterイベント用チェックリスト

イベント名

開場日時　　　　　　　　　　**開始時間**

スタッフ・登壇者

- [ ] スタッフや登壇者はすべて「スタッフ」や「ゲスト」になっているか
- [ ] 登壇者はclusterの基本操作を理解し、ステージに上がったり退場したりできるか
- [ ] 登壇者は自分のマイクオン・オフ、マイク「全体・近く」切りかえの操作ができるか
- [ ] マイクをつかう登壇者はイヤホン・ヘッドホン・ヘッドセットなどを準備できているか
- [ ] 登壇者は「音量調整」「ノイズ抑制」をオフにしているか（特に音楽系イベント）
- [ ] マイクをつかう人のボイスチェックはできたか。音量は適切か、大きなノイズはないか
- [ ] スタッフ・登壇者全員のマイクをすべてオンにし、誰かがしゃべっても問題ないか
- [ ] 開始前からBGMは鳴らせているか（会場音量は10〜20%程度など、小さめがよい）
- [ ] スクリーンがあるなら、イベント用の画像や動画を出せているか
- [ ] 配信を行う場合、YouTubeなどできちんと映像が流れているか。YouTubeのコメントとcluster会場の連携をしたい場合、YouTubeでコメントしてcluster上で表示されるか
- [ ] イベント進行の予定・順番が、司会の頭におおむね入っているか
- [ ] 迷惑なユーザーがいる場合、「イベントから追放」するための操作を理解しているか
- [ ] Vアイテムにお礼を言う準備はできているか（特にランキングスクリーンがある場合）もしVアイテムを投げないでほしい場合、イベントページや会場で説明したか
- [ ] 写真を撮る操作を理解しているか。担当を決め、集合写真を撮る準備ができているか

あとは、トラブルが起きても「そういうもんだ」と冷静に。思いっきり楽しみましょう！

おわりに

clusterはワールド作成をはじめとした「つくる」ことの魅力にあふれた場所ですが、**実際に参加したり開催したりするまでなかなかわかりづらいのが数々のイベントを「つくる」魅力**です。その魅力を伝える上で、clusterで歌・音楽・劇・エンタメなどのイベントを行っているイベンターやカメラマンの皆さんへの取材は絶対に欠かせない点でした。

komatsuさん、てつじんさん、Meta Jack Bandさん、熊猫土竜さん、W@さん、Miliaさん、ききょうばんださん、えるさん、その他様々な協力をしてくださった皆様に感謝申し上げます。皆様からうかがった様々な知見やアイデアを、できるだけ本書の中に盛り込めるよう努力いたしました。

clusterの進化は2024年になっても止まりません。今回も、原稿を書く中でclusterがどんどんアップデートされていきました。スクリーンショットなども一部は最新版と異なるものがあるかと思いますが、ご容赦ください。

前作に引き続き協力いただきましたクラスター社の皆様、検証作業をしていただいた村上俊一様、編集を担当いただいた宮腰隆之様、深田修一郎様、その他関係いただいた皆様に厚く御礼申し上げます。

では読者の皆様、いつかclusterのイベントでお目にかかりましょう。筆者vinsは教育や、clusterのワールド作成をテーマにした勉強会イベントをしばしば開いております。ご興味のある方はぜひ。

2024年2月

vins

clusterイベント風景

最後に、clusterの様々なイベントの写真を掲載いたします。著者自身で撮影した写真だけでなく、本書に協力いただいた皆様からご提供頂いた写真も入っております。本書にご協力いただいたclusterユーザー・イベンターの皆様に、改めて御礼申し上げます。

VR朗読劇
historia
ガチ恋
・シンガーライブ
・DJステージ
・???
マツリー/MatsuR
TOLAちゃん
【クイズ】電子レンジは、次のうちどれを最も温めやすいでしょう？
A.糖分
B.水分
C.油分
D.空気

onference
Technics
4人…でDJ
やるってよ～ #12
2024/01/14(日)
メタバース チャリティ

納
みくじ
池をめぐりて
夜もすがら

INDEX 索引

カ

サ

著者プロフィール

vins（ビンス）

東京大学 文学部卒。
Cluster Creators Guideへの寄稿やワールドの公開を行っている。
「クイズ・正解にタッチ！」ゲームワールド杯 2020 Unity Japan賞、「カンヅメ RPG」GameJAM2020 冬 大賞等を受賞。

装丁・本文デザイン　宮下 裕一（imagecabinet）
編集　深田 修一郎
DTP　株式会社シンクス
協力・画像提供　クラスター株式会社
©Cluster, Inc.
校正協力　佐藤 弘文
検証協力　村上 俊一
装丁画像　熊猫土竜（ワールド作成）

メタバースイベント作成入門
cluster（クラスター）イベント開催とワールド・アイテムの作り方

2024年3月21日　初版第1刷発行

著　者　vins（ビンス）
発行人　佐々木 幹夫
発行所　株式会社翔泳社（https://www.shoeisha.co.jp）
印刷・製本　株式会社シナノ

ISBN978-4-7981-8387-9
Printed in Japan